非常规气井管柱可靠性设计及定量评估方法

樊　恒　杨尚谕　闫怡飞　著

中国石化出版社

图书在版编目(CIP)数据

非常规气井管柱可靠性设计及定量评估方法 / 樊恒，杨尚谕，闫怡飞著．—北京：中国石化出版社，2022.1
ISBN 978-7-5114-6576-4

Ⅰ．①非… Ⅱ．①樊… ②杨… ③闫… Ⅲ．①气井-管道工程-可靠性设计 ②气井-管道工程-评估方法 Ⅳ．①TE37

中国版本图书馆 CIP 数据核字(2022)第 024015 号

中国石化出版社出版发行
地址：北京市东城区安定门外大街 58 号
邮编：100011　电话：(010)57512500
发行部电话：(010)57512575
http://www.sinopec-press.com
E-mail：press@sinopec.com
北京柏力行彩印有限公司印刷
全国各地新华书店经销
*
710×1000 毫米 16 开本 11 印张 225 千字
2022 年 3 月第 1 版　2022 年 3 月第 1 次印刷
定价：65.00 元

前　言

随着非常规油气资源开发的深入进行，越来越多强化采油技术不断应用于生产，导致套管服役环境愈发复杂，套管损伤严重。不同工况下的管材失效模式与机理不同，对套管力学性能及材料要求也不同，管材质量控制指标及检测评价方法差异显著。因此，结合具体工况进行系统的套管失效控制与完整性分析，结合套管损伤机理建立定量安全评价模型对套管进行定量安全评价，有助于人们明确认识套管的损伤失效风险，为油田安全生产提供技术依据。

全书第 1 章为绪论，介绍了套管失效机理研究现状和套管安全评价研究现状，同时介绍了页岩气井套变机理；第 2 章研究了基于测井信息的单井分层地应力计算和基于多目标约束的地应力反演问题；第 3 章考虑井筒压力及地应力不均匀系数，利用弹塑性力学对井筒及周围应力场进行理论推导，研究近井地带应力场变化规律；第 4 章采用解析计算及有限元模拟的方法，讨论了腐蚀和磨损两种损伤模式对套管剩余强度的影响规律；第 5 章通过室内三轴试验，获得管材在不同温度下弹性模量及屈服强度，继而推导了套管–水泥环–地层温度应力分布公式，完成了各工况下的温度应力耦合分析；第 6 章依据固井水泥环固结前后套管荷载组合形式的差异性和套管强度的折减，将套管整个服役过程分为钻完井阶段和生产阶段，提出了一种基于分项系数方法的套管实用可靠度设计方法；第 7 章完成了考虑初始缺陷的高抗挤套管强度预测及基于形变的页岩气套管可靠性设计方法。

本书第 3 章由杨尚谕撰写，第 5 章由闫怡飞撰写，其余篇章由樊恒撰写，全书由樊恒统稿。在撰写过程中，中国石油工程材料研究院有限公司专家韩礼红、冯春、王鹏、李东风，中国石油大学(华东)闫相祯教授，对本书内容进行了指导并提出了许多宝贵的修改建议；在读研究生刘沛杭、赵亚婷、冀宇、张宇豪、兰欣、任旭做了大量图表绘制和文字录入工作。本书在撰写过程中，参考了国内外多位专家的相关著作、文章及行业相关规范与标准，得到了西安石油大学领导和同仁的大力支持，在此一并表示衷心的感谢。

本书获西安石油大学优秀学术著作出版基金、国家重点研发计划(2019YFF0217504)资助出版。

本书为作者针对非常规油气完井管柱可靠性评估近年来研究成果的汇总，由于水平有限，书中难免存在疏漏和不恰当之处，敬请读者批评指正。

目　录

第1章　绪　　论

天然气在世界一次能源构成中所占份额已从20世纪50年代初的9.7%上升到20世纪末的23.8%。经过半个多世纪的勘探与开发，我国浅层油气资源勘探开发程度越来越高，发现大中型油气田的难度越来越大，深层油气资源是目前和未来我国油气资源战略接替的重要领域。根据新一轮全国油气资源评价的最新统计结果，我国油气剩余地质资源量中深层油气资源占40%左右。近年来，我国发现的特大型油气田，如塔里木、川东北、松辽深层等均处于大于4500m的深层。

我国的现代天然气开采业起步较晚、天然气储层地质状况复杂、生产条件苛刻等为天然气的开发带来了巨大挑战。天然气密度小且具有较大的可压缩性和膨胀性，使气井井口压力远远高于相同井深和井底压力的油井井口压力。特别是在一些深层天然气气藏中，常形成某些高压甚至超高压层段。酸性气田的天然气中常常含有硫化氢、二氧化碳等酸性气体，会对气井生产设备和管线具有高腐蚀性，油气井套管柱等几乎不可避免地出现各种损伤（如壁厚减薄、穿孔甚至断裂等），造成人力、物力和财力的巨大损失，而天然气一旦在井口泄漏不但影响生产而且严重危及人、畜安全，并对地面环境造成污染。对于腐蚀性气田的开采，除了要承受外部非均匀挤压载荷、内部气体压力、温度载荷外，还要承受开采过程中附带的腐蚀气体可能带来的腐蚀性问题。因此，高温、高压和高腐蚀气井的开发要比采油井要求更为苛刻，这就给非常规气井的安全开采提出了巨大挑战。

套管柱是石油和天然气开采作业中的必需设备，在整个油气开采过程中起到保护井眼，加固井壁，隔绝井中油、气、水层，以及固封各种负载地层的作用。套管的寿命决定了油气井的寿命，套管的安全服役是油气田高效开发的重要前提。随着油气资源开发的深入进行，深井、超深井、高温高压井、长距离水平井等高难度复杂气井[超深（>6500m）、超高压（>100MPa）、高温（>150℃）]大量钻探开发，越来越多的强化采油气技术不断应用于生产，如高压注水、压裂、大型酸化等，导致套管服役条件日益苛刻，在复杂的拉、压、弯、扭、剪切及复合应力状态和温度及 CO_2、H_2S、Cl^- 等腐蚀介质共同作用下，年失效率达到15%以上，造成了巨大损失。不同工况管材失效模式与机理不同，对套管及管材的要求也不同，套管质量控制指标及检测评价方法差异显著。因此，需要结合具体工况进行系统的套管失效控制与完整性管理技术研究，为油田生产安全提供技术依据，确保套管柱在生产寿命周期内安全可靠的完成既定功能，预测、预防井下套管损坏事故的发生，对于提高油气田生产效益、确保正常安全生产具有重要意义。

第 1 节　套管失效机理研究现状

套管失效模式多种多样，包括变形、减薄、腐蚀、断裂、滑脱、泄漏和腐蚀等。各种失效的初始阶段均表现为套管以不同形式发生损伤，并且逐渐积累，破坏了套管的服役安全性。套管失效机理复杂，国内外学者针对其不同影响因素，从不同角度开展了大量卓有成效的研究。

目前，人们对于套管损坏的原因进行了大量分析研究，主要包括 3 个因素，工程因素包括套管的设计缺陷、磨损、固井质量、射孔、腐蚀等；地层因素包括地层滑移、地层出砂、盐岩蠕变、泥岩膨胀；开发因素包括高压注水、压裂、酸化、热采等。从目前的研究现状来看，套管损坏的研究多数是针对某一特定影响因素进行的，研究的影响因素主要来源于以上三大因素，如套管磨损导致的套管损坏问题、地层蠕变导致的非均匀地应力对套管损坏影响问题，出砂导致的套管损坏问题，注水开采导致的套管损坏问题等。目前还缺乏比较系统、全面、深入的对套管柱整体风险评估的研究。由于影响套管损坏的因素众多、关系复杂等原因，套管风险评估大多是基于静态模型进行的，即在某一特定的时刻和条件下稳态的研究，同时考虑的影响因素也比较少。除此以外，在实际工程中，有些变量不仅具有随机性，还会随时间发生变化，如作用于套管内壁的气体压力在服役期内逐渐降低、腐蚀引起的管壁减薄导致套管强度逐步衰减等。在评估管柱风险时，气井生产必须满足套管在设计基准期内的每一时刻都处于安全状态。故实际的厚壁管柱风险评估研究需要考虑时间变化因素，需要结合具体的生产实际不定期地对管柱进行风险评估。

在套管服役工程因素方面，套管固井质量、射孔、注水不平衡及大型增产措施等问题对套管损坏的影响研究广泛开展，提出了一些可行的工艺改进措施及施工注意事项。目前，复杂地层因素与套管损坏之间的各种耦合力学影响问题尚未完全解决，地层剪应力、地层错动及油藏应力等非均匀载荷对套管破坏的研究处于初步的定性分析阶段。例如，贾江鸿等从概率出发，采用系统论的基本预报理论，结合油田实际，优选出支持向量机方法对可能导致的套损潜在因素进行了分析。

在套管服役地质因素方面，近年来国内外学者对泥岩层位移和变形进行了大量的理论研究，提出了计算泥岩变形、蠕变特性的数学模型，并通过实验室模拟进行了实验研究，认识到了许多地质载荷对套管服役性能的影响规律。例如：易浩根据位移协调变形条件推导了地层、水泥环、套管之间的应力传递关系，获得了非均匀地应力下套管受力的解析表达式；王臣等依据现场压裂数据，得到地层岩石的破裂压力，从而反推出吉林油田地应力构造系数，并将其作为基础数据，采用 FEPG 软件建立流固耦合模型，分析了吉林油田典型区块的套管损坏问题；李留伟等全面归纳整理了国内外地层蠕变实验数据；艾池等提出界面混合有限元法，完成套管水泥环地层非光滑接触问题，解释了储层局部滑移引起套管损伤的机理；高德利等采用黏弹性理论和线性强化弹塑性理论计算了地层蠕动对损伤套管的应力分布规律；闫相祯等应用逆解法得到了非均匀外载下套管的应力和位移计算式。

在套管性能方面，有关套管管体材料性能(如屈服强度、硬化曲线、残余应力、微观缺欠与损伤等)、套管几何尺寸因素(如径厚比、椭圆度、壁厚不均度等)、套管磨损等对套管性能的影响已开展了大量研究，取得了许多规律性的认识，这些因素对套管服役性能影响显著。而目前套管材料与几何多因素对套管失效耦合影响的定量分析尚不透彻，常规的套管设计方法尚未考虑套管材料和几何的非线性因素。例如：法国学者 Levy1884 年建立了标准圆柱形管柱外压弹性挤毁公式，成为美国石油学会制定套管挤毁计算的理论基础；布尔卡科夫和 Timoshenko 建立了基于椭圆形管柱的抗挤理论，成为苏联制定套管抗挤计算的理论基础；Clinedinst 研究了沿套管壁厚呈线性和双曲压力作用下，套管临界挤毁压力；Kanda 和 Mimura 推导了套管壁厚变化对挤毁压力的计算公式；Song 采用解析法和 von Mises 理论讨论了月牙形磨损套管破裂强度；Huang 将套管外壁屈服强度作为套管失效的标准，建立了二维弹塑性有限元模型，计算了偏心磨损对套管强度的影响；李斌等在考虑材料非线性的基础上，利用数值软件，分析了磨损套管在均匀外压和非均匀外压下的抗挤强度；闫相祯、覃成锦、高智海等学者，采用有限元法完成了不同受荷形式下的套管抗挤强度计算和规律性研究；党旭光等采用 ADINA 有限元软件，实现了水泥环裂纹扩展过程研究，获得了套管几何尺寸和材料力学性能对套管失效的影响规律；李金波等通过对 J55 油套管制造人工缺陷，进行了损伤套管的三点弯曲对称加载试验，并提出套管含缺陷几何参数的抗弯新公式。

我国对套管强度的研究开始于 20 世纪 80 年代，在对美国、苏联等欧美国家套管强度分析的基础上，郝俊芳、徐惠峰、沈忠厚、龚伟安等老一代专家于 1988

年制定了套管强度设计方法，作为原石油部标准(SY/T 5322—88)发布。2008年，对SY/T 5322—88进行修正，发布了《套管柱结构与强度设计》(SY/T 5724—2008)作为石油天然气行业现行标准。在油气井套管强度计算中，套管抗挤强度计算方法存在的争议最大，在不同的国家和地区提出了各自不同的计算方法，总的发展趋势可以概括为：由弹性抗挤发展到弹塑性抗挤，并逐渐考虑套管壁厚不均度、椭圆度、残余应力等因素的影响。ISO 10400中规定的最新Klever-Tamano公式，计算套管挤毁强度最大误差超过了±30%。因此，有必要进一步考虑材料缺欠、几何与外压不均匀性等因素，开展套管抗挤强度预测创新性基础研究。

第2节　套管强度与荷载随机性

国内外学者研究和现场生产实践表明，套管在井下的服役环境是非常复杂的，在服役期间所受的各种荷载工况及套管材料本身的物理力学属性是随机变化的，存在着不确定性。影响套管强度分布的因素包括：外径、壁厚、最小屈服强度、极限强度、弹性模量、泊松比、残余应力、模型的不确定性等，套管强度分布基本呈现正态分布规律，并且受到套管属性等多种因素影响。

套管强度方面，加工方式和制造偏差使套管的几何尺寸和力学性能存在很大的随机性。其中，主要包括套管几何尺寸和管材力学性能参数，即外径、壁厚、最小屈服强度、极限强度、弹性模量、泊松比等。对于上述属性，API规范以名义值规定了套管的公称外径和公称壁厚，用最小值规定了不同钢级的屈服强度，弹性模量和泊松比则采用了默认值207GPa和0.3。同时，API规范以及国内标准均认识到了由于制造误差等原因造成的实际套管属性值并不与名义值绝对相等的事实，从而规定了相应的偏差范围。如SY/T 6194—2003规定，套管外径的公差范围为$-0.5\%D \sim 1.0\%D$；壁厚公差的下限为$-12.5\%t$；各钢级的屈服强度不得小于相应的最小屈服强度等。ISO10400标准中对不同钢管厂家生产的套管数据进行的统计研究表明：套管的外径、壁厚、屈服强度、残余应力及模型的不确定性均服从正态分布，而加工偏差引起的套管椭圆度和偏心度(不均匀度)则服从双参数威尔分布或对数正态分布。在已知套管强度分布规律的前提下，可以通过一阶二次矩法和蒙特卡洛法近似求取相应的参数。

套管荷载方面，受各种因素的影响，套管载荷在数值上存在较强的随机性。套管载荷的随机性涉及预测值和真实值之间的差异。大量的统计分析表明，对于套管载荷的分布规律(这里指非诱发载荷的因素)，一般也都取正态分布。对于诱发各种载荷的随机因素，如地层滑移、地层出砂、盐岩蠕变、泥岩膨胀，以及高压注水、压裂、酸化和热采等，其随机性取决于多种相关因素的综合作用，部分能够确定其分布规律，但大部分随机因素的分布规律难以确定，只能通过综合分析各相关因素，依据经验大致估算其发生概率。其预测精度取决于油气井的类型、地质复杂程度、工程因素和预测技术水平等。

第3节　套管可靠度指标研究现状

可靠性指标是评价工程可靠性的定量标准(对可靠度的度量)，是开展油、气管道工程可靠性评价必须首先研究的对象，与失效的概率成互补关系——失效的概率越小，相应的可靠指标越大，反之亦然。当前，可靠性评价指标可以分为以下3大类：①评价管道工程可靠性所用指标及其计算方法(如欧美各国使用故障率 λ、可靠度 R、可用度 A，苏联使用可靠度 H)，准备系统、计算方法(如一次二阶矩法)等。②新型二阶二次矩法；③新方法。其他方法包括梯度优化法(也称几何法，H-L 法，由 Hasofer 和 Lind 于 1974 年首先提出)、蒙特卡洛法、响应面法(由 Box 和 WilsonYU1951 年提出)等。从以上研究可以看出，当前针对套管的可靠性指标并没有相关标准出台，而针对建筑、油气管道、混凝土、水利水电工程结构的可靠指标都有相应的规定方法。但从各标准和研究文献可以看出，当前对于可靠指标的求取方法主要包括一次二阶矩法(中心点法、验算点法)、二次二阶矩法以及三阶矩法，这些方法求解精度逐渐增加，而一般的标准对可靠性指标要求不高($\beta \leqslant 3.7$)，多使用一次二阶矩法，主要还是因为其使用方面、计算简单，但只用于处理线性极限方程。对于可靠性指标要求高的($\beta>4$)，如核工业以及极限状态方程为非线性的，通常要使用精度更高的方法。其他的还包括 H-L 法、蒙特卡洛法等。有些学者为了使计算更加方面，也开发了一些算法来实现非线性极限方程的快速高精度求解，如变步长搜索法等。

套管可靠指标包括根据实际情况确定的可靠指标以及根据经验、行业标准等规定的目标可靠指标。当采用可靠指标表示可靠程度时，需要确定一个“目标可靠指标”。目标可靠指标应该根据结构的重要性、破坏后果的严重程度以及社会经济条件以优化方法综合分析得出。但由于大量统计资料尚不完备或根本就没有，目前只能采用“校准法”来确定目标可靠指标。校准法的本质是，原有设计规范所设计出来的大量结构构件反映了长期工程实际的经验，其可靠度水平在总体上可以接受。所以可以运用“概率极限状态理论”反推出由原有设计规范设计出的各类结构构件在不同材料和不同载荷组合下的一系列可靠指标，再在分析的基础上把这些可靠指标合成一个较为合理的目标可靠指标。承载能力极限状态的目标可靠指标与结构的安全级别有关，结构安全级别要求越高，目标可靠指标就应越大。目标可靠指标还与构件的破坏情况有关，如由于脆性后果要严重许多，则脆性破坏的目标可靠指标应该高于延性破坏。当前针对套管可靠指标的研究还比较缺乏，而在油气管道、混凝土、水利水电工程结构的可靠指标研究上已有不少研究成果，都有相关的标准颁布。通过对这些研究成果的总结、分析和借鉴，可以为套管的可靠性指标研究提供参考。可靠性评价是指按照可靠性理论计算某些指标，然后根据这些指标评价该工程的某部分或整体的可靠性。

第 4 节　套管安全评价研究现状

当前，油气工程领域对套管的设计多使用安全系数法，该方法在油气开采中得到了很好的应用，国内外通用的方法包括 API 和 ГОСТ 等；在国内，普遍使用 API 5C3 设计套管。API 5C3 方法已开发有半个多世纪之久，主要使用井下不太精确的载荷数据，包括地应力、岩石构造载荷等，材料属性值通过有限的一系列试验值拟合得到的经验方程获取，材料本身参考的钢级有限，并没有强调特定的级别或双相不锈钢。早期套管设计法主要是单轴强度设计，之后发展为双轴强度设计，最后发展到现在的三轴强度设计。在国外，20 世纪 90 年代初期，随着套管抗挤裂理论的日趋完善和电子计算机的飞速发展，不少专家和学者将影响套管破坏的因素，如岩石应变率、围压、套管受拉压、内外压、弯曲、椭圆度、弯曲度、腐蚀、上覆岩石、孔隙压力、热采温度、水泥强度、狗腿及套管钢级等建立起各自的数学模型，再结合岩石力学、弹塑性力学建立起套管破坏的数学模型，最终将所有模型通过一些相关的因素组装在一起，输入计算机形成一套新型的套管抗挤裂优化设计系统，即套管柱设计的专家系统。根据现场使用和实践经验不断修正模型，可以探索出套管柱使用寿命的评估模型，最终建立起套管设计和破坏的计算机仿真模型。需要说明的是，虽然上面的模型认识到了套管承受载荷的复杂性以及传统设计的方法和不足之处，但这些模型一般是针对某一类问题（如热采、注水、水平井弯曲等）提出的，在某方面具有一定的应用价值，没有将各种复杂因素全面考虑，同样没有建立起较为系统的复杂气井况下套管设计方法。

安全系数法设计只要保证正确选取设计系数和载荷条件，就可以保证设计套管的安全，但这并不能告诉人们该设计到底有多安全。对于某一特定设计，相关标准只是给定了设计系数的一定范围取值，但如何合理地选取以及不同数值到底对系统安全影响程度有多大，并没有办法确定。例如，对于破裂设计系数从1.2降低到1.1，相关设计人员只能定性地判断如此设计会导致套管的安全性降低，但降低多少并不知道。在设计系数给定的范围内，系数取值越大，意味着设计的套管越安全，但同时也可能导致套管的过度设计，导致套管材料的不必要浪费。通常都会将不同类型、级别和载荷条件的套管设置相同的设计系数，而该法具有如下缺陷。①不经济：当前基于历史经验的设计系数，当失效概率较大时，设计的套管会很不理想；而修正后的设计系数(对于最严苛的条件)在应用到不太严苛条件时可能会太保守，导致不必要的浪费。②不灵活：对于所有的管线和载荷都使用一个设计系数，不同场景下会产生不同的严重后果。③不同的风险：目前，相同的设计系数被用于所有的钢体类型和级别，这是值得商榷的。由于安全余量依赖于最终张力强度和屈服强度的差异，较高强度钢体的差异(如V150)要比低强度钢体(如J55、L80)的要低得多，并且，多数历史经验数据是建立在API钢上的。因此，相应的设计系数可能不适用于新的钢体类型。当前安全系数设计法受限原因如下：①基于历史信息，而历史信息向外扩展性受限；②通过历史信息获取的设计系数更偏向于使用为数不多的最不利工况，因此会造成大多数的套管和载荷类型的设计不经济。

当前，使用常规方法还没有办法计算套管的设计系数，该值的确定通常更多地依赖历史数据。而套管可靠性设计(定量风险分析)能够回答以上问题，对于任意给定的结构和载荷条件可以用于计算失效的概率，根据设计人员设计的失效概率就可以获取相应的设计系数(用于保证失效的概率低于给定的水平)，同时也可以根据套管设计中使用的设计系数求出套管在该设计系数下的失效概率值。可靠性方法主要以可靠性优化设计、可靠性灵敏度设计、可靠性稳健设计以及可靠性鲁棒设计作为发展趋势。由于目前我国现场技术人员对可靠性数据收集不全等因素，对在实际使用中套管的可靠性还未进行较为系统的分析研究。

目前主要采用概率设计法的概念去完善和改进传统安全系数法。通过将可靠性和安全系数直接建立联系，广泛应用现有的各种设计方法对产品进行设计计算，并与采用可靠性概率设计方法得出的结果以及实物试验的结果进行比较，从而积累经验，收集和整理可靠性设计数据。国外在定量可靠性设计水平上主要分为以下3个水平：①半经验半概率设计法(这种方法只有在相关参数无法直接获取时采用)；②近似概率设计法(该方法是国际上推行并实用化的方法，当前国内外发布的有关套管设计的标准中多为此种设计方式)；③全概率设计法(该方法目前尚未发展成熟，处于研究阶段，暂未运用到现场实际生产中)。如王国荣通过可靠性角度对套管寿命进行预测并推导出套管在服役一段时间后的可靠度计算公式；刘合等应用非线性规划方法，完成了大修井和常规修井的经济评价。廖华林等在分析了传统套管设计中存在的问题后，基于可靠度理论建立了套管失效评价方法；高进伟、闫相祯等对套管的失效问题和套管的安全评价方法，进行了系统的研究；王建东等采用置信区间与可靠性理论，建立了套管抗挤强度安全评价方法。

总而言之，人们对油套管服役期间的风险认识尚不明确，缺乏科学合理的数据分析，重点检测对象也不明确，无法掌握最佳修井时机，国内油田用户在损伤油套管的修复及二次利用等作业方面缺乏完善的套管风险评价及含缺陷套管安全评价技术支撑，迫切需要形成适用的套管安全评价技术，为油田判断套管服役状态、剩余强度性能、预测套管剩余寿命，以及有针对性地开展修井作业提供技术支撑。

第 5 节　页岩气井套变机理

页岩气开发已成为我国能源战略要求。页岩储层具有易水化膨胀、易破碎、井壁不稳定、完井困难等特点，致使页岩气井套管在复杂压裂过程中损坏现象多发，导致桥塞等工具无法正常下入，造成能源的极大浪费，使得页岩气井套管变形已成为制约我国页岩气开采的瓶颈。页岩气开发前期现场资料显示：长宁-威远区块压裂页岩气井，多口井套管发生变形，套损率在 33.7%。对现场套变资料统计分析后，发现页岩气井复杂压裂套管变形主要发生在压裂过程或压裂后，变形位置大多发生在 A 点附近，套变位移大部分集中在 20mm 左右，套变位置统计如图 1-1 所示。

页岩气水平井内套管变形问题在中国西南山区的页岩气田中发生较多，尤其以四川盆地的威远和长宁页岩气区块最为严重。据统计，威远和长宁两个区块已完成压裂施工的页岩气井中有多口井出现了套管变形，且套变点达到了 300 个，严重制约了这两个区块页岩气的高效开发。另外，在四川盆地涪陵页岩气区块开发中，多口页岩气井发生了套管变形，造成了多个压裂段无法正常压裂作业。

根据目前页岩气井中使用的套管类型和套管强度可知，套管的设计强度完全有能力承受页岩气储层内的地应力环境而不发生挤毁破坏，但在水力压裂施工过程中大量的套管变形现象表明，套管载荷已超过了其设计强度。四川盆地威远区块某套管变形井的现场检测结果如图 1-2 所示，表明套管的主要变形形式为剪切变形和挤毁变形。因此，页岩气储层内套管剪切和非均匀变形的诱因及控制方法是页岩气井套管变形研究的重点。

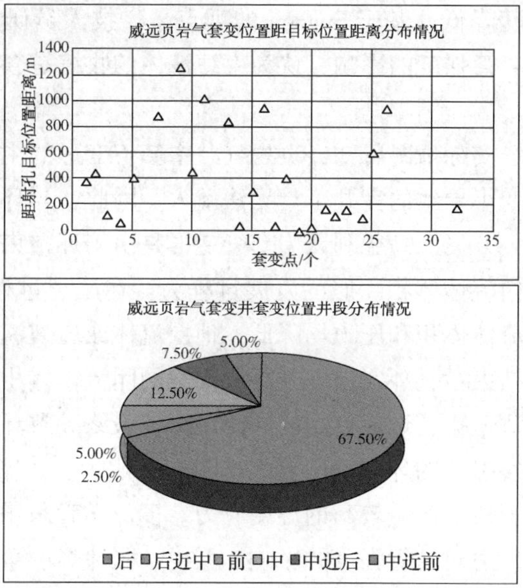

图 1-1　套变位置统计图

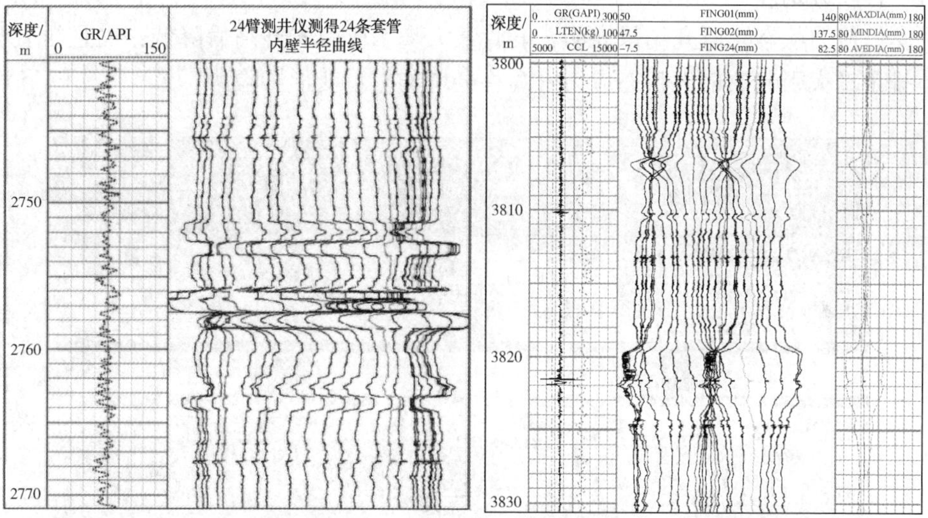

图 1-2　页岩气井套变测井曲线

传统的压裂作业是将压裂流体通过压裂管柱压入储层内，管柱内的流体压力作用在压裂管柱上而对生产套管的载荷没有影响。但是，页岩气井的多级体积压裂作业是将压裂流体通过生产套管压入储层内，在压裂过程中流体压力直接作用在生产套管内壁上，且多级体积压裂的压裂流体流速大、注入体积大，井眼附近温度发生周期性变化。Sugden 提出由于造斜段固井质量较差，压裂过程中温度变化产生的温度应力使造斜段套管的弯曲应力增加并降低了环空流体压力，最终导致套管的抗内压强度降低。基于 Sugden 的观点，科技人员研究了环空束缚流体收缩及井眼曲率对套管强度的影响，认为束缚流体的收缩是套管抗内压强度降低的主要因素之一。

但是，根据现场实际情况可知，页岩气井中套管变形的主要形式不是套管破裂，而是套管内径变小导致的完井工具无法下入。因此，与环空流体收缩引起套管变形的观点不同，尹飞、高德利认为套管变形是由于环空束缚流体膨胀并挤压套管造成的。环空内流体体积膨胀的发展过程为：在压裂过程中环空温度降低，水泥环缺失部分的流体体积和压力均降低，地层流体或压裂流体进入缺失部分形成圈闭流体；压裂结束后，环空温度升高，环空圈闭流体体积膨胀且井眼附近裂缝闭合造成流体无法返排，形成较高的圈闭压力，最终导致环空增压并挤压套管变形。页岩气井压裂引起的环空增压方式如图 1-3 所示。在体积压裂过程中的温度变化，导致套管管体上产生较高的温度应力。多位学者采用不同的研究方法研究了压裂过程温度应力对套管强度的影响。尹虎、张炜烽、董文涛等计算了压裂过程井筒附近温度变化及温度应力状态，计算结果表明，温度应力使套管抗拉和抗挤强度分别降低了 23%和 20%。席岩等利用数值方法计算了力-热耦合作用下的套管应力状态，研究结果表明，套管最大瞬态应力先升高后降低，而且压裂流体排量增大引起的最大瞬态应力升高将会增加套管变形风险。

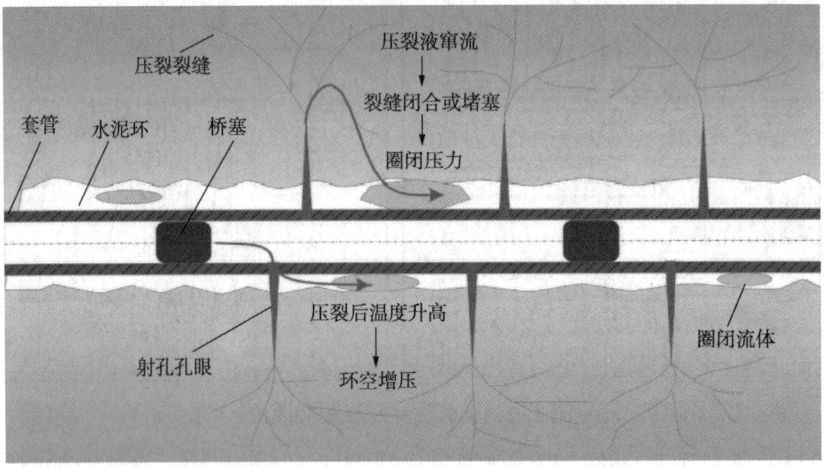

图 1-3　页岩气井复杂压裂工况 APB 效应示意图

Daneshy 最早提出水力裂缝不对称扩展将引起页岩储层的不对称形变，从而产生对套管的非对称挤压作用，导致套管变形。许多研究人员考虑非对称压裂引起的应力亏空，采用数值方法研究了非对称压裂引起的井眼附近应力亏空并由此产生的井壁岩石对套管的侧向挤压。尤其是重复压裂后，岩石性质发生了变化，地应力非均质性和应力亏空增大，最终导致套管发生椭圆变形和S形变形。基于压裂改造区域不对称导致的套管受力不平衡，研究了套管受侧向非对称挤压载荷作用下的变形规律。压裂不对称主要造成套管的整体侧向位移，而对套管截面形状的影响较小。计算得到的套管截面变形远小于页岩气井中套管变形的检测结果，得出非对称压裂不是页岩气井套管变形的主要影响因素。

页岩气井固井质量问题，包括水泥环缺失和套管偏心。许多学者研究了套管偏心对套管应力的影响，对套管偏心和水泥环缺失两种情况同时存在条件下的套管应力进行了计算，计算结果显示水泥环缺失对套管应力的影响更大；采用数值方法分析了温-压耦合作用条件下水泥环缺失对套管应力的影响；将水泥环缺失引起的套管外壁载荷简化为局部载荷模型，套管外壁分别受平行局部载荷和径向局部载荷作用。

随着现场检测数据的增多以及对页岩气井套管变形认识的深入，在压裂过程中断层滑动造成套管剪切变形的概念受到越来越多学者的关注。从套管变形的几何特征检测结果可以看出，页岩气井套管发生了明显的剪切变形。陈朝伟等通过分析套管变形与地质特征和压裂施工之间的关系，认为压裂流体进入断层或天然裂缝诱发储层岩石剪切滑动是页岩气井套管剪切变形的主控因素。

微地震监测结果显示，在压裂过程中，储层岩石的滑动不仅在四川盆地页岩气区块发生了，而且在北美页岩气区块中同样存在断层或天然裂缝滑动问题。由于页岩气井套管剪切变形的严重性，关于断层滑动机理及其对套管剪切变形影响规律的研究越来越多。陈朝伟等根据套管变形量检测结果反演了断层滑移量，并利用震源机制理论分析了断层滑动与断层激活半径和地震震级之间的关系；郭雪利等则基于震源机制理论分析了断层滑动位移对套管变形的影响规律；陈升等考虑了断层滑动对套管的影响，其研究结果主要分析了断层滑动对套管应力状态的影响。目前，已有的研究成果主要集中在分析断层滑动位移量和套管变形量之间的关系，还没有能够有效计算断层滑动位移的方法。

页岩气储层为天然裂缝发育较好的脆性岩石，复杂水力压裂工艺将导致地层原始平衡破坏，并以剪切或非均匀局部荷载的模式加载到水泥环上，继而引起套管随动变形。储层原始平衡破坏后的加载方式、水泥环的抗变形能力及套管本身的承载变形能力之间的相互耦合作用，各交界面的变形协调关系，直接影响地层-水泥环-套管的一体化耦合变形能力。页岩气井套管变形及其主要失效模式为剪切变形和非均匀局部变形，不同失效模式下套管服役行为不同，导致套管变形行为不同。页岩气井套管变形属于多因素耦合作用，如地质因素、工艺参数、地应力非均匀等，解析求解非常困难，套管变形难以量化，构建井筒一体化的有限元分析模型，获得地层滑移特征参数、水泥环-套管力学参数对套管变形的影响规律及敏感性分析，获得套管变形的主控因素，是套管变形控制的关键。

总体来看，国内外在涉及套管安全载荷分析、力学模型、数值仿真及工程评价方面取得大量研究成果，国内在风险评价及完整性管理技术方面还处于探索阶段，针对油气井套损对井筒完整性的影响分析尚未成体系，没有将各种理论及试验方法和当前的工程安全评价需求结合起来，尚未形成适用于工程作业人员操作的技术体系。这些工作恰恰是油田对套损井管理、检测监测及治理的重要技术依据，相关工作需要结合具体区块工况、井下环境、作业工艺和参数等进行具体技术攻关。因此，针对目前复杂气井生产现状，研究地应力反演技术及近井筒地应力分布，在充分考虑套管失效机理和影响因素的基础上，建立相应失效模式下影响因素与套管损坏的关系模型；针对气田开采实际条件，确定研究中使用的地层岩石、水泥石、套管、开采气成分及其含量等参数以及套管属性、载荷的随机性分布类型和分布参数；根据实际生产条件和现有文献统计资料，建立套管柱目标可靠指标确定的方法，完成套管实用可靠性设计方法的建立；最后建立套管实时风险评估的模型，为套管投入生产后实时安全状况评价提供依据，可以为降低套管损坏的概率、提前预测深井及超深井套管的失效行为制定合理的预防、管理对策措施，为延长油气井寿命提供依据，对其在寿命周期内长期安全、可靠、高效生产具有重要意义。

第2章 基于多目标约束的地应力场反演

储层地应力和油气井钻完井开发过程对地应力的扰动是引起油气井套管失效的重要原因之一。鉴于此，在相关油田的资助下，本章对区块所研究储层进行了岩石取心，做了大量单轴、三轴岩石力学参数测定试验，获取了相关地层岩石在不同围压下静态弹性模量、泊松比、岩石抗压强度等参数。在室内试验的基础上，结合油田声波测井信息及弹塑性力学相关理论，建立地应力计算模型，实现单井地应力计算，以此作为目标区块的约束目标，建立区块地质数值模型，实现目标区块的地应力反演分析，得到目标区块的地应力场分布规律，为区块地应力反演及油气井套管可靠性设计及安全评估提供基础数据。

第1节 储层岩心力学试验及分析

国内外学者对砂岩岩石力学性质进行的试验研究表明，砂岩的弹性模量、泊松比均随着围压的增大而增大。由于岩石在地层中的条件是不断变化的，与埋深、岩性、含水饱和度等有很大的关系，故而室内试验测得的岩石力学参数与真实条件下的岩石参数是有差别的，因而经验公式也不具有普遍意义。因此选取了该区块的典型岩心，进行了不同围压下的三轴试验，获得该区块岩心的力学参数，并根据试验结果回归了该区块岩石力学性质随围压的变化方程，为该区块的地应力计算、岩石破裂压力、套管失效分析等有关该区块开发问题提供了必要的参数。

一、试验设备及材料选取

试验岩心来自国内某油田泉四段钻井岩心，埋深为2100~2129m，密度为2.49~2.65kg/cm^3，孔隙度为3%~11%，油水饱和度为40%~50%，为灰色粉砂岩。采用MTS岩石三轴试验系统(见图2-1)，模拟储层地层条件进行岩石力学试验，试验温度根据该区块主力油层的平均温度选取为100℃。根据国际岩石力学学会(ISRM)推荐的方法，将三轴试验的岩心制成直径50mm，高100mm的圆柱形试件(见图2-2)。其端面不平行度不超过0.05mm，试件端面与直径误差不超过 0.3mm，尺寸测量精确到 0.1mm，同时对所有岩心进行干燥处理，即放置于 105℃干燥环境下 12h。

图 2-1 MTS 三轴试验系统

图 2-2 砂岩岩心试件

二、岩心三轴试验及结果分析

利用 MTS 三轴伺服增压试验系统区块致密砂岩岩心进行了常规三轴试验。根据该区块储层深度处的地应力值，将岩心试件分成 5 组，每组 3 块试件，每组对应一个围压，围压梯度设置为 10MPa(见表 2-1)。首先于岩样试件与承压板的接触面涂抹一层凡士林以减小接触面的摩擦作用；再以一个较小的轴向压力固定试件，调整试件垂直度；之后以 0.5MPa/s 的速度同时施加围压和轴向压力至围压目标值，继而固定围压，继续施加轴向压力，在轴向压力到达 50MPa 时控制试件应变加载直至试件破坏。由于试验中可能会出现不可预测的误差，故选取每组试件中具有代表性的试件，绘制岩心应力-应变曲线如图 2-3 所示，试验结果列于表 2-1。

表 2-1 岩心三轴试验结果

岩心编号	岩心密度/(kg/m^3)	围压/MPa	弹性模量/GPa	平均值	泊松比	平均值	抗压强度/MPa	平均值
S1-1	2.51	0	18.1	17.5	0.121	0.132	118.7	110.5
S1-2	2.48		16.8		0.142		106.2	
S1-3	2.63		17.9		0.133		106.6	
S2-1	2.56	10	25.7	22.3	0.165	0.151	215.5	206.6
S2-2	2.54		21.6		0.146		206.8	
S2-3	2.49		19.6		0.142		197.5	
S3-1	2.65	20	28.1	27.2	0.168	0.173	235.6	233.4
S3-2	2.53		24.6		0.162		225	
S3-3	2.56		28.9		0.189		239.6	

续表

岩心编号	岩心密度/(kg/m³)	围压/MPa	弹性模量/GPa	平均值	泊松比	平均值	抗压强度/MPa	平均值
S4-1	2.64		29.6		0.199		285.9	
S4-2	2.53	30	30.6	31.6	0.2	0.206	291	290.7
S4-3	2.49		34.6		0.219		295.2	
S5-1	2.53		32.4		0.21		324.5	
S5-2	2.58	40	39.5	35.8	0.241	0.227	336	329.3
S5-3	2.48		35.5		0.23		327.4	

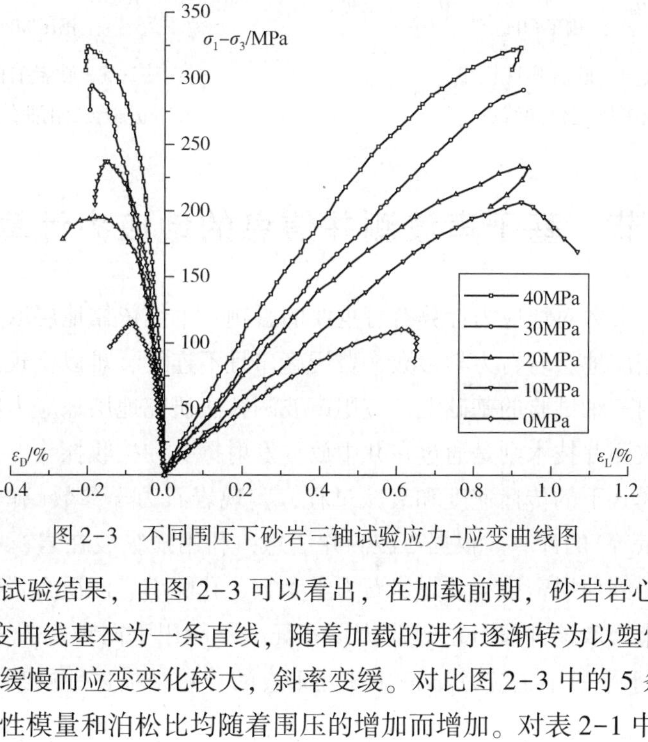

图 2-3　不同围压下砂岩三轴试验应力-应变曲线图

根据上述试验结果，由图 2-3 可以看出，在加载前期，砂岩岩心为线弹性阶段，应力-应变曲线基本为一条直线，随着加载的进行逐渐转为以塑性变形为主，此时应力增加缓慢而应变变化较大，斜率变缓。对比图 2-3 中的 5 条曲线发现，砂岩试件的弹性模量和泊松比均随着围压的增加而增加。对表 2-1 中各组试验数据的平均值进行拟合，其拟合曲线见图 2-4 和图 2-5，得到该区块砂岩的弹性模量 E_R 和泊松比 υ_R 随围压 σ 变化规律的拟合公式。

$$E_R = 0.458\sigma + 17.7 (\text{相关系数 } C = 0.9998) \tag{2-1}$$

$$\upsilon_R = 0.0025\sigma + 0.128 (\text{相关系数 } C = 0.9997) \tag{2-2}$$

相关系数 C 均接近于 1，说明该曲线拟合较准确。

在模拟储层地层条件下，通过室内三轴试验对该区块致密砂岩岩石力学性质进行测试，并根据试验结果拟合了该区块砂岩弹性模量、泊松比与围压的变化关系曲线。试验结果表明，该区块砂岩弹性模量、泊松比随着围压的呈线性增加。

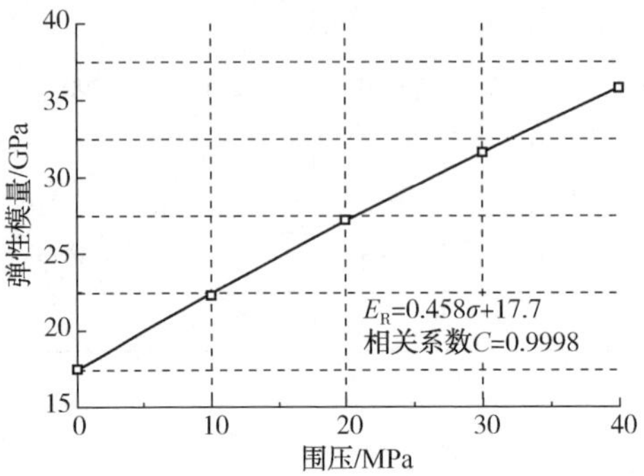

图 2-4　砂岩弹性模量随围压变化曲线图

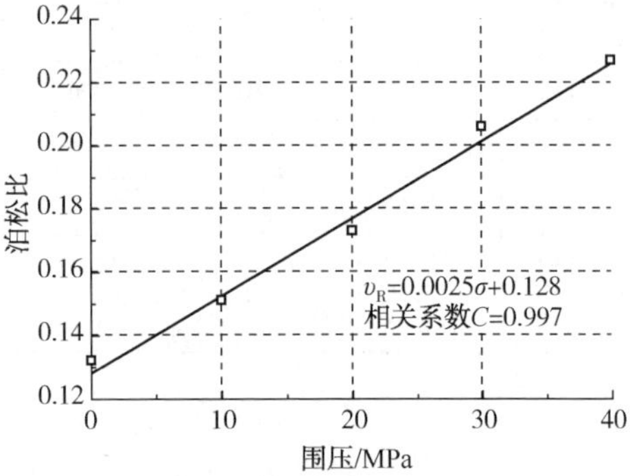

图 2-5　砂岩泊松比随围压变化曲线图

第 2 节　基于声波测井信息的地应力计算方法

岩石力学参数对地应力计算有着重要的影响，单纯依靠地层取心的岩石力学试验去获取相应地层岩石力学参数，费用高昂且不连续，难以实现。因此，在做典型区块室内三轴试验的基础上，应用声波测井法研究地层地应力特征是非常有必要的。声波测井技术则是通过在井中放置发射探头和接收探头，记录声波在井中不同波动模式下的传播速度和衰减过程，实现岩石力学参数(弹性模量、泊松比、体积模量等)的计算。根据声波测井信息，利用横纵波在岩石中传播速度的不同，计算得到地层密度、动态岩石力学参数、孔隙率、泥质含量等信息，进而方便、经济地获取该井段分层地应力场特征。一般用垂向地应力 σ_z、水平最大主应力 σ_H、水平最小主应力 σ_h 三个相互垂直的分量来描述地层某一位置处地应力特征。

一、岩石动态力学参数的计算

1. 岩石力学参数与声波波速的关系

假定岩石为各向同性的均质连续体，并且岩石变形处于线弹性阶段，故可用线弹性理论结合牛顿运动定律推出岩石动态力学参数同横纵波在岩石传播的速度存在如式(2-3)的函数关系。设 x、y、z 方向的位移分别为 u、v、w，于是按位移表示的运动方程为：

$$
\begin{cases}
\rho \dfrac{\partial^2 u}{\partial^2 t_{\mathrm{R}}} = \left(K+\dfrac{G}{3}\right)\dfrac{\partial \Delta}{\partial x}+G\,\nabla^2 u+\rho X_{\mathrm{R}} \\
\rho \dfrac{\partial^2 v}{\partial^2 t_{\mathrm{R}}} = \left(K+\dfrac{G}{3}\right)\dfrac{\partial \Delta}{\partial y}+G\,\nabla^2 v+\rho Y_{\mathrm{R}} \\
\rho \dfrac{\partial^2 w}{\partial^2 t_{\mathrm{R}}} = \left(K+\dfrac{G}{3}\right)\dfrac{\partial \Delta}{\partial z}+G\,\nabla^2 w+\rho Z_{\mathrm{R}} \\
\Delta = \dfrac{\partial u}{\partial x}+\dfrac{\partial u}{\partial y}+\dfrac{\partial u}{\partial z} \\
\nabla^2 = \dfrac{\partial^2}{\partial x^2}+\dfrac{\partial^2}{\partial y^2}+\dfrac{\partial^2}{\partial z^2}
\end{cases}
\tag{2-3}
$$

式(2−3)整理得：

$$
\frac{\partial^2 \Delta}{\partial t_{\mathrm{R}}^2} = \left(\frac{K+\dfrac{4}{3}G}{\rho}\right)\Delta\nabla^2+\rho\left(\frac{\partial X_{\mathrm{R}}}{\partial x}+\frac{\partial Y_{\mathrm{R}}}{\partial y}+\frac{\partial Z_{\mathrm{R}}}{\partial z}\right) \tag{2-4}
$$

则纵波通过弹性体的传播速度：

$$
v_{\mathrm{p}} = \sqrt{\frac{K+\dfrac{4}{3}G}{\rho}} \tag{2-5}
$$

绕 x 轴旋转分量 W_x 为：

$$
\frac{\partial^2 W_x}{\partial t^2} = \left(\frac{G}{\rho}\right)\nabla^2 W_x \tag{2-6}
$$

令体积力等于常数，故横波波速即为传输旋转速度：

$$
v_{\mathrm{x}} = \sqrt{G/\rho} \tag{2-7}
$$

$$
G = \frac{E_{\mathrm{Rd}}}{2(1+2v_{\mathrm{Rd}})} \tag{2-8}
$$

$$
K = \frac{E_{\mathrm{Rd}}}{3(1-2v_{\mathrm{Rd}})} \tag{2-9}
$$

根据岩石力学参数之间的转换关系式(2−8)、式(2−9)代入式(2−5)、式(2−7)可得：

$$v_s=\sqrt{\frac{E_{Rd}}{2\rho(1+\upsilon_{Rd})}} \tag{2-10}$$

$$v_p=\sqrt{\frac{E_{Rd}(1-\upsilon_{Rd})}{\rho(1+\upsilon_{Rd})(1-2\upsilon_{Rd})}} \tag{2-11}$$

由上式可得：

$$\upsilon_{Rd}=\frac{v_p^2-2v_s^2}{2(v_p^2-v_s^2)} \tag{2-12}$$

$$E_{Rd}=\frac{\rho v_s^2(3v_p^2-4v_s^2)}{v_p^2-v_s^2} \tag{2-13}$$

式中，X_R为体积力在x方向的分力；Y_R为体积力在y方向的分力；Z_R为体积力在z方向的分力；t_R为声波在岩石中的传播时间，s；ρ为测井资料得到的地层岩石体积密度，g/cm^3；∇^2为拉普拉斯算子；G为岩石的剪切模量，MPa；K为岩石的体积模量，MPa；v_s为横波波速，m/s；v_p为纵波波速，m/s；υ_{Rd}为动态泊松比；E_{Rd}为动态弹性模量，MPa。

2. 力学参数的计算公式

将横纵波时差与横纵波速转化关系$\Delta t_s=1/v_s$、$\Delta t_p=1/v_p$代入式(2-12)、式(2-13)可得

岩石泊松比υ_{Rd}：

$$\upsilon_{Rd}=\frac{1}{2}\frac{\Delta t_s^2-2\Delta t_p^2}{\Delta t_s^2-\Delta t_p^2} \tag{2-14}$$

杨氏模量E_{Rd}：

$$E_{Rd}=\left(\frac{\rho}{\Delta t_s^2}\right)\left(\frac{3\Delta t_s^2-4\Delta t_p^2}{\Delta t_s^2-\Delta t_p^2}\right)\times 9.299\times 10^7 \tag{2-15}$$

在获得地层岩石泊松比和弹性模量后，可通过力学参数之间的相互转换关系继而得到其他力学参数。

体积模量K：

$$K=\rho\frac{3\Delta t_s^2-4\Delta t_p^2}{3\Delta t_s^2\Delta t_p^2}\times 9.299\times 10^7 \tag{2-16}$$

岩石体积压缩率C_b：

$$C_b=\frac{1}{K} \tag{2-17}$$

岩石骨架压缩率 C_r：

$$C_r=\frac{1}{K_{ma}}=\frac{1}{\rho_{ma}\frac{3\Delta t_{mas}^2-4\Delta t_{map}^2}{3\Delta t_{mas}^2\Delta t_{map}^2}\times 9.299\times 10^7} \tag{2-18}$$

Biot 弹性系数 B：

$$B=1-\frac{C_r}{C_b} \tag{2-19}$$

式中，ρ 为测井资料得到的地层岩石体积密度，g/cm³；Δt_s 为地层横波时差，μs/ft；Δt_p 为地层纵波时差，μs/ft；Δt_{max} 为地层骨架横波时差，μs/ft；Δt_{map} 为地层骨架纵波时差，μs/ft；ρ_{ma} 为地层骨架密度，g/cm³。

二、横波时差的获取

在获得全波列测井数据的基础上，可以得到声波测井的横波和纵波信息，结合井筒的密度测井信息，即可计算得到该井全井筒的动态演示力学参数。但是由于现场测井时采用全波列测井，代价较为昂贵，大多数井只有纵波时差可以获取，因此需要研究岩石测井信息的横纵波关系，利用纵波时差 Δt_p 求取横波时差 Δt_s。

（1）常用公式：

$$\Delta t_s=\Delta t_{mas}+(\Delta t_{fs}-\Delta t_{mas})\frac{(\Delta t_p-\Delta t_{map})}{\Delta t_{fs}-\Delta t_{map}} \tag{2-20}$$

（2）Cristensen1960 年提出的经验公式：

$$\Delta t_s=\frac{\Delta t_p}{\left[1-1.15\frac{\left(\frac{1}{\rho}\right)+\left(\frac{1}{\rho}\right)^3}{\theta^{\frac{1}{\rho}}}\right]^{\frac{3}{2}}} \tag{2-21}$$

（3）统计关系式：

化学沉积地层 $\Delta t_s=2.26\Delta t_p$；砂泥岩地层 $\Delta t_s=1.76\Delta t_p$；岩浆岩、变质岩类 $\Delta t_s=1.17\Delta t_p$。

式中，Δt_{fs} 为地层流体的横波时差，μs/ft；Δt_{fp} 为地层流体的纵波时差，μs/ft。

三、静态力学参数的确定

考虑岩石地层压力的形成过程，在地应力计算时应采用静态岩石力学参数，而用声波测井信息得到的是岩石动力学参数，故需对声波测井信息解释得到的动力学参数进行静态转化。

因此，引入岩石完整系数

$$F=(v_{R}/v_{ma})^{2} \tag{2-22}$$

式中，v_R为岩层声速，m/s；v_{ma}为岩石骨架声速，m/s。

国内外学者的试验研究表明，岩石完整系数 F 与岩石动、静力学参数比 D_R 存在良好的相关性，见表 2-2。基于此，在由测井信息解释得到岩石完整系数后即可得到 D_R，就可以计算得到岩石静态力学参数。

表 2-2　岩石动静力学参数转换系数

F	1.0~0.9	0.9~0.8	0.8~0.7	0.7~0.65	<0.65
D_R	1.0~0.75	0.75~0.45	0.45~0.25	0.25~0.2	0.2~0.1
F 与 D_R 的关系式为：$D_R=2.3717F-1.3949$					

四、分层地应力计算模型

1. 分层地应力模型假设条件

以井眼中心为原点，建立如图 2-6 所示的柱坐标系和直角坐标系，其中 y 方向为地层最小主应力方向，z 为井筒深度方向。为计算地层分层地应力采用以下假设条件：①忽略岩石蠕变；②岩石各向同性；③岩石为均匀连续弹性体；④忽略垂向构造应力分量。

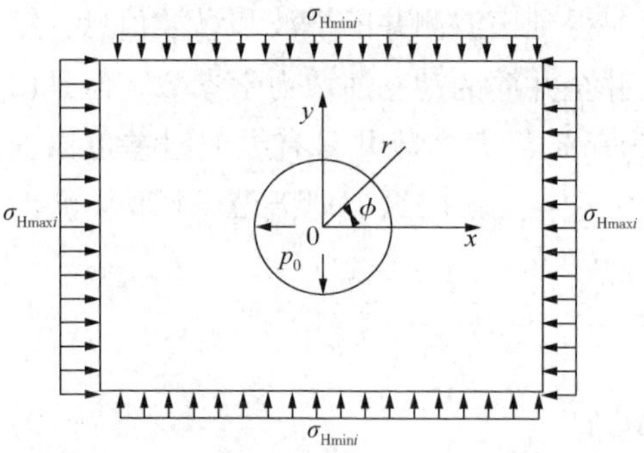

图 2-6　分层地应力模型图

2. 应力分量及表达式

现今地应力的分量包括以下 4 种。

(1) 上覆岩层重力应力及其分量。

该应力分量应为该层上覆岩层重力：

$$\sigma_{\rho zi}=\sum_{j=1}^{i}\rho_{j}gh_{j} \tag{2-23}$$

由于岩石为各向同性均匀弹性体，故上覆岩石重力会引起地层在水平方向的应力，且该应力分量在 x、y 方向的分量相等，即：

$$\sigma_{\rho Hmaxi}=\sigma_{\rho Hmini}=\frac{v_{i}}{1-v_{i}}\sum_{j=1}^{i}\rho_{j}gh_{j} \tag{2-24}$$

(2) 孔隙流体压应力及其分量。

孔隙流体压力为三向等压，故该应力在 3 个方向的分量为：

$$\sigma_{pzi}=\sigma_{pHmaxi}=\sigma_{pHmini}=p_i \tag{2-25}$$

(3) 构造应力及其分量。

设地层最大水平构造应力为 σ_{gHmini}，则其余两向主应力为：

$$\sigma_{gHmini}=\sigma_{gzi}=\frac{v_i}{1-v_i}\sigma_{gHmaxi} \tag{2-26}$$

(4) 温度应力及其应力分量。

由于假设地层为各向同性，故温度在 3 个主应力方向引起的温度应力分量应该相等，根据温度应力理论可以得到 3 个方向的主应力为：

$$\sigma_{Tzi}=\sigma_{THmaxi}=\sigma_{THmini}=\frac{\alpha_i E_i(T_i-T_{0i})}{(1-2v_i)} \tag{2-27}$$

3. 应力分量的合成

根据上述分析，对于 i 层地层的三向主应力应为上述 4 种应力分量之和，故该层位地层压力可以描述为：

$$\begin{aligned}
&\sigma_{zi}=\sigma_{\rho zi}+\sigma_{pzi}+\sigma_{gzi}+\sigma_{Tzi}\\
&\sigma_{Hmaxi}=\sigma_{\rho Hmaxi}+\sigma_{PHmaxi}+\sigma_{gHmaxi}+\sigma_{THmaxi}\\
&\sigma_{Hmini}=\sigma_{\rho Hmini}+\sigma_{PHmini}+\sigma_{gHmini}+\sigma_{THmini}
\end{aligned} \tag{2-28}$$

整理得

$$\sigma_{zi}=\sum_{j-1}^{i}\rho_i h_j+p_i+\frac{v_i}{1-v_i}\sigma_{gHmaxi}+\frac{\alpha_i E_i(T_i-T_{0i})}{1-2v_i} \tag{2-29}$$

$$\sigma_{Hmaxi}=\frac{v_i}{1-v_i}\sum_{j-1}^{i}\rho_i h_j+p_i+\sigma_{gHmaxi}+\frac{\alpha_i E_i(T_i-T_{0i})}{1-2v_i} \tag{2-30}$$

$$\sigma_{Hmini}=\frac{v_i}{1-v_i}\sum_{j-1}^{i}\rho_i h_j+p_i+\frac{v_i}{1-v_i}\sigma_{gHmaxi}+\frac{\alpha_i E_i(T_i-T_{0i})}{1-2v_i} \tag{2-31}$$

第 i 层地层初始温度 T_{0i}、第 i 层地层当前温度 T_i、井筒内压 p_i 可由实测资料得到；ρ_j、h_j、v_j、α_i、E_i 可由现场测井资料与岩心的实验室分析得到，水平构造应力可由水力压裂得到。在知道上述参数后，即可获得该层位地应力的值。

4. 地层最大水平构造应力的确定

最大水平构造应力一般根据水力压裂破裂压力进行计算，计算方法如下：

$$P_{fi}=3\sigma_{Hmini}-\sigma_{Hmaxi}-\sigma_{ti} \tag{2-32}$$

式(2-32)没有考虑垂向地应力对破裂压力的影响，是不精确的。为获取精确的地应力解，应考虑垂向应力的影响。令井眼轴向应变 ε_z 为常数，采用弹性力学广义平面问题进行解答，即可得到井壁应变如下：

$$\varepsilon_{ri}=\frac{1}{E_i}[2v_i(1+v_i)(\sigma_{\mathrm{Hmax}i}-\sigma_{\mathrm{Hmin}i})\cos2\varphi-v_i(\sigma_{\mathrm{Hmax}i}+\sigma_{\mathrm{Hmin}i})+(1+v_i)P_0-v_i\sigma_{zi}] \tag{2-33}$$

$$\varepsilon_{\varphi i}=\frac{1}{E_i}[2v_i(1-v_i^2)(\sigma_{\mathrm{Hmax}i}-\sigma_{\mathrm{Hmin}i})\cos2\varphi+\sigma_{\mathrm{Hmax}i}+\sigma_{\mathrm{Hmin}i}-(1+v_i)P_0-v_i\sigma_{zi}] \tag{2-34}$$

$$\varepsilon_{zi}=\frac{1}{E_i}[\sigma_{zi}-v_i(\sigma_{\mathrm{Hmax}i}+\sigma_{\mathrm{Hmin}i})] \tag{2-35}$$

$$\gamma_{r\varphi i}=\gamma_{\varphi zi}=\gamma_{zri} \tag{2-36}$$

根据水力压裂过程，假设产生垂直裂缝，以井壁轴向应变作为开裂条件，即当周向应变达到岩石抗拉应变极限时，即 $\varepsilon_{ri}=\varepsilon_{ti}=\sigma_{ti}/E$，岩石开裂，由此可以推出岩石破裂时井筒的临界内压力：

$$P_{0f}=\frac{\sigma_{\mathrm{Hmax}i}+\sigma_{\mathrm{Hmin}i}}{1+v_i}-\frac{v_i}{1+v_i}\sigma_{zi}-2(1-v_i)(\sigma_{\mathrm{Hmax}i}-\sigma_{\mathrm{Hmin}i})-\frac{\sigma_{ti}}{1+v_i} \tag{2-37}$$

由水力压裂施工过程即可得到岩石破裂压力，并可得到 P_{0f}，联立式(2-37)与式(2-33)~式(2-35)即可得到水平最大构造应力如下：

$$\sigma_{\mathrm{gHmax}i}=\frac{1}{4v_i-1}\left[P_{0f}+\left(\frac{v_i}{1+v_i}-\frac{2v_i}{1-v_i^2}\right)\sum_{j=1}^{i}\rho_j h_j-\frac{2-v_i}{1+v_i}p_i+\frac{\sigma_{ti}}{1+v_i}-\frac{(2-v_i)\alpha_i E_i(T_i-T_{0i})}{(1+v_i)(1-2v_i)}\right] \tag{2-38}$$

将式(2-38)代入式(2-29)~式(2-31)即可得到地层任意位置处的地层现今地应力。

上述各式中，$\sigma_{\rho zi}$为上覆岩层重力，MPa；ρ_j为岩石密度，kg/m^3；g 为重力加速度，9.8m/s^2；h_j为地层高度，m；$\sigma_{\rho\mathrm{Hmax}i}$为上覆岩层引起的最大主应力分量，MPa；$\sigma_{\rho\mathrm{Hmin}i}$为上覆岩层引起的最大主应力分量，MPa；$v_i$为岩石泊松比；$\sigma_{pzi}$为孔隙流体压力在垂向主应力分量，MPa；$\sigma_{\mathrm{pHmax}i}$为孔隙流体压力在水平方向最大主应力分量，MPa；$\sigma_{\mathrm{pHmin}i}$为孔隙流体压力在水平方向最小主应力分量，MPa；$\sigma_{gzi}$为构造应力在垂向主应力分量，MPa；$\sigma_{\mathrm{gHmax}i}$为构造应力在水平方向最大主应力分量，MPa；$\sigma_{\mathrm{gHmin}i}$为构造应力在水平方向最小主应力分量，MPa；$P_i$为井筒实时内压，MPa；$\sigma_{Tzi}$为温度应力在垂向主应力分量，MPa；$\sigma_{\mathrm{THmax}i}$为温度应力在水平方向最大主应力分量，MPa；$\sigma_{\mathrm{THmin}i}$为温度应力在水平方向最小主应力分量，MPa；$\alpha_i$为温度线胀系数；$E_i$为岩石弹性模量，MPa；$\sigma_{zi}$为第 i 层地层在垂向主应力分量，MPa；$\sigma_{\mathrm{Hmax}i}$为第 i 层地层在水平方向最大主应力分量，MPa；$\sigma_{\mathrm{Hmin}i}$为第 i 层地层在水平方向最小主应力分量，MPa；P_{fi}为地层破裂压力，MPa；σ_{ti}为岩石的抗张强度，MPa；ε_{ri}为井壁径向应变分量；$\varepsilon_{\varphi i}$为井壁环向应变分量；ε_{zi}为井壁垂向应变分量；$\gamma_{r\varphi i}$为井壁 $r\varphi$ 切应变分量；$\gamma_{\varphi zi}$为井壁 φz 切应变分量；γ_{zri}为井壁 zr 切应变分量；i 为下标，指第 i 层地层；j 为下标，指第 j 层地层。

五、地应力计算结果分析

以某调研区块为例，其井位图见图 2-7。区块位于向斜鞍部向西抬升的斜坡部位，构造单一，该区油藏类型主要以岩性油藏为主。该区块 33-22 号井目的层为 30 号小层(30 号解释层)，储层深度 2106.2~2114.2m，压裂厚度 8m，孔隙度 10%~14%，油层渗透率 0.1~10md。储层发育近东西向的微裂缝，与现应力场产生的水力致裂缝方向一致。

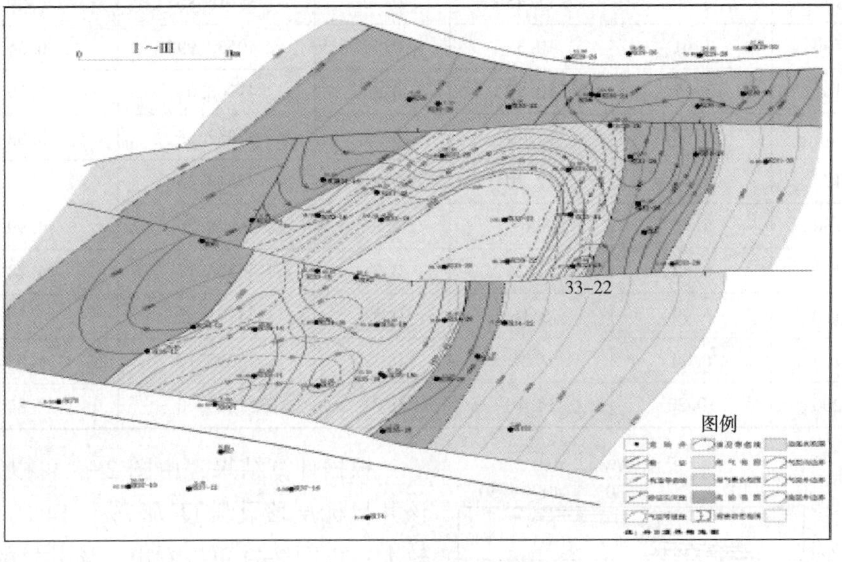

图 2-7　某区块储层地质井位图

根据该区块 33-22 号井声波测井信息，利用本章第 2 节“岩石动态力学参数的计算”和“横波时差的获取”理论计算方法，编写计算程序，对研究区域内的该井的岩石力学参数和地应力分布规律进行了计算分析，并绘制该井地应力沿深度变化曲线。部分测井信息解释结果列于表 2-3。

表 2-3　33-22 井的岩石力学参数解释结果表

深度/m	孔隙度/%	泥质含量/%	动泊松比	动杨氏模量/MPa	抗拉强度/MPa
2100	16.73	12.37	0.29	27045.97	2.58
2105	13.35	10.60	0.30	29411.76	3.10
2110	9.39	11.21	0.31	32591.43	3.96

续表

深度/m	孔隙度/%	泥质含量/%	动泊松比	动杨氏模量/MPa	抗拉强度/MPa
2115	5.50	10.35	0.32	36240.66	5.04
2120	5.90	10.59	0.32	35842.60	4.92
2125	10.11	12.79	0.31	31976.15	3.83
2130	3.91	11.45	0.32	37911.24	5.65
2135	4.09	9.61	0.32	37717.37	5.51
2140	10.29	12.39	0.31	31827.85	3.77
2145	10.53	12.13	0.31	31629.77	3.71
2150	11.21	12.71	0.31	31069.46	3.57
2155	3.00	13.45	0.32	38916.86	6.09
2160	1.61	10.35	0.32	40538.99	6.56
2165	1.17	10.90	0.32	41068.05	6.79
2170	9.69	11.44	0.31	32332.65	3.88
2175	9.48	12.20	0.31	32513.45	3.96
2180	5.46	8.69	0.32	36278.20	4.99
2185	6.38	11.26	0.31	35364.17	4.78
2190	6.99	8.16	0.31	34771.58	4.50
2195	6.04	9.26	0.32	35695.14	4.82
2200	10.22	14.10	0.31	31885.70	3.84

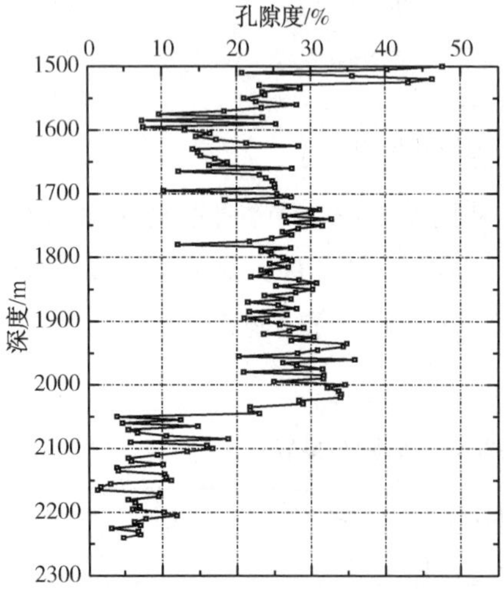

图 2-8　33-22 井沿井深孔隙度解释结果

根据计算结果，由图 2-8 可以看出，该井目标层段孔隙度为 7%~14%，波动较大；由图 2-9 可以看出，该井目的层段泥质含量波动较大，为 8%~14%；由图 2-10 可以看出，该井目的层段岩层动泊松比为 0.3~0.32；由图 2-11 可以看出，该井目的层段岩石动弹性模量为 26~36GPa；由图 2-12 可以看出，该井目的层段岩石抗拉强度为 2.75~5.2MPa。

根据本章第 2 节“静态力学参数的确定”研究内容可以看出，岩石动静弹性模量、泊松比存在一个线性关系，结合本章第 1 节室内试验结果，发现该区块储层岩石静、动力学参数有着如下线性对应关系：

$$E_{\mathrm{R}} = 0.6026E_{\mathrm{Rd}} + 2.528 \tag{2-39}$$

$$\upsilon_{\mathrm{R}} = \upsilon_{\mathrm{Rd}} - 0.225 \tag{2-40}$$

根据本章第 2 节“分层地应力计算模型”计算模型编写计算程序，计算得到该井沿井深地层最大最小主应力结果见表 2-4。

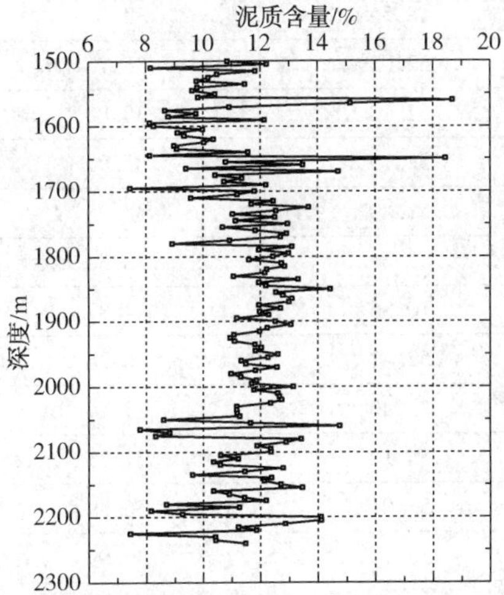

图 2-9　33-22 井沿井深泥质含量解释结果

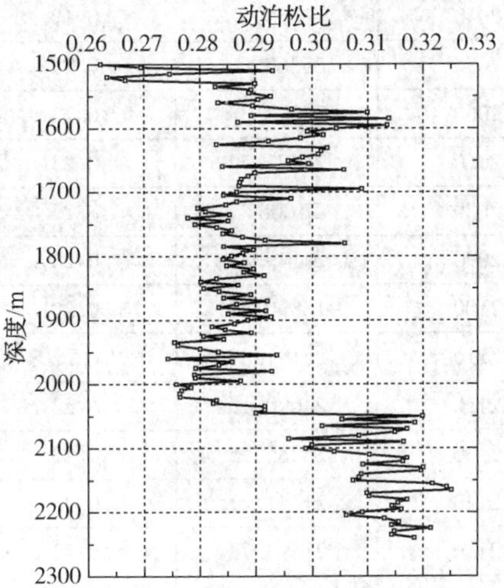

图 2-10　33-22 井沿井深动泊松比解释结果

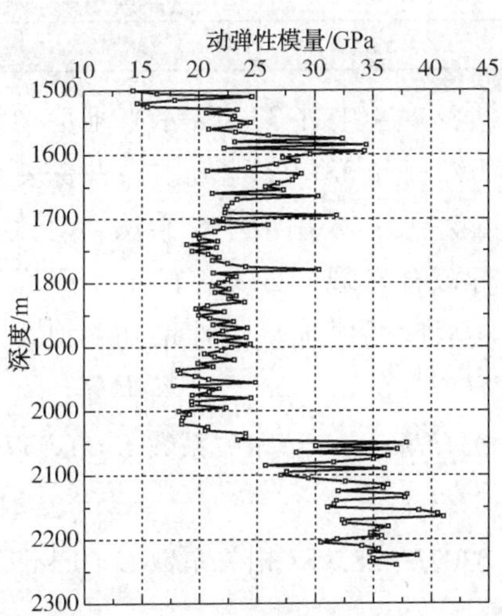

图 2-11　33-22 井沿井动弹性模量解释结果

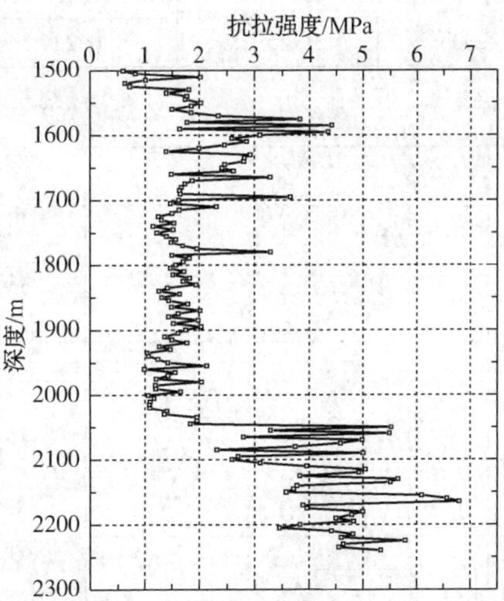

图 2-12　33-22 井沿井深岩石抗拉强度测井信息解释结果

表 2-4　33-22 井的应力解释结果表

井深/m	E/MPa	υ	最大主应力/MPa	最小主应力/MPa
2000	13437.96	0.18	46.03	30.29
2010	13648.95	0.17	46.38	30.62
2020	13590.41	0.17	46.61	30.86
2030	14875.3	0.18	47.41	31.61
2040	17055.12	0.19	48.56	32.66
2050	25265.96	0.23	52.03	35.70
2060	24808.38	0.23	52.12	35.82
2070	24321.74	0.23	52.19	35.92
2080	21608.2	0.22	51.40	35.28
2090	24149.84	0.23	52.64	36.38
2100	18890.71	0.20	50.86	34.87
2110	22191.39	0.22	52.41	36.26
2120	24090.15	0.23	53.40	37.14
2130	25285.95	0.23	54.12	37.79
2140	21741.77	0.22	53.01	36.89
2150	21293.73	0.22	53.10	36.99
2160	26792.2	0.24	55.47	39.04
2170	22039.17	0.22	53.91	37.76
2180	24342.72	0.23	55.05	38.78
2190	23467.36	0.23	54.98	38.76
2200	21775.88	0.22	54.59	38.45

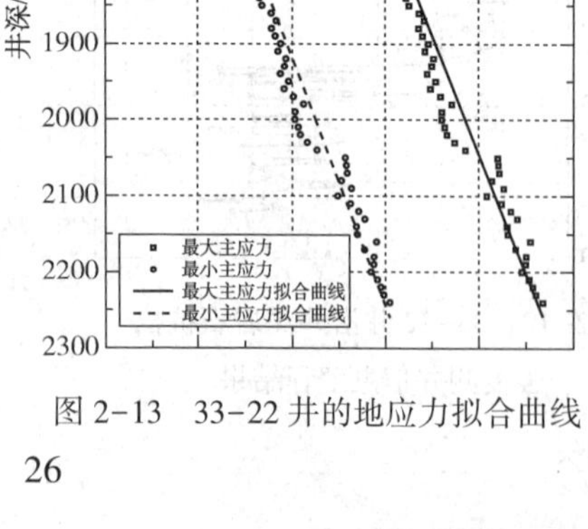

图 2-13　33-22 井的地应力拟合曲线

根据表 2-4 中井 33-22 水平地应力计算结果，绘制井 33-22 地应力沿井深变化曲线于图 2-13；采用最小二乘法，对该井数据进行拟合发现，最大、最小主应力均随着地层深度的增加呈线性增加。拟合公式如下：

$$\sigma_{\mathrm{H}}=0.0318H-15.06（相关系数 C=0.957） \tag{2-41}$$

$$\sigma_{\mathrm{h}}=0.0307H-28.98（相关系数 C=0.967） \tag{2-42}$$

该井目标层段位于 2106.2～2114.2m，利用上述拟合公式计算得到该井最大主应力为 51. 92~52. 17MPa，最小水平主应力为 35. 68~35. 92MPa，最大、最小主应力差达到 16. 25MPa，应力不均匀系数达到了 1. 45，是一个非常容易引发套管失效的地层。

第 3 节　多目标约束地应力反演分析方法研究

一、构造地应力反演方法

由于地层条件非常复杂，正演的解析方法很难计算出准确的地应力分布，通过现场测量只能得到一些离散点的地应力数据，如要精确绘制地应力场分布图，需要非常多的数据点，在现实中是很难实现的。故采用反演分析方法求解地层地应力分布，它根据已有的测量信息通过反演分析的方法，反推出该模型中的一些参数，再根据反推出的参数，正分析计算出测量结果。如此循环，直至建立出最接近实际情况的理论模型，用以描述地层地应力场的分布规律，及时反馈到油田的设计、施工、生产中，对油田的安全生产提供指导作用。反演分析问题用数学方法表示为：

设 D 为 n 维空间的连通开区域，变量 $X=(x_1, x_2, \cdots, x_n)$，$BD$ 为空间连通域 D 的边界，则系统模型一般形式为：

$$\begin{cases} L(u_b, Q_b)=f_b, & X \in D \\ M(u_b, Q_b)=g_b, & X \in BD \end{cases} \tag{2-43}$$

式中，Q_b为系统的状态变量；u_b为变量 $X=(x_1, x_2, \cdots, x_n)$ 的函数；f_b为变量 $X=(x_1, x_2, \cdots, x_n)$ 的函数；g_b为变量 $X=(x_1, x_2, \cdots, x_n)$ 的函数；f_b为系统的输入；g_b为系统的边界输入；u_b为系统中与介质特性有关的物理量；L 为微分算子；M 为微分算子。

式(2-43)是一个广义的方程，包括要求解问题的边界条件和初始条件，假设式中各边界条件和初始条件 u_b、f_b、g_b均为已知量，即可通过现存理论模型得到式(2-44)所代表的物理意义的广义解，该问题的解决过程即为问题求解的正分析过程。由于在实际应用中，很多实际问题的边界条件和初始条件并不全部容易精确确定，即 u_b、f_b、g_b的已知条件只是全部集合 D 的某个子集 D_s，而可以通过一些测量手段来得到该问题某些特定工况或位置下的特定解（解 Q_b的某些信息），可以表述成下式所述形式：

$$N(u_b, Q_b)=h(X), \quad X \in D_s \tag{2-44}$$

因此，可以通过一些已知的测量信息，结合已知的初始、边界条件，通过式

(2-44)计算得到 u_b、f_b、g_b 中的未知量，从而计算出式(2-43)的完全定解，这就是数学方法中的反演分析方法。

将反演分析方法用于求解岩石力学问题上，即利用最容易获得的测量结果，反演分析物理力学模型中不易确定的物理量，一般写成偏微分方程的形式，如式(2-45)~式(2-48)所示。

求解问题：

$$L(u_f)=f(X, t), X\in\Omega, t\in(0, +\infty) \tag{2-45}$$

初始条件：

$$I(u_f)=\phi(X), X\in\Omega, t=0 \tag{2-46}$$

边界条件：

$$L(u_f)=B(X, t), X\in\Gamma, t\in(0, +\infty) \tag{2-47}$$

附加条件：

$$A(u_f)=k(X, t), X\in\Gamma, t\in(0, +\infty) \tag{2-48}$$

式中，u_f 为微分方程的解；$\phi(X)$ 为微分方程的初始值；$B(x, t)$ 为微分方程的边界值；$K(X, t)$ 为微分方程的附加值；L 为微分算子；I 为初始条件算子；B 为边界条件算子；A 为附加条件算子。

具体到油气储层的构造应力场反演问题，由于构造应力场分布的复杂性，模拟时的物性参数和边界条件等都难以准确设定，所以，模拟分析得到的结果通常具有多解性。因此，储层应力场的反演分析过程，实际上就是一个反分析、正分析反复迭代计算修正的过程，参照有限个已知井点的实测的应力方向与大小进行多种方案的反复计算，并通过计算过程中对每次计算结果进行检验和修正来实现研究区域的构造应力场准确分析的目的。

对于线弹性或黏弹性体在小变形情况下的线性问题，可以应用迭加原理。如果供校核的实测资料(研究区块内典型井的实测地应力大小和方向)是有限个(不妨设为 N 个)，所要反分析的参量(本研究中即为模型边界条件)通过组合减为 M 个。若 $M<N$，可以采用最小二乘法选择最好的 M 个参量；若 $M=N$，可通过求解 N 个联立方程解出；若 $M>N$，所得的解不是唯一的，需要进行试算。

设在 A_1，A_2，…，A_N 各点的实测资料为 Q_1，Q_2，…，Q_N，$\sigma_{M2}=a_2+b_2\cdot d$ 各点为所要反演的加力点。分析时，可以先在 B_1 点施加单位力进行正问题的演算，得到在 A_1，A_2，…，A_N 处的反应为 $\alpha_{i1}(i=1, 2, \cdots, N)$。由于假定拟研究深度的岩石为均质各向同性的线弹性体，所以迭加原理适用，则若在 B_1 点施加的力是 P_1 时，在 A_1，A_2，…，A_N 处的反应就应为 $\alpha_{i1}P_1$。同理，依次在 B_2，B_3，…，B_M 点加单位力进行正问题的演算，得到在 A_1，A_2，…，A_N 处的反应分别为 $a_{ij}(i=$

$1, 2, \cdots, N$; $j=1, 2, \cdots, N$)。若在 B_j 点施加的力是 P_j，则在 A_i 反应就应为 $\alpha_{ii}P_i$。同时，为了拟合实测资料，P_j 应满足式(2-49)，即满足 N 个方程的约束条件。

$$\sum_{j=1}^{M} \alpha_{ij}P_j = Q_i, \quad i=1, 2, \cdots, N \tag{2-49}$$

利用该原理，采用平面应变弹性理论对辽河油田某区块油田进行有限元分析，以岩心测试法、压裂资料分析法和测井解释法等资料求取的井点对应深度为标准，以研究区内实测井的最小水平主应力的大小和方向的实测值为目标，利用多目标约束的反分析方法进行模拟分析。

二　地应力反演分析步骤

1. 地质模型的建立

地质模型是数值模拟的基础，是多目标约束的反分析方法准确与否的关键。模拟过程中主要以地质构造解释的结果图件为基础，根据研究目标，确定地质模型区域大小和必须考虑的构造结构，并对其做必要的处理。地质模型中包括了断裂构造、注采井网的分布等影响地应力分布的地层构造及人为特征。

2. 网格划分及单元选取

单元类型的选择及其剖分也是建立模型的关键，单元类型若选择得不合适或者单元剖分不合理，就很难得出符合实际情况的结果。考虑到模型区域内各断层处可能会产生一些形状不规则的部分，所以在模型单元网格划分时，对于其中大部分区域选用四节点等参单元，对于一些不规则区域则采用相对容易划分的三角形单元，以减小单元畸变。主要区域采用四节点等参矩形单元，部分区域使用三角形单元。

3. 计算模型参数的选取

在一般情况下，地质体力学参数的选取，主要以测井资料为依据，同时参照周围其他地区的各种力学参数来确定。为了充分考虑研究区域内断层对地应力的影响，断层按照断裂带处理。通常同一地层岩石也有着不同的力学参数，为简化计算模型，在考虑地层岩性的基础上，对于一些差别不是很大的岩石，采用相同的力学参数。

4. 约束条件的确定

通常需要考虑板块挤压、断层、褶皱隆起等地质运动变化的影响以及周围岩层压力随深度的变化规律，结合研究区域构造应力的来源，区别主动力边界和被动力边界等因素，最终边界条件需要经过大量反复的分析迭代后确定。

三、多目标约束的最优化反演分析法

最优化问题是指在一定的约束条件下，寻求一组(x_1，x_2，x_3⋯，x_n)待定参数，使要求解的模型$f(x)$达到一个最优的解或者范围。虽然在工程应用上，模型较为复杂，并不完全等同于数学上最优解的极值问题，但采用优化方法，解决工程问题是可以为现场的施工及设计提供指导的。优化方法的可用数学模型表述如下：

$$\begin{cases} \min \quad f=f(x) \quad X=(x_1, x_2, \cdots, x_n)^T \\ s.t. \quad g_i(X) \leqslant 0 \quad i=1, 2, \cdots, m \\ h_j(X)=0 \quad j=1, 2, \cdots, p \end{cases} \tag{2-50}$$

式中，$f(x)$为目标函数；$g_i(X)$为不等式约束；$h_j(X)$为等式约束；X为n维向量，称为设计变量；n为相互没有相关关系的变量个数；M为相互没有相关关系的变量个数；P为相互没有相关关系的变量个数。

基于多目标约束的储层构造应力场反演问题，就是建立多个目标参数下储层应力场计算模型，在实测多口井地应力数据及方向作为约束条件下，实现多个目标函数同时达到最优解，从而再利用正演算法，得到储层构造应力场分布。再将计算结果与实测结果进行对比分析，逐步迭代计算，最终得到建立模型的最优解，实现储层构造地应力的反演。

四、地质数值反演分析技术研究

简单来说，地应力反演优化问题就是寻找一组边界荷载参数X使下式成立，即认为得到了最优的计算结果：

$$\begin{aligned} f_1(X^*) &= \min f_1(X) \\ f_2(X^*) &= \min f_2(X) \end{aligned} \tag{2-51}$$

储层构造应力反演优化分析方法即为找到一组目标函数使地应力计算结果最接近于检测结果。对于辽河油田某区块的地应力反演，其优化目标参数多于3个，得到精确结果比较困难，故当目标函数或参数计算的结果误差在一个允许的范围内时，即认为得到了该目标函数或参数的最优结果。技术路线如图2-14所示。

针对储层构造应力场的优化，可以通过油田现场的测井数据计算获得，理论上，对于一口井任意深度的地应力，应该有3个主应力的大小及方向6个约束条件。假设在测井资料齐全，此6个数据均已知的情况下，即可采用该位置处3

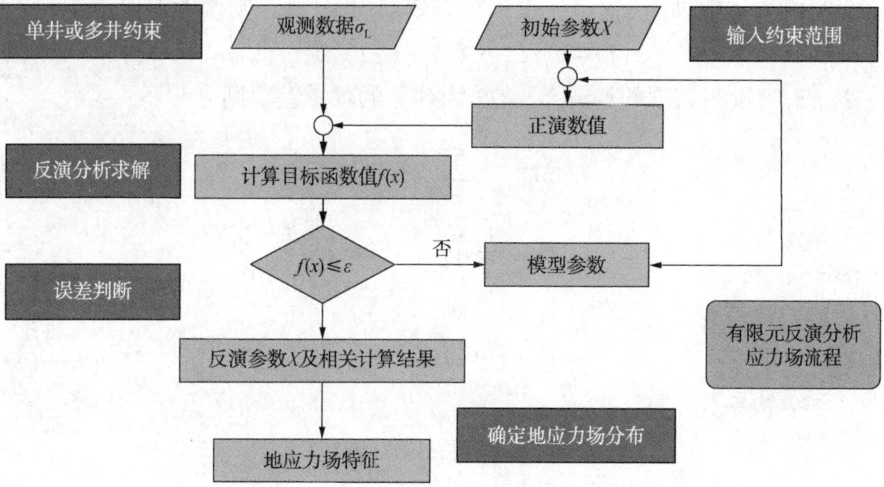

图 2-14　地应力反分析技术路线

个主应力残差平方和或者 3 个应力方向残差和进行优化。但在大多数情况下，测井数据并不全面，如仅知道一个主应力的大小和方向，进行优化时，如果仍旧简单地残差和相加，由于地用力数值和方向数值相差太大，优化结果必然不准确，故需要对目标函数进行修正，以满足精度要求。假设应力方向的平方差：

$$DS_{\mathrm{ok}}=\left(\frac{\alpha_{\mathrm{k}}-\alpha'_{\mathrm{k}}}{\alpha'_{\mathrm{k}}}\right) \tag{2-52}$$

应力值平方差：

$$DS_{\sigma\mathrm{k}}=\left(\frac{\sigma_{\mathrm{k}}-\sigma'_{\mathrm{k}}}{\sigma'_{\mathrm{k}}}\right) \tag{2-53}$$

在已有测井资料的解释结果中存在 m 个应力与方向的数值，可以引入一个修正系数 γ 去除因应力的值与应力方向的数值差异引起的误差，则目标函数变为：

$$f(S)=\sum_{k=1}^{m}(DS_{\sigma\mathrm{k}}+DS_{\mathrm{ok}})\gamma=\sum_{k=1}^{m}\left[\left(\frac{\sigma_{\mathrm{k}}-\sigma'_{\mathrm{k}}}{\sigma'_{\mathrm{k}}}\right)+\left(\frac{\alpha_{\mathrm{k}}-\alpha'_{\mathrm{k}}}{\alpha'_{\mathrm{k}}}\right)\right]\gamma \tag{2-54}$$

或者

$$f(S)=\sum_{k=1}^{m}\left(\left|\frac{\alpha_{\mathrm{k}}-\alpha'_{\mathrm{k}}}{\alpha'_{\mathrm{k}}}\right|+\left|\frac{\alpha_{\mathrm{k}}-\alpha'_{\mathrm{k}}}{\alpha'_{\mathrm{k}}}\right|\right)\gamma \tag{2-55}$$

为检验优化结果的准确度，我们采用后验差的方法进行，即根据优化目标参数或者函数，计算储层构造应力，并将计算结果与后期现场工程中的实测结果进行对比分析，其数学模型如下：

设量测数据数列为 $x_m(i)$，模拟结果数列为 $x_c(i)$，则两者差值为

$$\varepsilon(i)=x_m(i)-x_c(i) \quad i=1, 2, \cdots, n \tag{2-56}$$

令 DS_1 为量测数据的均方差，DS_2 为残差的均方差，则

$$DS_1^2=\frac{1}{n}\sum_{i=1}^{n}[x_m(i)-\bar{x}]^2 \tag{2-57}$$

$$DS_2^2=\frac{1}{n}\sum_{i=1}^{n}[\varepsilon(i)-\bar{\varepsilon}]^2 \tag{2-58}$$

后验差比值为

$$CB=DS_2/DS_1 \tag{2-59}$$

小误差概率为

$$P=P[|\varepsilon(i)-\bar{\varepsilon}|<0.6745DS_1] \tag{2-60}$$

其中

$$\bar{x}=\frac{1}{n}\sum_{i=1}^{n}x_m(i) \tag{2-61}$$

$$\bar{\varepsilon}=\frac{1}{n}\sum_{i=1}^{n}\varepsilon(i) \tag{2-62}$$

式中，a_k 为 k 观测点的应力和方向有限元计算值；σ_k 为 k 观测点的应力和方向有限元计算值；α'_k 为 k 观测点的应力和方向观测值；σ'_k 为 k 观测点的应力和方向观测值；N 为后期工程中实测结果数目。

根据式(2-55)和式(2-56)计算可以得到后验差比值 CB 和小误差概率 P。按照表 2-5 的效果检验指标，即可对反演优化结果进行定性评价。该种检验方法适用于存在大量实测结果的情况，当实测数据不足时，应用该方法具有一定的局限性。

表 2-5　反演分析结果检验指标表

指标	优	良	合格	不合格
P	>0.95	>0.80	>0.70	≤0.70
CB	<0.35	<0.50	<0.65	≥0.65

第 4 节　基于多目标约束的地应力反演实例

以辽河某区块为例，采用多目标约束的地应力反演方法，完成地应力结果分析，具体技术路线框图见图 2-15。

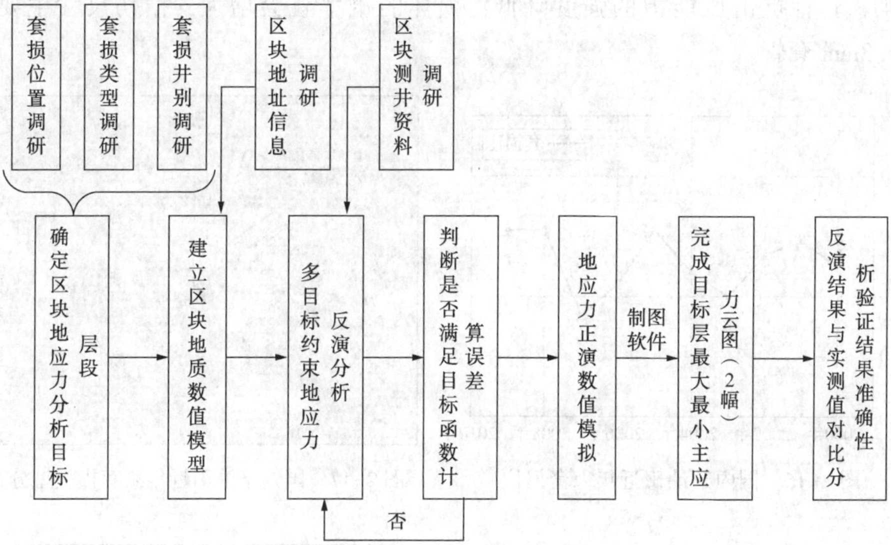

图 2-15　地质环境分析技术路线框图

一、套管损坏形式及分类调研

国内某油田以高凝油、稠油、特稠油、稀油区块为主，经过 40 多年的不断开发，井筒完整性损坏日趋严重，套损比率逐年增高，使许多井不能正常生产，甚至停产；注采系统不能正常运行，从而影响了整个油区的稳产、上产。该油田经过长时间的开采，由于地质因素和工程因素引起的套管损坏日益严重，每年有近 200 口新套损井出现。鉴于此，主要对油田套损进行了 3 方面的统计分析：①完成了套损类型数据的统计分析；②完成了套损井别数据的统计分析；③完成了套损主要尺寸、位置数据的统计分析。

1. 套损类型调研分析

首先对该油田的套管损伤失效类型进行调研分析，通过现场及文献调研发现：每年因套管而大修的井占大修总数的 40%。对该油田近 10 年的套损井进行统计，制成如图 2-16 所示的曲线图，发现套损一直居高不下。调查发现，套损最常见的类型有 3 种，即变形、破漏和错段，如图 2-17 所示。

2. 套损井井别、套损尺寸调研分析

通过调研，套损井主要出现在油井，该油田的稠油储量占全国稠油总储量的 1/3，大部分的套损发生在稠油井中，图 2-18 反映了辽河油田稠、稀油井筒完整性情况分布比例示意图。图 2-19 则为不同井型套损分布比例。管套的尺寸不同，其损坏程度也不同，不同规格的套管损坏情况见图 2-20，随着套管管径尺寸的增加，套管抗击压能力的强度降低，损坏的概率就会增大，损伤尺寸主要为177.8mm 套管。

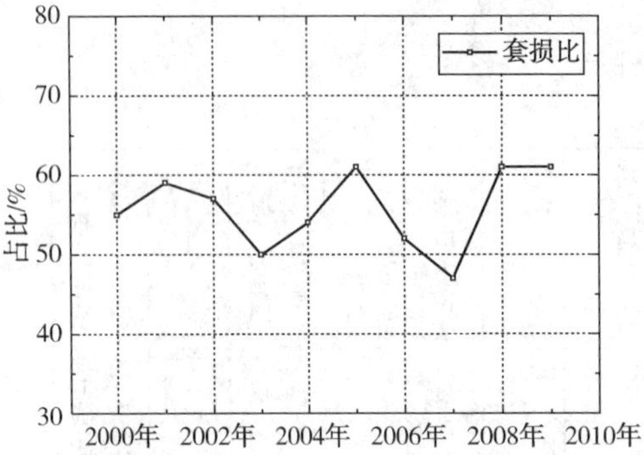

图 2-16　国内某油田近年来套损比

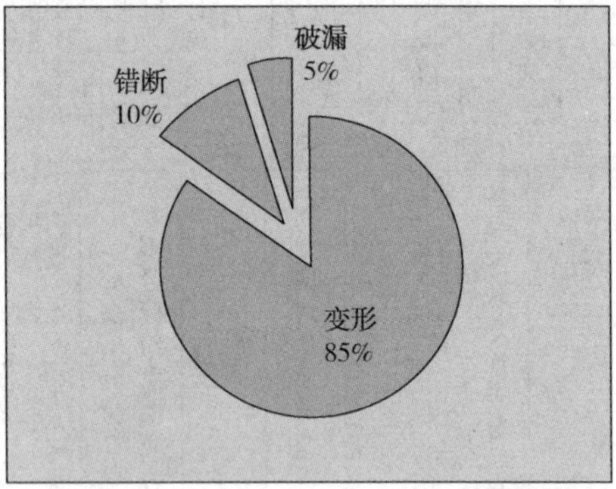

图 2-17　国内某油田近年来套损类型分布

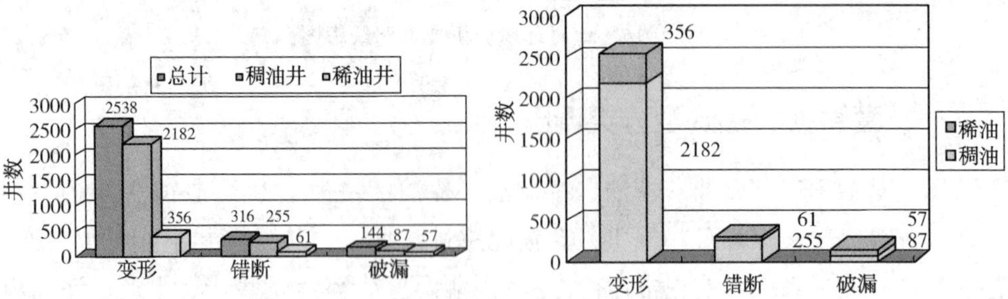

图 2-18　国内某油田稠、稀油井筒完整性情况分布比例示意图

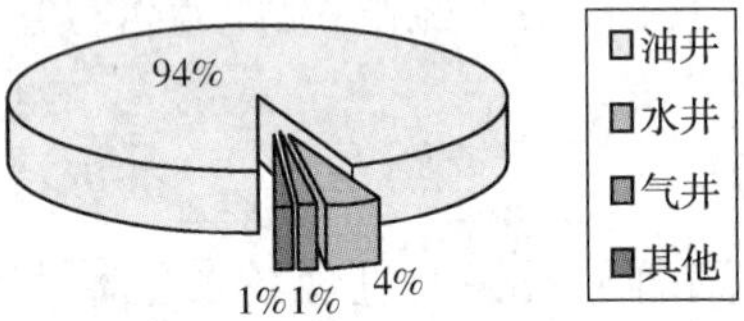

图 2-19　国内某油田
套损井井型的调查统计

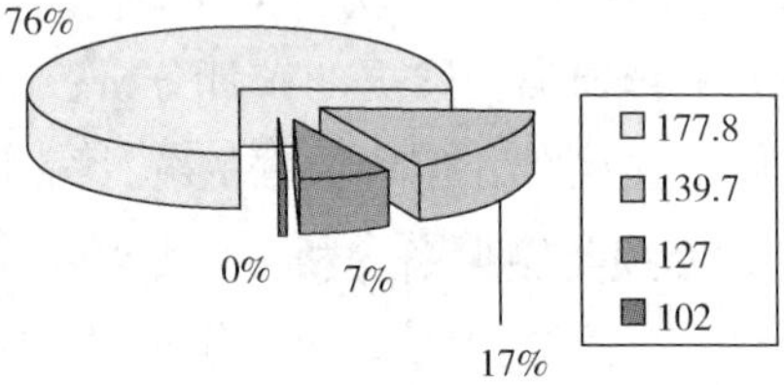

图 2-20　国内某油田
套损井规格尺寸的调查统计

3. 国内某油田套损井套损位置调研分析

根据国内学者对现场调研绘制套损位置分布统计如图 2-21 所示，分析发现：套损位置在全井筒均会出现，射孔段为套管损坏的主要位置，占套损比例的 50%以上。套损以变形破坏为主，破漏和错断次之；套管损伤尺寸主要为 177.8mm 套管；套损位置主要出现在射孔段。

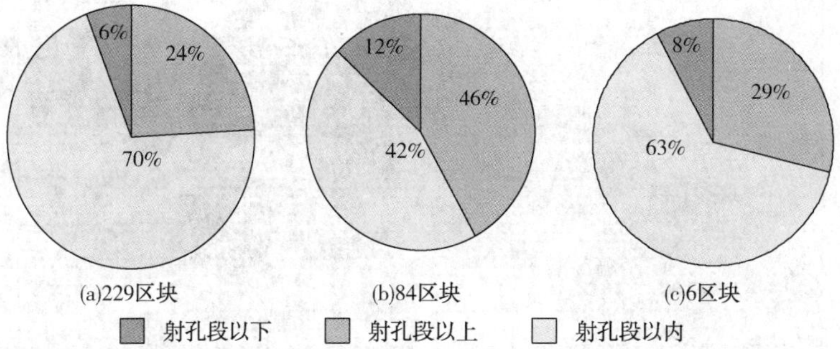

图 2-21　套损位置分布统计分析

二、地应力数值模型的建立

该区井完钻井深2036~4740.21m，平均2800m左右。油层套管以φ139.7mm套管为主，钢级为J-55。从宏观效果出发，考虑地层出现的板块挤压、断层、断裂带等地质因素，建立二维平面应力模型；对于致密砂岩层，认为其为脆性材料，采用连续各向同性弹性体本构关系模型；对于断层、裂缝和地层软弱层，采用弱化断裂内介质力学参数处理。边界条件则根据预测的地应力结果进行施加，保证地层数值模型在计算时，不会发生转动和平动。

在选取地质体力学参数时，为了充分考虑研究区域内断层对地应力的影响，断层按照断裂带处理，其弹性模量适当降低(通常为本体弹性模量的40%~70%)，而且断裂越大，弹性模量越低。根据岩石特性和本章第1节和第2节岩石力学试验及测井数据计算结果，将研究区块数值模型使用的各类力学参数列于表2-6。选择该区块3口井作为多目标优化的约束条件，3口井的井位如图2-22所示。

表 2-6　模型所采用的岩石力学参数

编号	地层类型	杨氏模量 $E/10^4$MPa	泊松比 ν
1	地层	3.25	0.22
2	油层	2.1	0.18
3	油气层	2.4	0.15
4	气层	2.6	0.13
5	断层	0.1~0.825	0.1~0.5

本模型单元网格划分则考虑到地层的非均质性，储层油藏区域分为5个部分来近似模拟地层的非均质性，总共划分了155010个单元和155333个节点。具体模拟区块划分如图2-23所示。

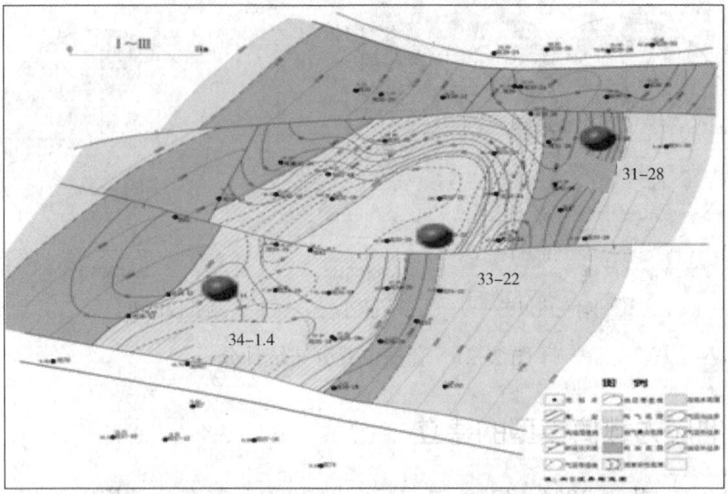

图 2-22　辽河油田某区块地质构造图

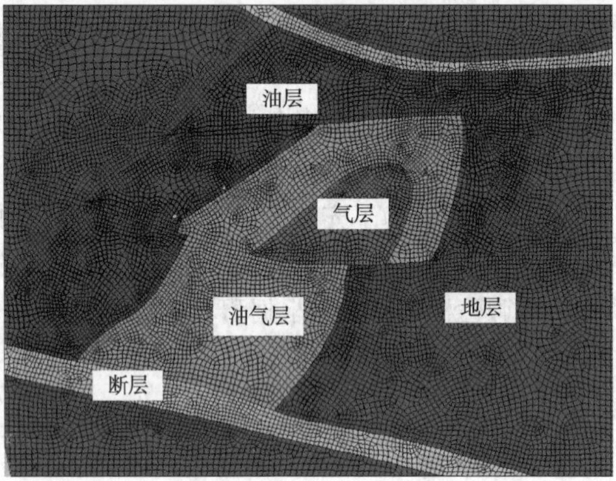

图 2-23　区块地层有限元网格划分图

三、应力场反演结果分析

选择该区块 34-14、33-22、31-283 口井，3 口井 3500m 深度处的实测水平主应力大小作为优化反演约束条件，列于表 2-7。

表 2-7　区块的目标优化参数

井号	最小主应力/MPa	最大主应力/MPa
双 33-22	40.7	58.6
双 34-14	45.3	57.2
双 31-28	50.5	64.8

由确定优化目标函数 $\min \sum_{i=1}^{3}[\mathrm{abs}(\sigma_{1i}-\sigma'_{1i})+\mathrm{abs}(\sigma_{2i}-\sigma'_{2i})]$，运用最优化反演分析方法，经过反复多次的计算、对比、调整、再计算、再调整等过程，最终确定了下面一种比较理想反演结果，见图 2-24、图 2-25，可以较好地反映出模型所在平面的构造应力场的分布规律。

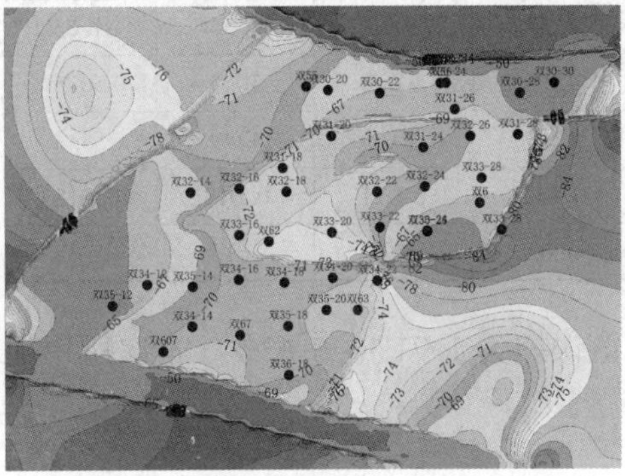

图 2-24 最大水平主应力等值线分布图

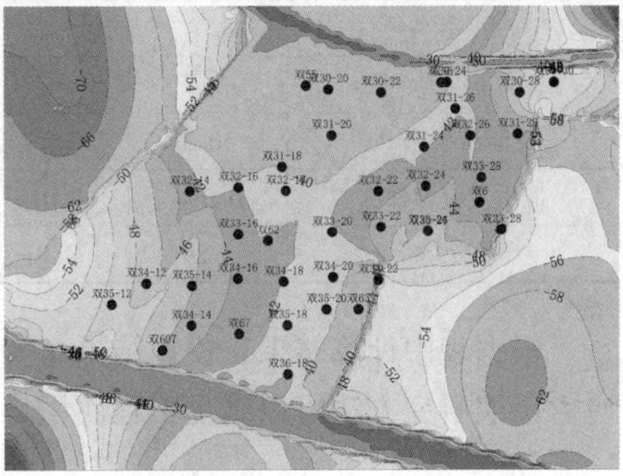

图 2-25 最小水平主应力等值线分布图

四、区块地质环境分析

通过对套损位置、套损类型以及套损井别进行调研，确定该区块地应力分析目标层段，然后进行地质信息分析，建立地质数值模型。通过对该区块测井资料进行解释得到单井目标层位地应力数据，进行多目标约束地应力反演分析，判断是否满足目标函数计算误差。

1. 最大水平主应力与方位分布规律

由该区块 3500m 地层水平最大主应力等值线可以看出(图 2-24)，最大主应力在断裂构造附近有所降低，断层附近的最大主应力具有较高的变化梯度，储层最大主应力分布在断层外部，边缘位置比较高。对于储层，油井层位置较大，这也解释了辽河油田套损严重的井型为油井的原因。根据计算结果，水平最大主应力主要分布在 53~78MPa。

2. 最小水平主应力与方位分布规律

由该区块水平最小主应力等值线可以看出(图 2-25)，中间储层较低，四周地层较高，而且受地层非均质性的影响比最大主应力大，水平最小主应力主要分布在 30~56MPa 之间。

采用测井数据曲线得到区块的单井地应力分布，采用 ANASYS 有限元软件反演其地应力，完成了该区块的地应力反演结果，选取另外 3 口井的实测结果作为验算条件，对比结果列于表 2-8。

表 2-8　地应力反演结果对比

井号	31-16	33-22	34-14	1	35-20	31-28
最大主应力/MPa	59.6	58.6	57.2	57.5	67.8	64.8
反演结果/MPa	63.2	59.6	60.8	55.6	70.2	67.8
最大主应力梯度	0.018	0.017	0.0173	0.016	0.02	0.0193
误差/%	6.04	1.71	6.29	3.30	3.54	4.63
最小主应力/MPa	48.7	40.7	45.3	41.4	50.5	50.5
反演结果/MPa	50.3	38.7	42.3	40.6	47.9	53.2
最小主应力梯度	0.014	0.011	0.012	0.011	0.013	0.0152
误差/%	3.29	4.91	6.62	1.93	5.15	5.35

根据表中计算结果，模拟结果与实测值误差为1.71%~6.62%，本次所用地应力反演研究方法可以满足工程使用。

第 3 章　近井地带应力场分布计算及影响因素分析

考虑井筒压力及地应力不均匀系数，利用弹塑性力学对井筒及周围应力场进行理论推导，研究近井地带应力场变化规律。对近井地带应力场影响因素(地应力不均匀系数、井底压力)的影响规律进行分析。

第 1 节　近井地带应力场分布计算

近井地带的应力场由三部分组成：应力作用下的近井地带应力场，井筒内部压力引起的近井地带应力场，井内流体流入地层形成的近井地带应力场。依据假设条件，采用材料力学中的叠加原理，分别求取上述三个部分的应力分布，取压应力为正值，拉应力为负值。计算模型受力示意图如图 3-1 所示，其中图 3-1(a)为整体受力分析，图 3-1(b)为应力单元力学分析。

目前常用的近井地带应力计算模型为线弹性计算模型，其假设条件如下：①岩石均匀各向同性；②岩石是处于线弹性状态的多孔介质；③不考虑岩石与井内流体的物理化学作用。

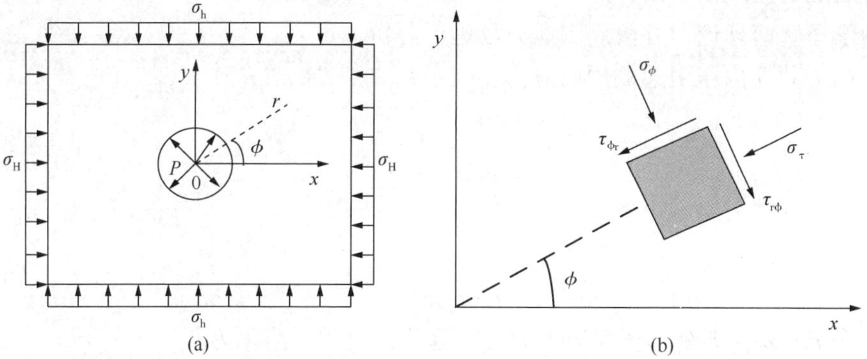

图 3-1　井筒附近的应力受力分析图

一、地应力作用下的近井地带应力场计算

井壁周围由于受地应力的作用而形成应力集中带，采用平面应力模型，根据弹性力学理论孔板力学第一基本问题，可得该地层平面应力场分布理论解，即原

地应力下的井筒周围应力分布计算公式如下：

（1）原地应力引起的周向应力：

$$\sigma_{\phi 1}=\frac{\sigma_H+\sigma_h}{2}\left(1+\frac{r_a^2}{r^2}\right)-\frac{\sigma_H-\sigma_h}{2}\left(1+\frac{3r_a^4}{r^4}\right)\cos 2\phi \tag{3-1}$$

（2）原地应力引起的径向应力：

$$\sigma_{r1}=\frac{\sigma_H+\sigma_h}{2}\left(1-\frac{r_a^2}{r^2}\right)+\frac{\sigma_H-\sigma_h}{2}\left(1-\frac{r_a^2}{r^2}\right)\left(1-\frac{3r_a^4}{r^4}\right)\cos 2\phi \tag{3-2}$$

（3）原地应力引起的垂向应力：

$$\sigma_{z1}=\sigma_v-\upsilon\left[2(\sigma_H-\sigma_h)\frac{r_a^2}{r^2}\cos 2\phi\right] \tag{3-3}$$

（4）原地应力引起的井筒剪应力：

$$\tau_{r\phi 1}=\frac{\sigma_H-\sigma_h}{2}\left(1-\frac{3r_a^4}{r^4}+\frac{2r_a^2}{r^2}\right)\sin 2\phi \tag{3-4}$$

式中，υ 为岩层泊松比；r 为距井眼中心的距离，m；r_a 为井眼半径，m；σ_v 为上覆岩层压力，MPa；ϕ 为任意径向与 x 轴方向的夹角，(°)；σ_H 为最大水平主应力，MPa；$\tau_{r\phi 1}$ 为井筒剪应力，MPa；σ_h 为最小水平主应力，MPa；$\tau_{r\phi 1}$ 为井筒剪应力，MPa。

二、井筒内压作用下的近井地带应力场计算

油气井在钻井、压裂、生产阶段时，井筒内存在压力。为探讨井筒内壁压力对套管、水泥环及地层的应力分布，假定套管-水泥环-地层胶结良好，为一不存在裂隙的连续体。则井筒周围应力场的分布可近似认为一厚壁圆筒，故采用弹性力学厚壁筒理论对井筒周围应力场进行分析，可得：

（1）井筒内压引起的周向应力：

$$\sigma_{\phi 2}=\frac{r_e^2(r^2+r_a^2)}{r^2(r_e^2-r_a^2)}P_e-\frac{r_a^2(r^2+r_e^2)}{r^2(r_e^2-r_a^2)}P_i \tag{3-5}$$

或写为

$$\sigma_{\phi 2}=\frac{(P_e-P_i)r_e^2r_a^2}{(r_e^2-r_a^2)r^2}+\frac{P_er_e^2-P_ir_a^2}{r_e^2-r_a^2} \tag{3-6}$$

令 $r_e=\infty$，即令厚壁筒边界为无穷远处，上式可简化为

$$\sigma_{\phi 2}=-\frac{r_a^2}{r^2}P_i \tag{3-7}$$

（2）引起的径向应力：

$$\sigma_{r2}=\frac{r_a^2}{r^2}P_i \tag{3-8}$$

式中，P_e为厚壁筒外边界压力，MPa；P_i为井筒内压力，MPa；r_e为厚壁筒外边界半径，m；r_a为井眼半径，m；r 为距井眼中心的距离，m。

三、井筒流体流入地层产生的附加应力

地层为多孔介质，在套管损坏或接头漏失尤其在射孔段压裂施工时，井筒流体容易脱离水泥环束缚，直接进入地层，形成滤失区，改变地层应力状态，反过来地应力再作用于套管，引起套管的失效。根据 Lubinski 研究成果，该部分附加应力可以采用下式计算。

（1）井筒流体流入地层产生的周向应力为：

$$\sigma_{\phi3}=\kappa\left[\frac{\alpha(1-2\upsilon)}{2(1-\upsilon)}\cdot\frac{r^2+r_a^2}{r^2}-\phi\right](P_i-P_s) \tag{3-9}$$

（2）井筒流体流入地层产生的径向应力为：

$$\sigma_{r3}=\kappa\left[\frac{\alpha(1-2\upsilon)}{2(1-\upsilon)}\cdot\frac{r^2-r_a^2}{r^2}-\phi\right](P_i-P_s) \tag{3-10}$$

（3）井筒流体流入地层产生的垂向应力为：

$$\sigma_{z3}=\kappa\left[\frac{\alpha(1-2\upsilon)}{2(1-\upsilon)}-\phi\right](P_i-P_s) \tag{3-11}$$

若仅考虑井筒处，则取 $r=r_a$，认为地层可渗透并不考虑孔隙度（$\varphi=0$）的影响，则由于上述 3 种影响导致的最终井筒附近的三向应力场可表述为：

$$\begin{cases}\sigma_{\phi}=\sigma_H+\sigma_h-2(\sigma_H-\sigma_h)\cos2\phi-P_i+\dfrac{\alpha(1-2\upsilon)}{1-\upsilon}(P_i-P_s)\\ \sigma_r=P_i\\ \sigma_z=\sigma_v-2\upsilon(\sigma_H-\sigma_h)\cos2\phi+\dfrac{\alpha(1-2\upsilon)}{2(1-\upsilon)}(P_i-P_s)\end{cases} \tag{3-12}$$

式中，$B=1-C_r/C_b$，即 Biot 系数；ϕ 为孔隙度，0~1；P_s为岩层的孔隙压力，MPa；C_r为岩石骨架压缩系数，MPa；C_b为岩石体积压缩系数，MPa；κ 为渗透参数，地层可渗透时 κ 取为 1，地层不可渗透时 κ 取为 0。

第 2 节　近井地带应力场分布规律

根据上述分析，编写计算程序，对井筒周围应力场分布规律进行分析，主要研究了不同水平主应力差及不同井筒内压对近井地带应力场的影响规律。水平地应力不均匀系数是影响近井地带应力场的主要因素之一，分别计算了水平地应力不

均匀系数$\mu_d=\sigma_H/\sigma_h$分别为 1、1.25、1.5、1.75、2 五种情况及井筒内压为 0MPa、10MPa、20MPa、30MPa、40MPa 下井筒应力场。计算参数如表 3-1 所示：

表 3-1　井筒附近应力场计算参数表

最大主应力/MPa	岩石泊松比	岩石体积压缩系数/(10^{-4}/MPa)	岩石骨架压缩系数/(10^{-4}/MPa)	井筒半径/m	上覆岩层压力/MPa
50	0.24	0.342	2.76	0.3	40

一、井筒周向应力场影响规律分析

采用表 3-1 的计算参数，代入式(3-12)第一式，计算得到井筒附近周向应力场分布，利用软件绘制云图列于表 3-2。

表 3-2　井筒附近轴向周向应力分布图

μ_d	内压/MPa	0	20	40
1	近井区应力云图	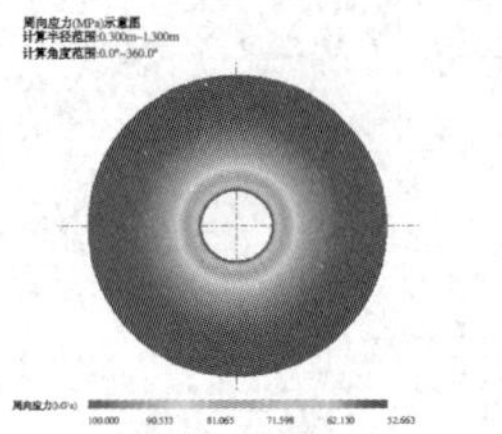	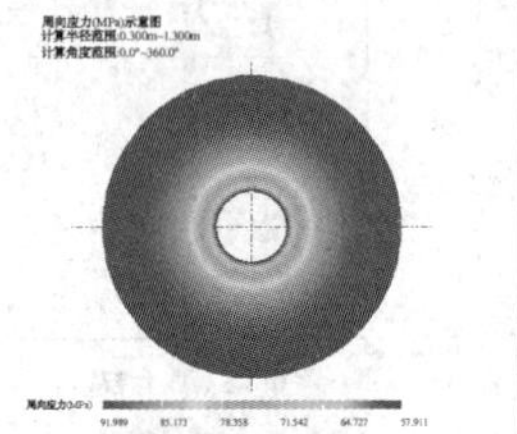	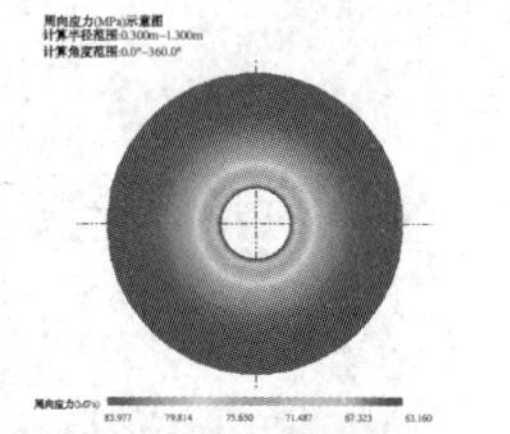
	井壁应力矢量图	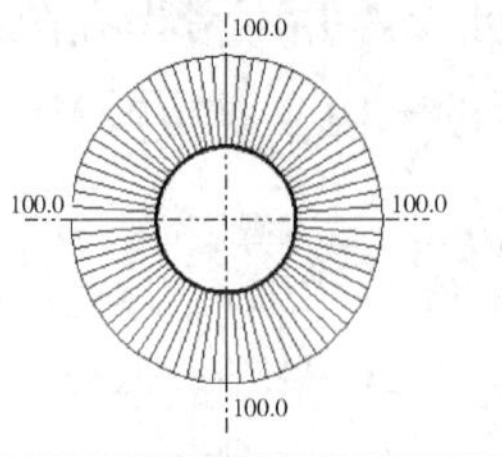	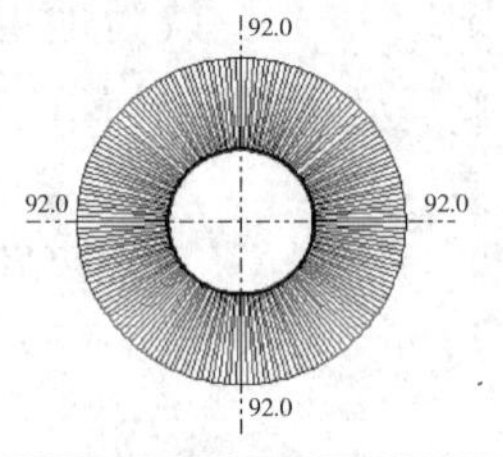	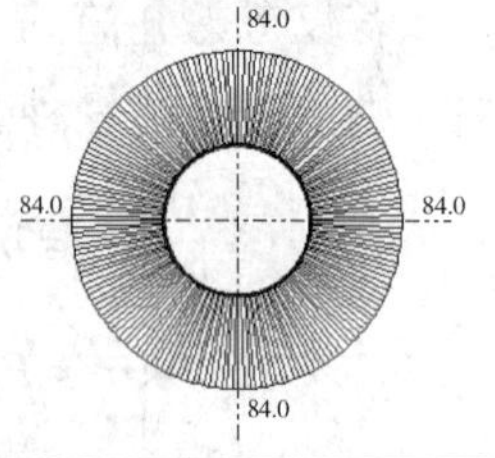
1.25	近井区应力云图	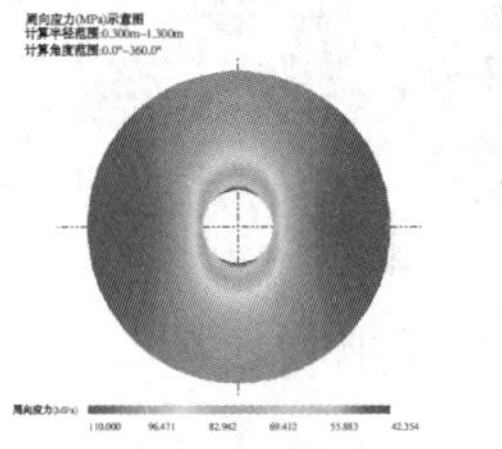	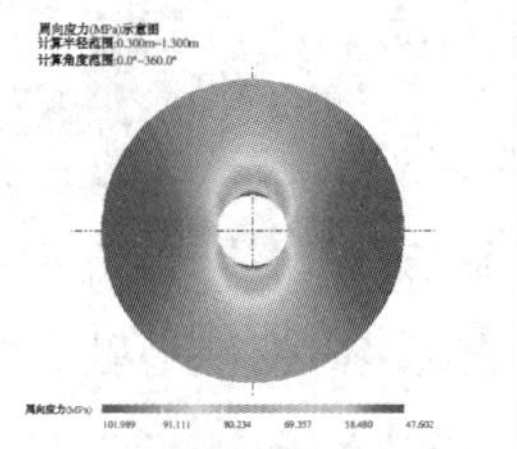	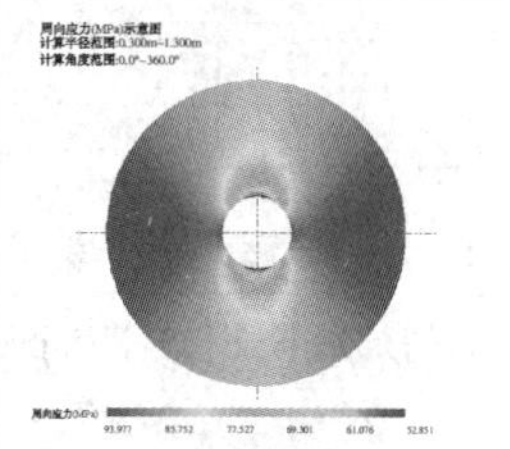
	井壁应力矢量图	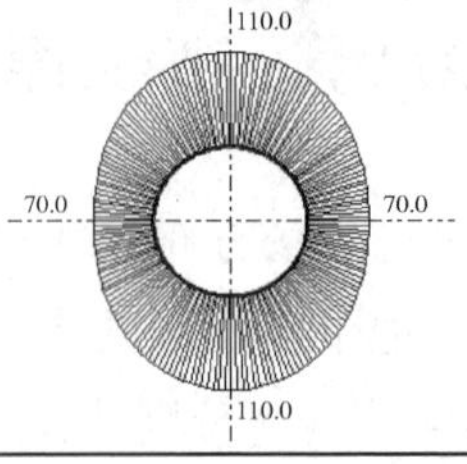	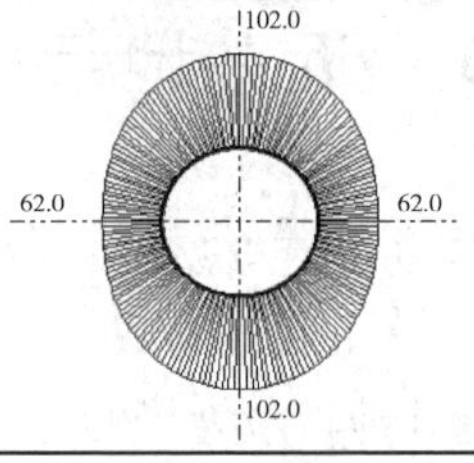	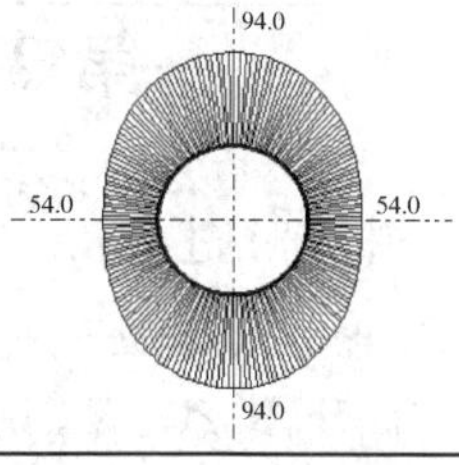

续表

<table>
<tr><th>μ_d</th><th>内压/MPa</th><th>0</th><th>20</th><th>40</th></tr>
<tr><td rowspan="2">1.5</td><td>近井区
应力云图</td><td>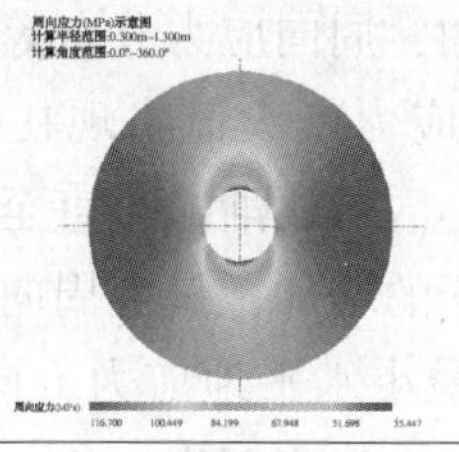</td><td>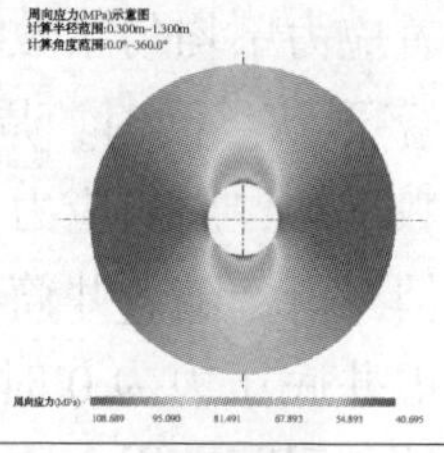</td><td>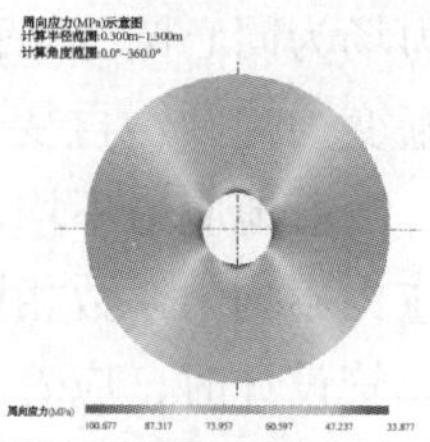</td></tr>
<tr><td>井壁应力
矢量图</td><td>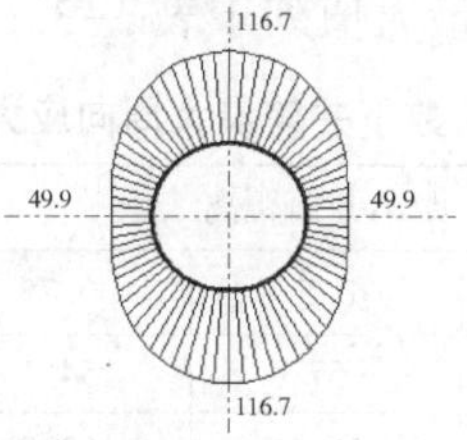</td><td>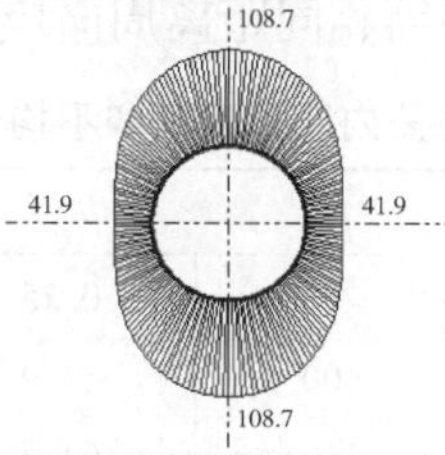</td><td>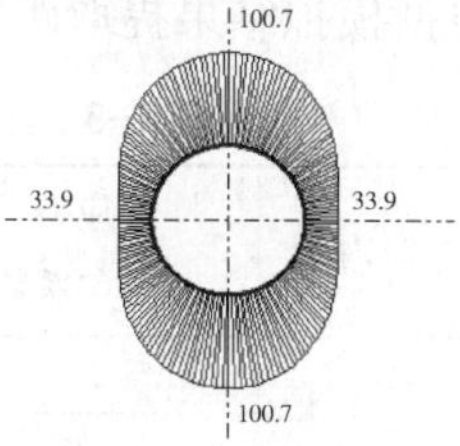</td></tr>
<tr><td rowspan="2">1.75</td><td>近井区
应力云图</td><td>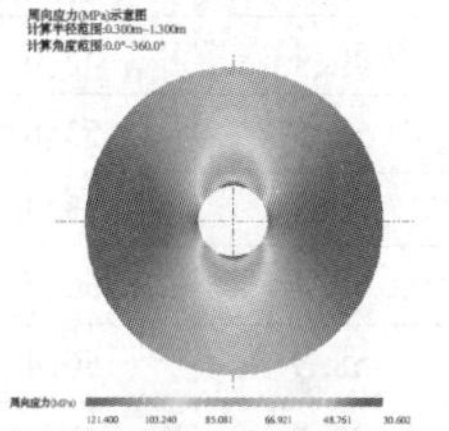</td><td>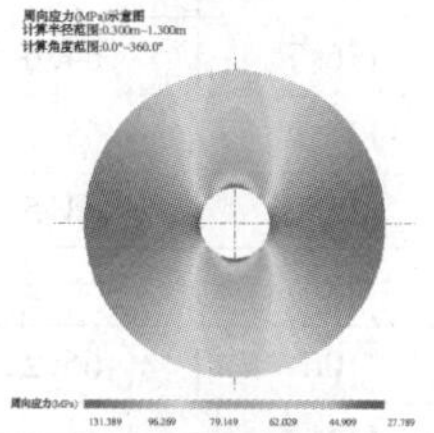</td><td>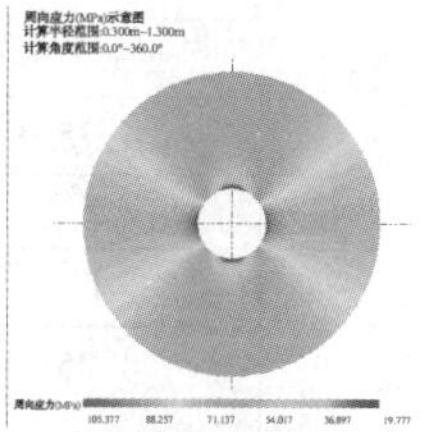</td></tr>
<tr><td>井壁应力
矢量图</td><td>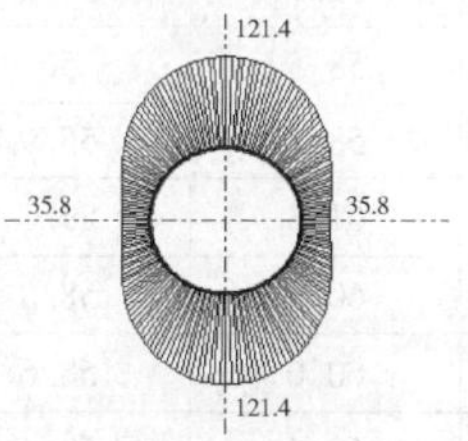</td><td>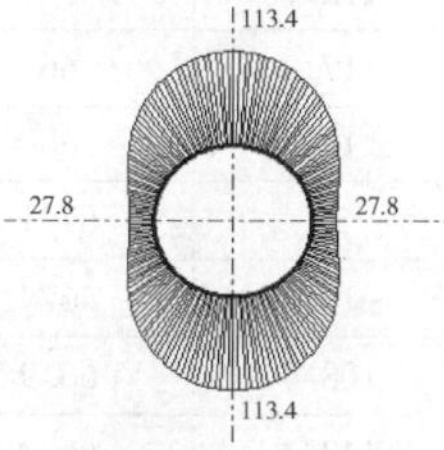</td><td>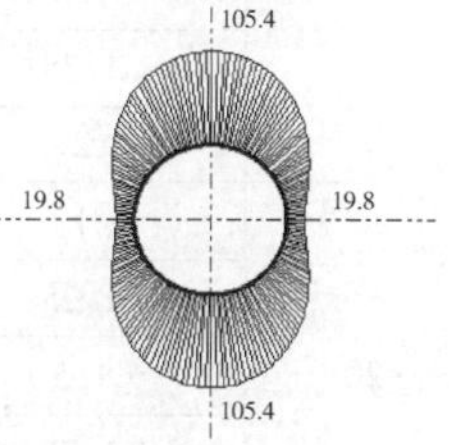</td></tr>
<tr><td rowspan="2">2</td><td>近井区
应力云图</td><td>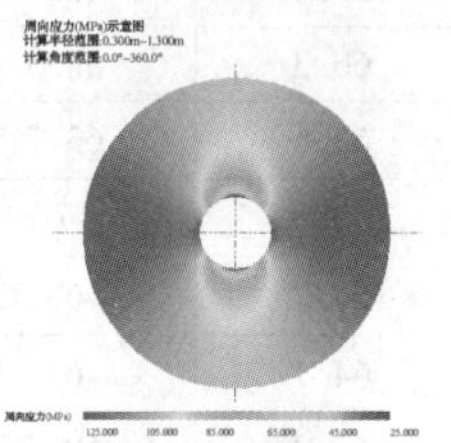</td><td>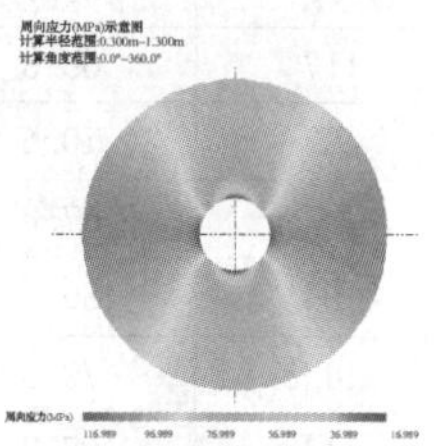</td><td>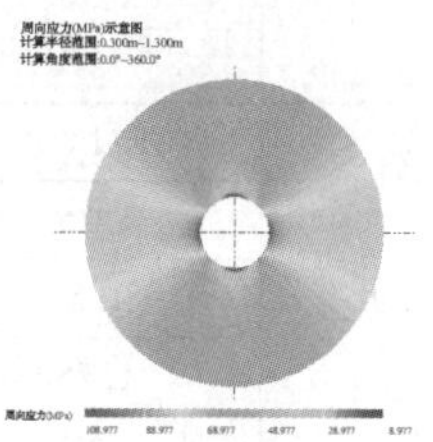</td></tr>
<tr><td>井壁应力
矢量图</td><td>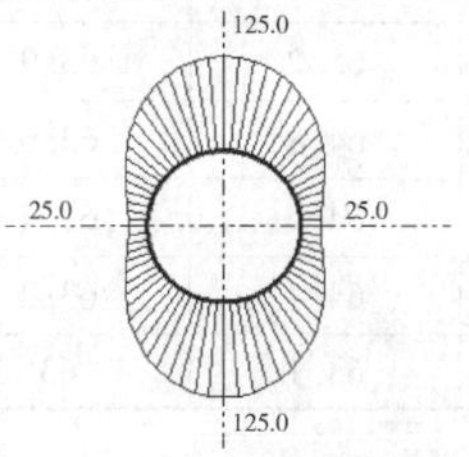</td><td>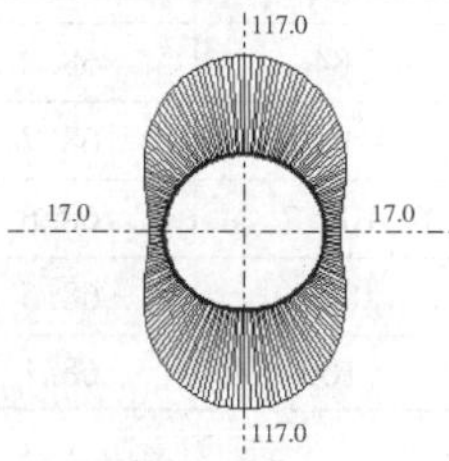</td><td>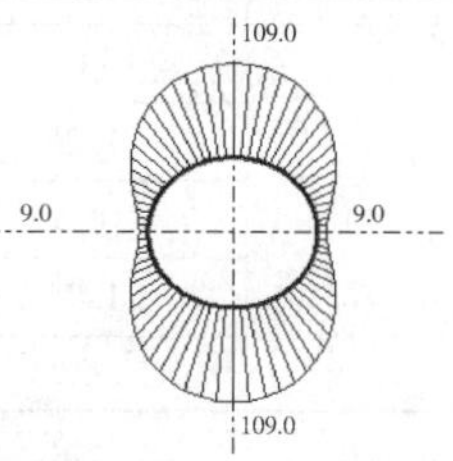</td></tr>
</table>

从表3-2中的云图可以看出，井筒附近周向应力井筒处最大，距离井筒越远，周向应力越小，当地应力不均匀系数等于1，即两水平主应力相等时，周向应力场为同心圆分布；随着应力不均匀系数增加，周向应力分布等值线由同心圆逐渐变为椭圆，再变为8字形状。同时，周向应力最大值出现在最小主应力方向，随着地应力不均匀系数增加，周向应力较小区域逐渐减小直至消失。在水平主应力不均匀系数相同的情况下，随着井筒内压的增加，最大周向应力减小。故在套管设计时，应着重考虑井底压力为0时，最小水平地应力方向的套管损坏。根据模拟结果提取距离井筒相同距离周向应力最大值列于表3-3。

表3-3 不同井筒内压、应力和不均匀系数下井筒最大周向应力值

井筒内压	地应力不均匀系数	距离井筒距离				
		0	0.25	0.5	0.75	1
0	1	100	64.9	57	54.1	52.7
	1.25	110	64.7	56.6	53.8	52.4
	1.5	116.7	64.6	56.4	53.6	52.3
	1.75	121.4	65.2	56.5	53.6	52.2
	2	125	64.5	56	53.3	52.1
10	1	96	66.3	59.4	56.7	55.3
	1.25	106	66.2	58.9	56.4	55.1
	1.5	112.7	66.1	58.7	56.2	54.9
	1.75	117.4	66	58.5	56	54.8
	2	121	66	58.3	55.9	54.7
20	1	92	67.1	61.3	59.1	57.9
	1.25	102	67	60.9	58.8	57.7
	1.5	108.7	66.9	60.6	58.6	57.5
	1.75	113.4	66.9	60.4	58.4	57.4
	2	117	66.8	60.3	58.3	57.4
30	1	92	70.6	65.6	63.7	62.6
	1.25	96.4	67.8	62.9	7	6.3
	1.5	109	69.9	64.7	63	62.3
	1.75	114.3	70.3	64.7	63	62.1
	2	113	67.7	62.3	60.7	60
40	1	84	68.8	65.2	63.9	63.2
	1.25	94	68.7	64.8	63.6	62.9
	1.5	100.7	68.6	64.6	63.4	62.8
	1.75	105.4	68.5	64.4	63.2	62.7
	2	109	68.1	64.1	63	62.6

根据表中计算结果，分别拟合了不同井筒内压下周向应力沿井壁分布曲线图，如图 3-2 所示。

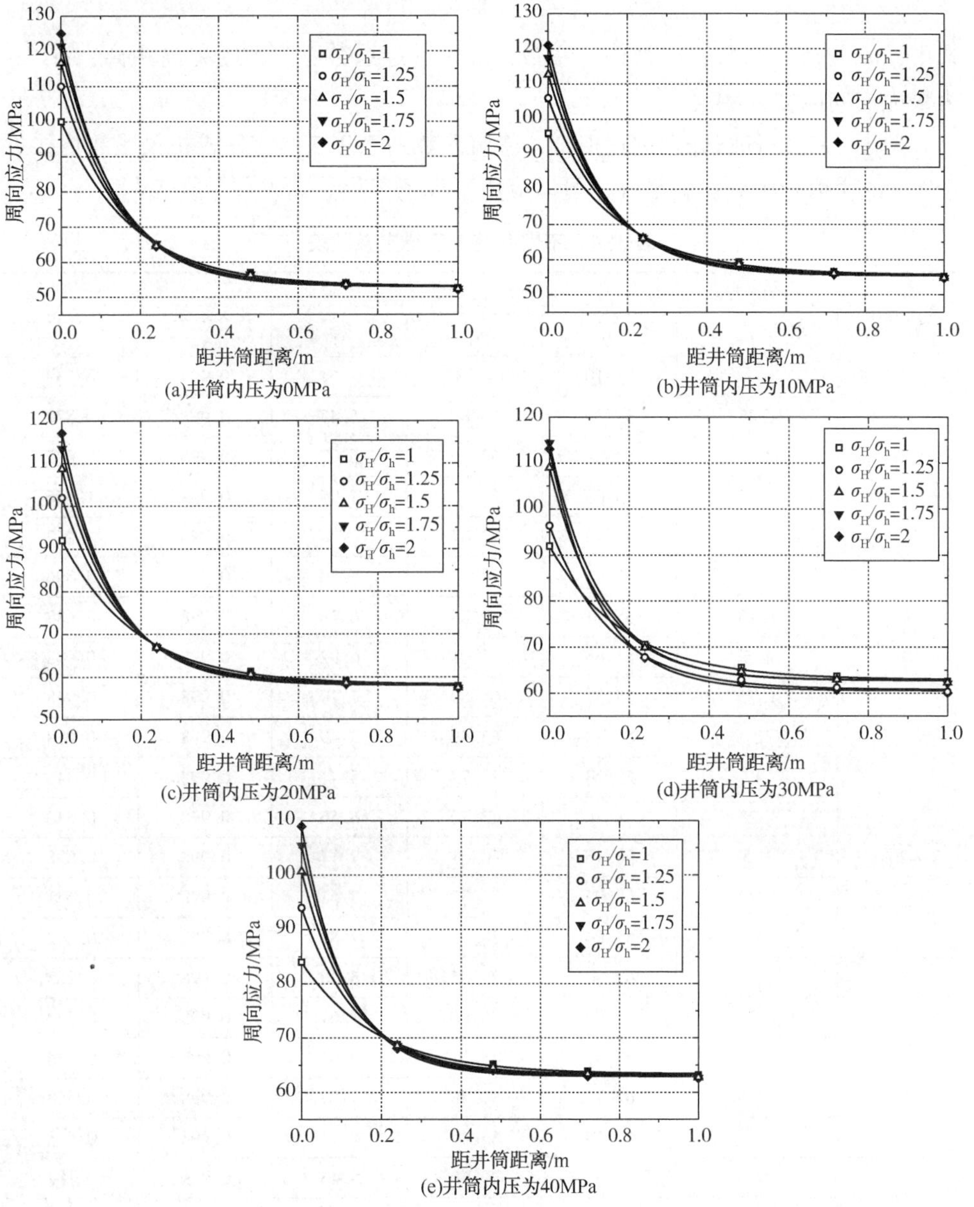

图 3-2　不同井筒内压下周向应力沿井筒变化曲线

由图 3-2 分析可知，图 3-2(a)～图 3-2(e)各图周向应力具有相同的分布情况，说明地应力不均匀系数对近井地带应力场有着重要影响。周向应力在井壁上拥有较高的应力状态，离开井壁后，周向应力急剧下降，在远离井筒的地方，周向应力趋于稳定。可以看出，井筒附近最大周向应力和距井筒距离的关系符合指数关系。利用最小二乘法，其拟合曲线函数如下：

$$y_1 = m_1 + n_1 * e^{-k_1 x_1} \tag{3-13}$$

式中，m_1为待定系数；n_1为待定系数；k_1为待定系数；x_1为距井筒距离，m；y_1为最大周向应力，MPa。

对图 3-2 中各图分别进行拟合，待定系数列于表 3-4。各式相关系数均接近于 1，说明拟合函数比较准确，可以应用于现场工程。

表 3-4　不同井筒内压待定系数表

内压/MPa	地应力不均匀系数	待定系数			相关系数 C	方差
		m_1	n_1	k_1		
0	1	53.10	46.8	5.61	0.999	0.533
	1.25	53.09	56.86	6.47	0.998	0.872
	1.5	53.07	63.59	6.97	0.998	1.027
	1.75	53.03	68.32	7.05	0.998	1.156
	2	52.90	72.07	7	0.998	1.042
10	1	55.68	40.27	5.40	0.999	0.506
	1.25	55.71	50.25	6.38	0.998	0.682
	1.5	55.65	57.01	6.92	0.998	0.903
	1.75	55.57	61.80	7.27	0.998	0.948
	2	55.48	65.49	7.49	0.998	0.918
20	1	58.23	33.72	5.41	0.998	0.345
	1.25	58.26	43.70	6.56	0.998	0.546
	1.5	58.16	50.51	7.17	0.998	0.638
	1.75	58.05	55.32	7.51	0.998	0.631
	2	58.04	58.93	7.82	0.998	0.642
30	1	62.90	29.05	5.38	0.998	0.283
	1.25	60.77	35.60	6.61	0.998	0.379
	1.5	62.81	46.17	7.68	0.998	0.434
	1.75	62.73	51.55	7.87	0.998	0.553
	2	60.54	52.45	8.18	0.998	0.438
40	1	63.37	20.60	5.43	0.999	0.102
	1.25	63.31	30.68	7.11	0.999	0.231
	1.5	63.23	37.45	7.97	0.999	0.265
	1.75	63.11	42.28	8.47	0.999	0.258
	2	62.97	46.02	9.04	0.999	0.219

二、井筒径向应力场影响规律分析

采用表 3-1 的计算参数，代入式(3-12)第二式，计算得到井筒附近径向应力场分布，利用软件绘制云图列于表 3-5。

表 3-5　井筒附近轴向径向应力分布云图

<table>
<tr><th>μ_d</th><th>内压/MPa</th><th>0</th><th>20</th><th>40</th></tr>
<tr><td rowspan="2">1</td><td>近井区
应力云图</td>
<td>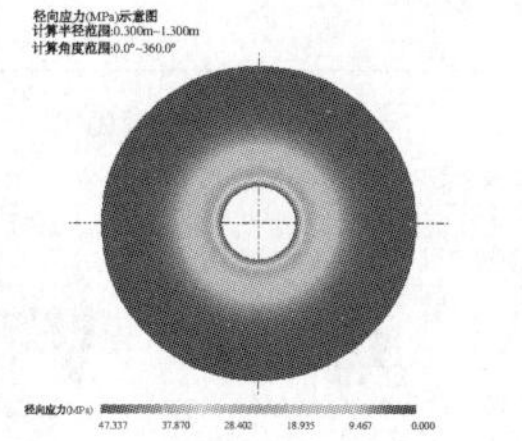</td>
<td>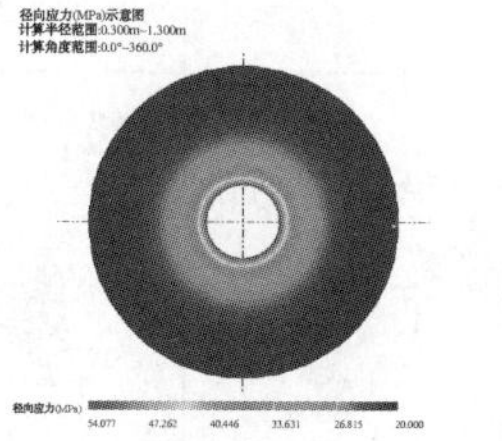</td>
<td>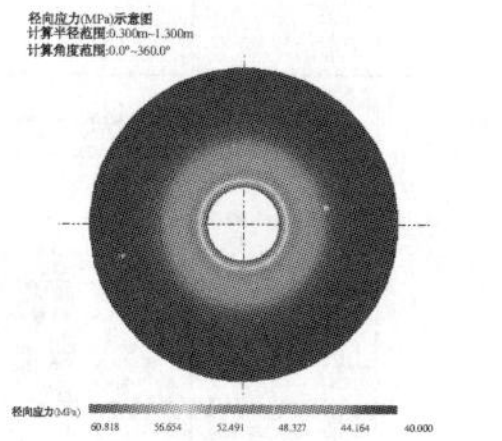</td></tr>
<tr><td>井壁应力
矢量图</td>
<td>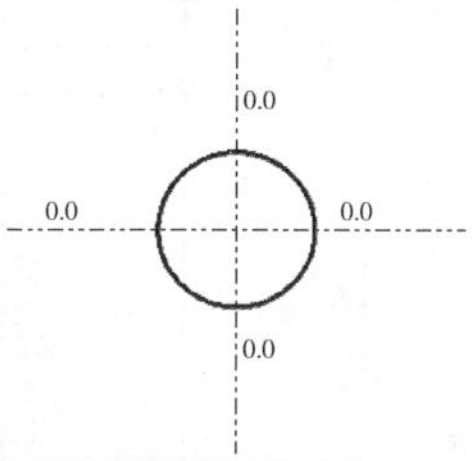</td>
<td>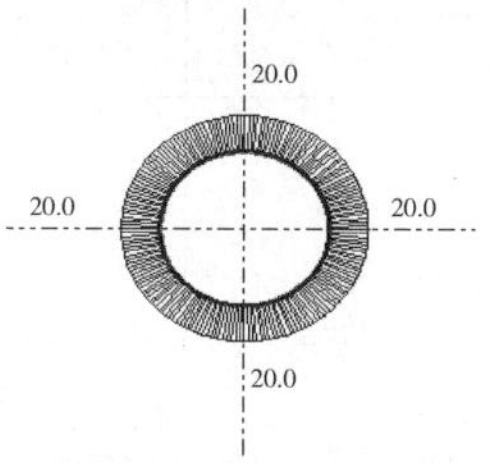</td>
<td>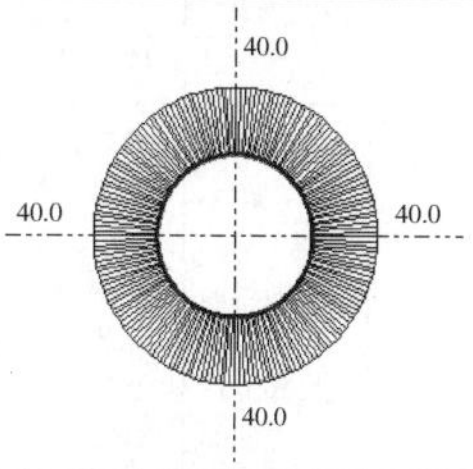</td></tr>
<tr><td rowspan="2">1. 25</td><td>近井区
应力云图</td>
<td>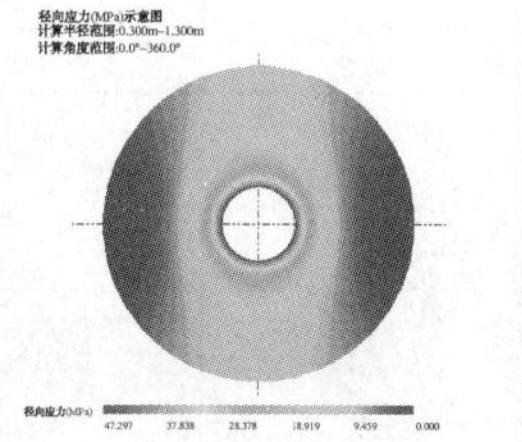</td>
<td>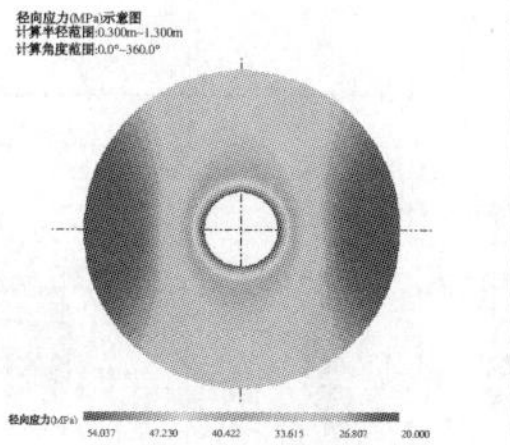</td>
<td>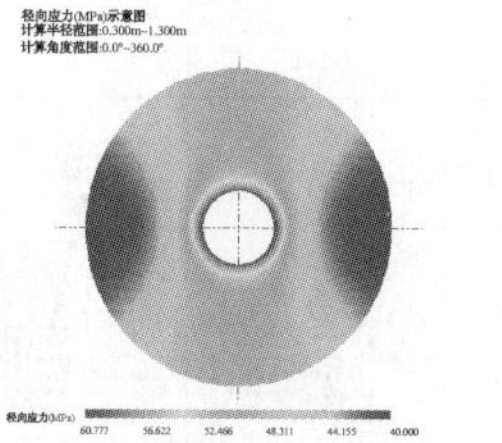</td></tr>
<tr><td>井壁应力
矢量图</td>
<td>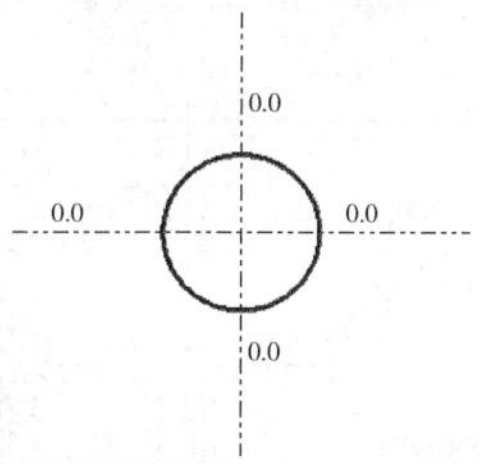</td>
<td>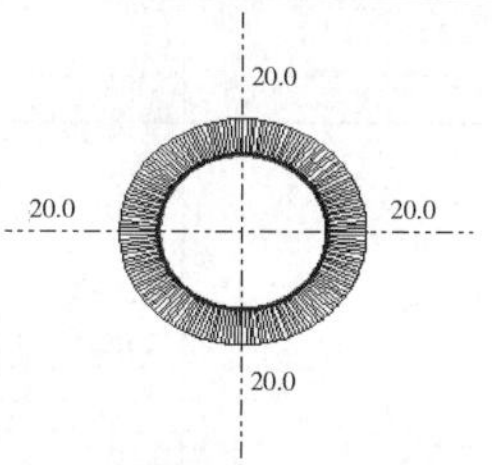</td>
<td>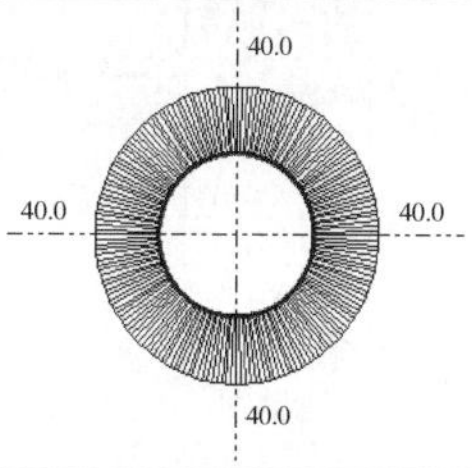</td></tr>
<tr><td>1. 5</td><td>近井区
应力云图</td>
<td>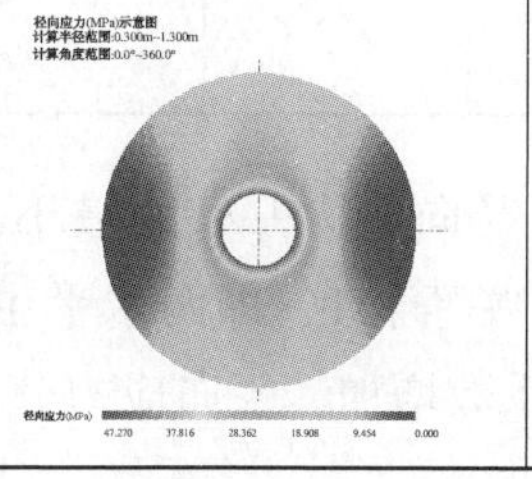</td>
<td>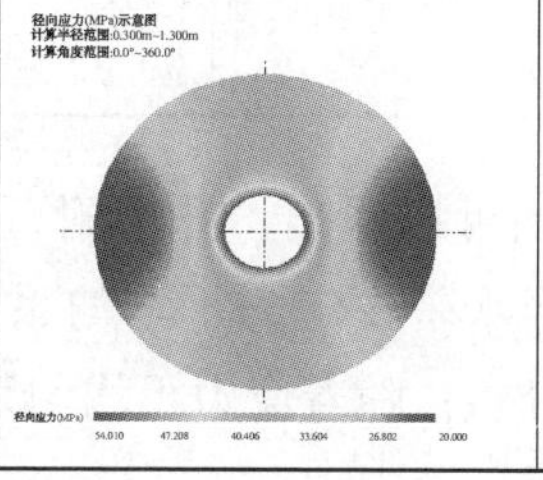</td>
<td>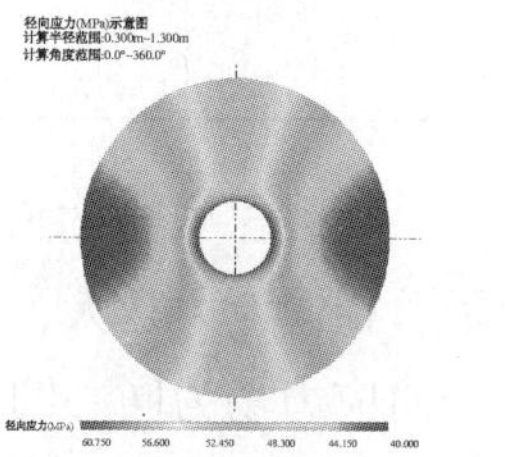</td></tr>
</table>

续表

μ_d	内压/MPa	0	20	40
1.5	井壁应力矢量图	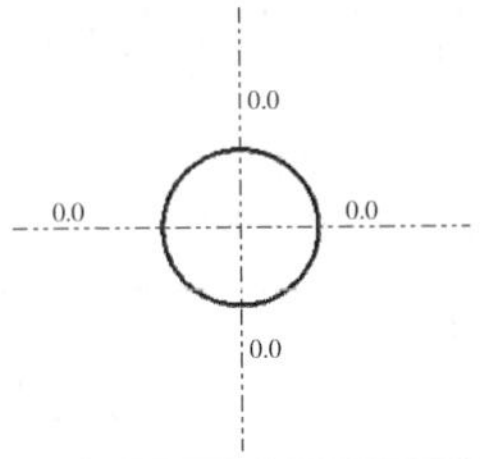	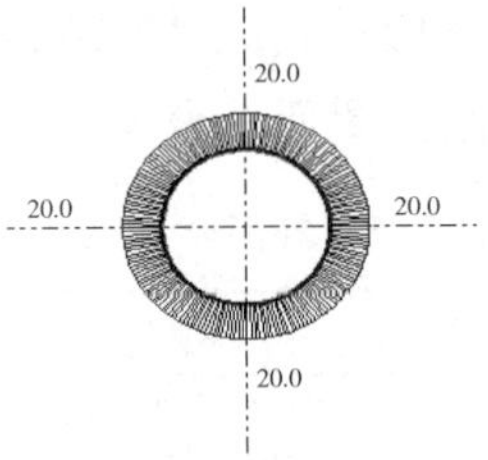	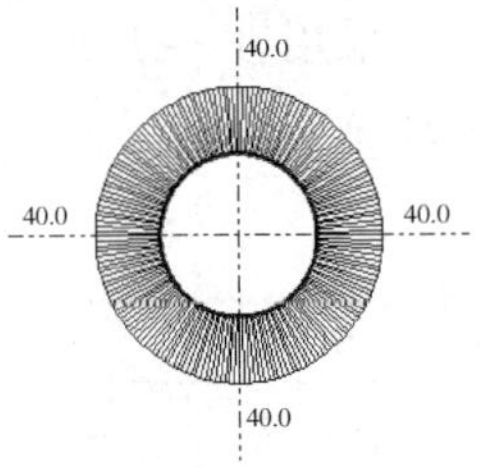
1.75	近井区应力云图	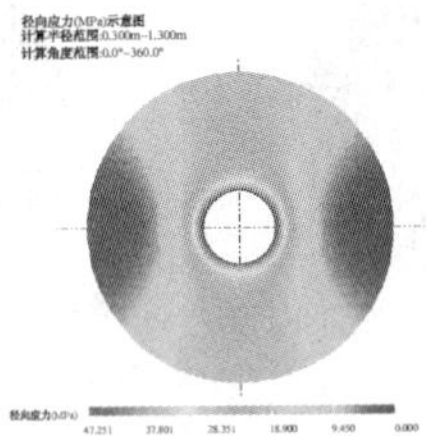	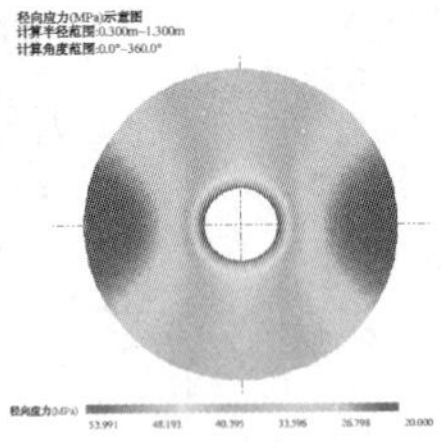	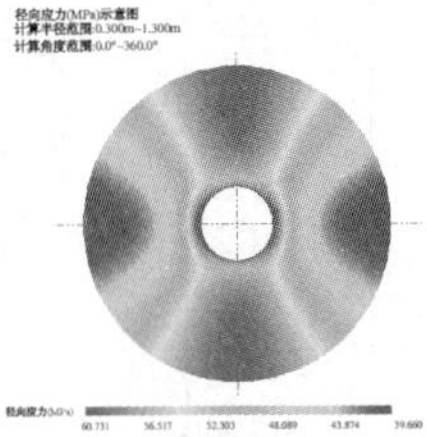
	井壁应力矢量图	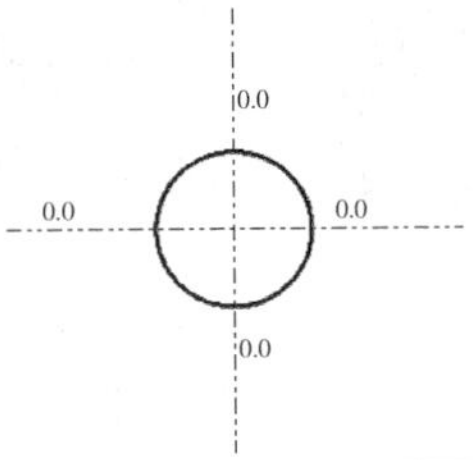	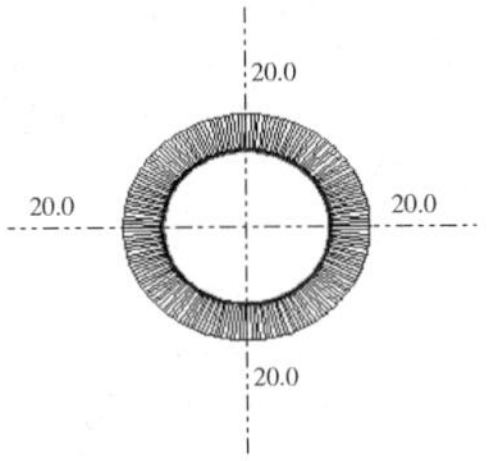	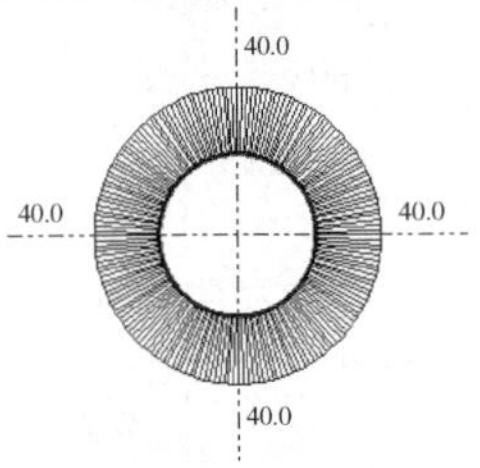
2	近井区应力云图	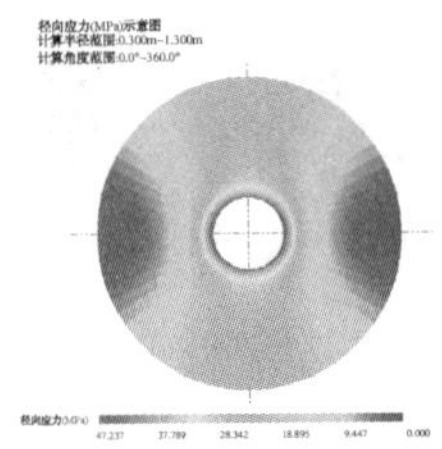	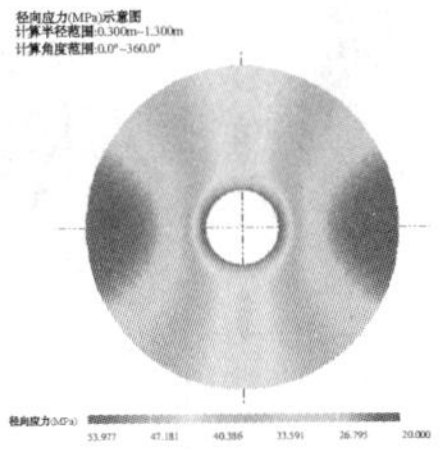	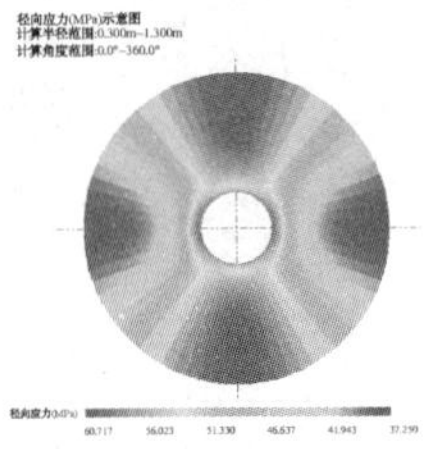
	井壁应力矢量图	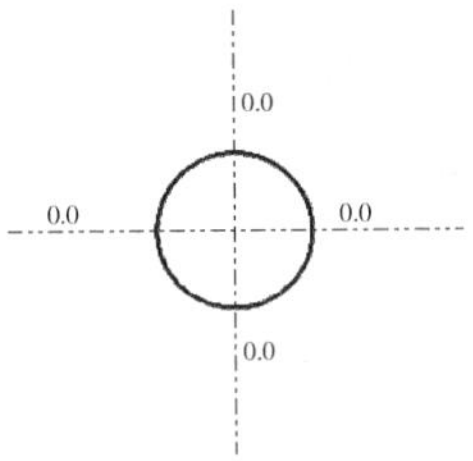	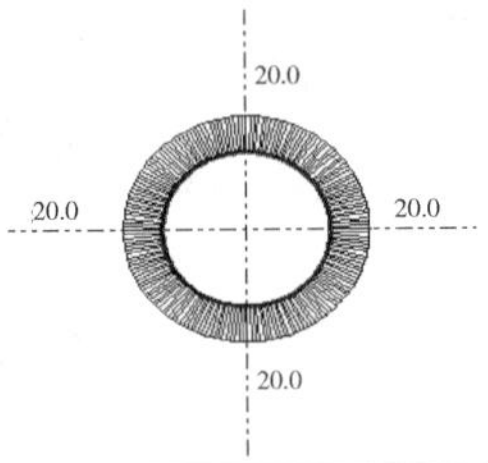	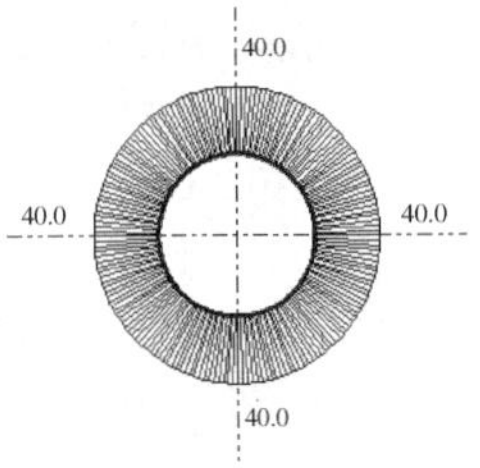

从表 3-5 中的云图可以看出，井筒附近径向应力井壁处最小，距离井壁越远，径向应力越大，当水平主应力不均匀系数等于 1，即两水平主应力相等时，径向应力场为同心圆分布；随着应力不均匀系数增加，径向应力分布等值线由同

心圆逐渐变为椭圆；井壁上径向应力与地应力非均匀系数无关，等于井筒内压；径向应力最大值出现在最大主应力方向，随着地应力不均匀系数增加，径向应力集中区域越来越明显。根据模拟结果提取距离井筒相同距离径向应力最大值列于表 3-6。

表 3-6　不同井筒内压、应力和不均匀系数下井筒最大径向应力值

井筒内压	地应力不均匀系数	距离井筒距离				
		0	0. 25	0. 5	0. 75	1
0	1	0	35. 1	43	45. 9	47. 3
	1. 25	0	33. 6	42. 3	45. 6	47. 3
	1. 5	0	33. 6	42. 5	45. 8	47. 3
	1. 75	0	32. 5	42	45. 5	47. 3
	2	0	32. 8	42. 3	45. 7	47. 2
10	1	10	39. 7	46. 6	49. 3	50. 7
	1. 25	10	38. 7	46. 4	49. 2	50. 7
	1. 5	10	38. 1	46. 2	49. 1	50. 6
	1. 75	10	37. 6	46	49. 1	50. 6
	2	10	37. 3	45. 9	49	50. 6
20	1	20	44. 9	50. 7	52. 9	54. 1
	1. 25	20	43. 9	50. 4	52. 8	54
	1. 5	20	43. 2	50. 2	52. 7	54
	1. 75	20	42. 8	50. 1	52. 7	54
	2	20	42. 4	50	52. 6	54
30	1	30	51. 4	56. 4	58. 3	59. 3
	1. 25	30	49. 2	54. 5	56. 4	57. 4
	1. 5	30	50. 2	56. 2	58. 3	59. 3
	1. 75	30	49. 2	55. 8	58. 1	59. 3
	2	30	47. 6	54	56. 2	57. 3
40	1	40	55. 2	58. 7	60. 1	60. 8
	1. 25	40	54. 2	58. 5	60	60. 8
	1. 5	40	53. 6	58. 3	59. 9	60. 8
	1. 75	40	53. 1	58. 1	59. 9	60. 7
	2	40	53. 1	58. 3	60	60. 7

根据表中计算结果，拟合了不同井筒内压下径向应力沿井壁分布曲线图，如图 3-3 所示。

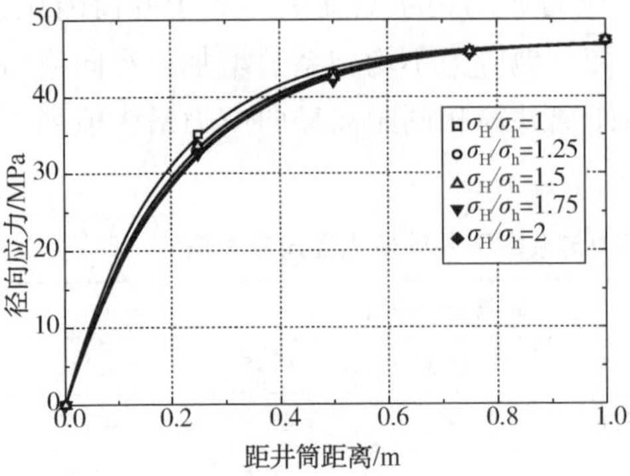

(a)井筒内压为0MPa

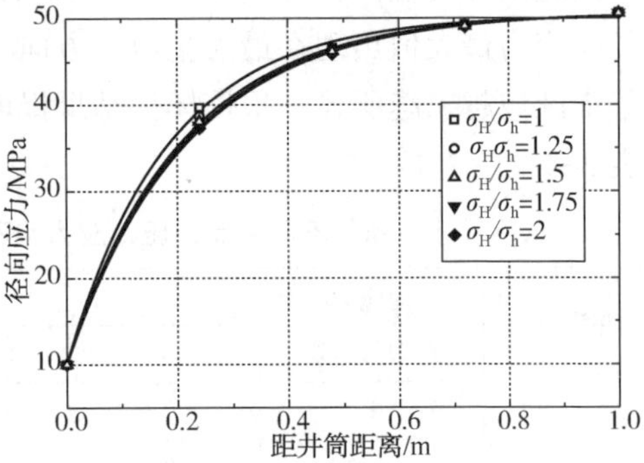

(b)井筒内压为10MPa

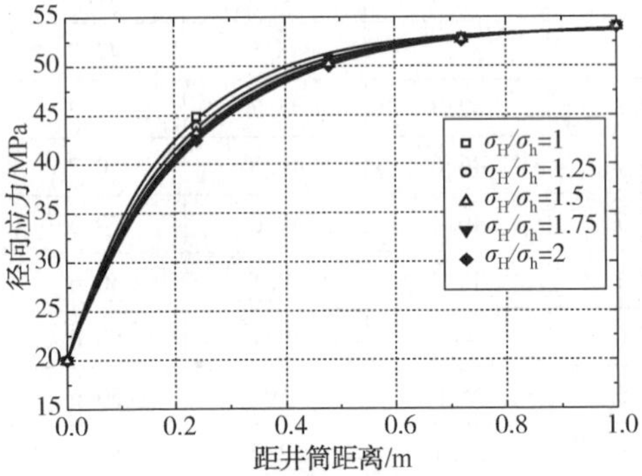

(c)井筒内压为20MPa

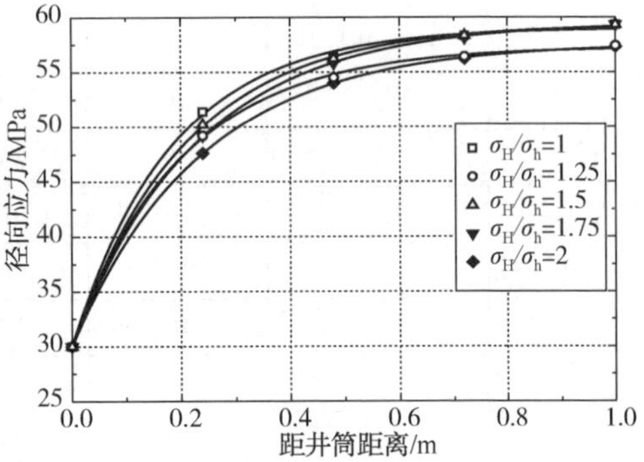

(d)井筒内压为30MPa

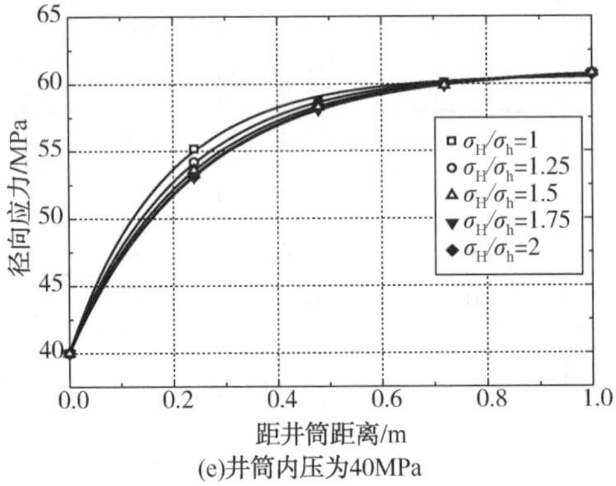

(e)井筒内压为40MPa

图 3-3　不同井筒内压下径向应力沿井筒变化曲线

由图 3-3 分析可知，图 3-3(a)~图 3-3(e)各图径向应力具有相同的分布情况，说明地应力不均匀系数对近井地带应力场有着重要影响。在井壁上拥有较低的应力状态，离开井壁后径向应力上升，在远离井筒的地方，径向应力趋于稳定。

根据模拟结果可以得知，井筒附近最大径向应力和距井筒距离的关系符合指数关系，其拟合曲线函数如下：

$$y_2 = m_2 + n_2 e^{-k_2 x_2} \tag{3-14}$$

式中，m_2为待定系数；n_2为待定系数；k_2为待定系数；x_2为距井筒距离，m；y_2为最大周向应力，MPa。

对图3-3中各图分别进行拟合，待定系数列于表3-7，各式相关系数均接近于1，说明拟合函数比较准确。

表3-7　不同井筒内压待定系数表

内压/MPa	地应力不均匀系数	待定系数			相关系数 C	方差
		m_2	n_2	k_2		
0	1	46.92	−46.87	5.38	0.999	0.546
	1.25	47.07	−47.01	4.88	0.998	0.517
	1.5	47.20	−47.15	4.88	0.998	0.349
	1.75	47.33	−47.28	4.55	0.999	0.313
	2	47.30	−47.26	4.67	0.998	0.185
10	1	50.31	−40.27	5.40	0.999	0.506
	1.25	51.24	−41.24	4.34	0.998	0
	1.5	50.56	−40.52	−4.83	0.999	0.138
	1.75	50.69	−40.66	4.65	0.999	0.138
	2	50.73	−40.70	4.56	0.999	0.120
20	1	53.77	−33.71	5.41	0.999	0.344
	1.25	53.89	−33.86	4.98	0.999	0.179
	1.5	54.04	−34.01	4.69	0.999	0.106
	1.75	54.16	−34.13	4.53	0.999	0.061
	2	54.24	−34.22	4.39	0.999	0.042
30	1	59.03	−29.00	5.42	0.998	0.241
	1.25	57.32	−27.29	4.96	0.999	0.108
	1.5	59.35	−29.32	4.79	0.999	0.57
	1.75	59.54	−29.52	4.34	0.999	0.026
	2	57.63	−27.63	4.21	0.999	0.008
40	1	60.60	−20.58	5.41	0.998	0.137
	1.25	60.82	−20.80	4.70	0.999	0.037
	1.5	60.96	−20.95	4.33	0.999	0.018
	1.75	61.06	−21.06	4.06	0.999	0.001
	2	61.12	−21.13	4.09	0.999	0.018

三、井筒剪应力场影响规律分析

采用表 3-1 的计算参数，代入式(3-12)第三式，计算得到井筒附近剪应力场分布，利用软件绘制云图列于表 3-8。

表 3-8　近井地带剪应力场云图

μ_d	内压/MPa	0	20	40
1	近井区应力云图	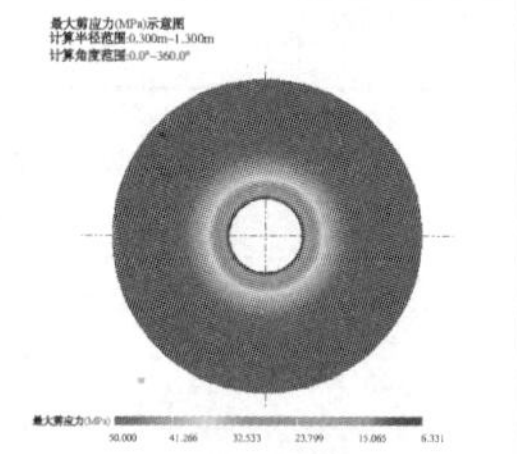	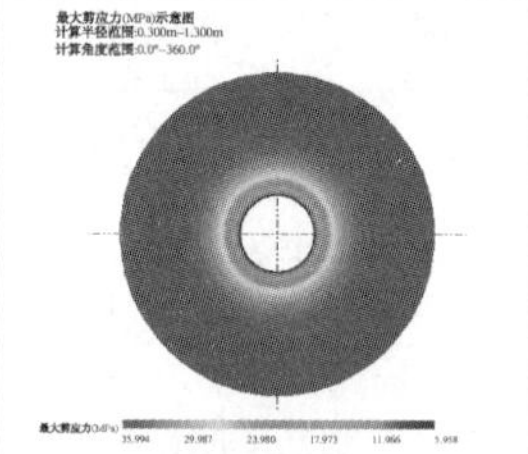	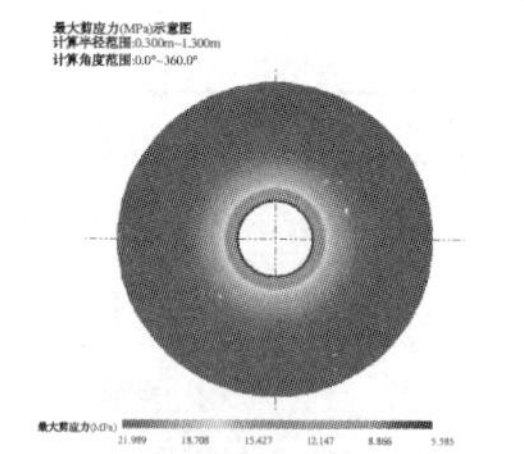
	井壁应力矢量图	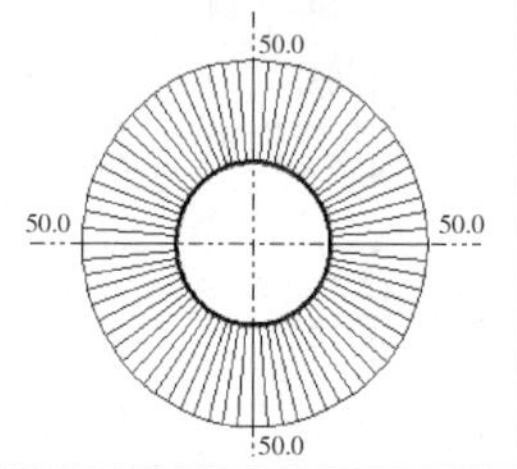	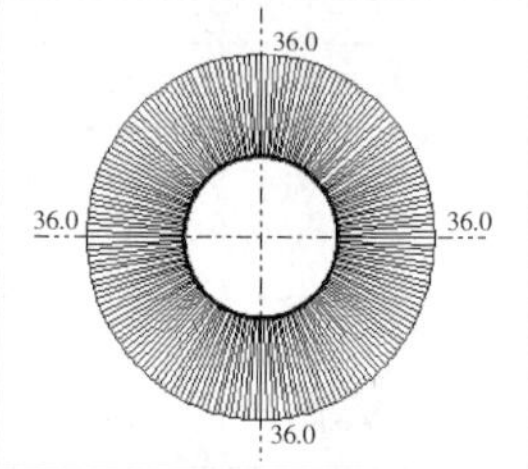	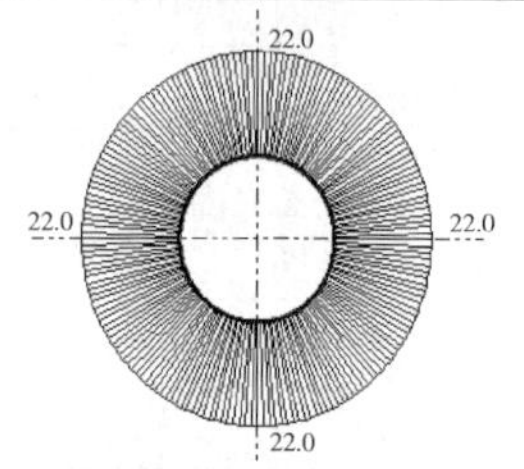
1.25	近井区应力云图	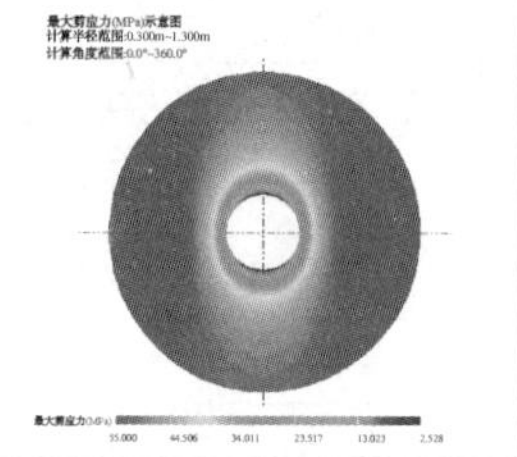	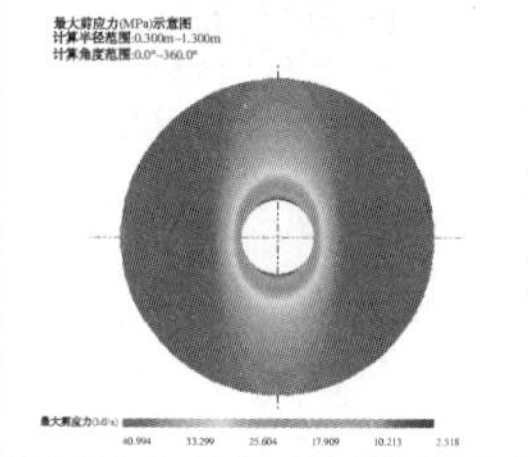	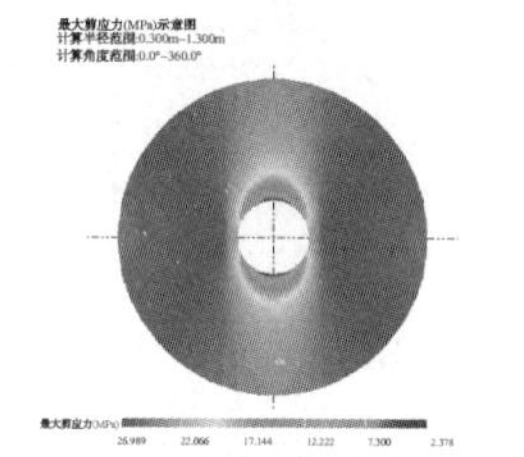
	井壁应力矢量图	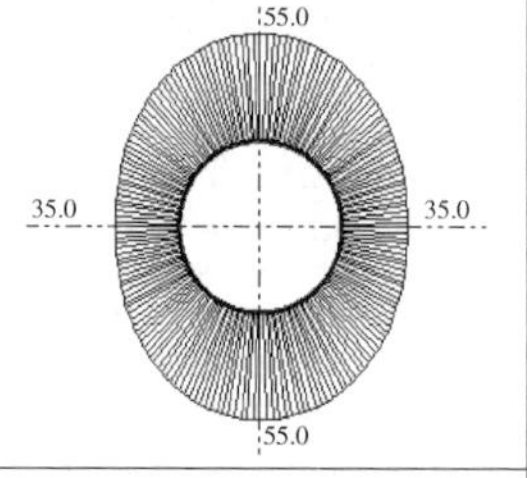	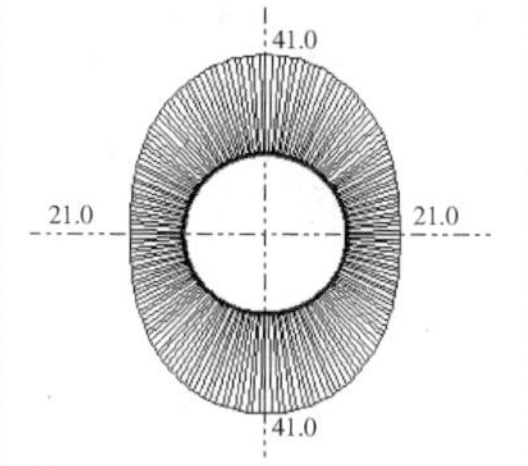	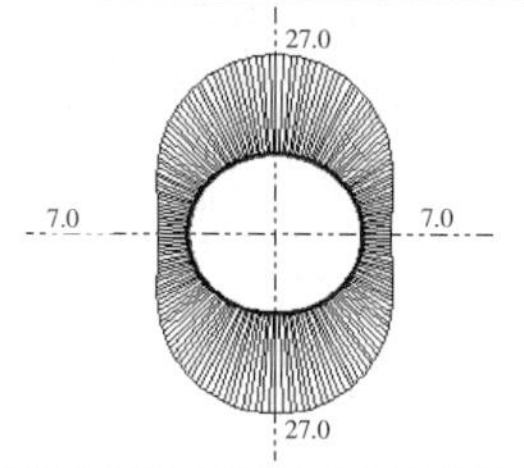
1.5	近井区应力云图	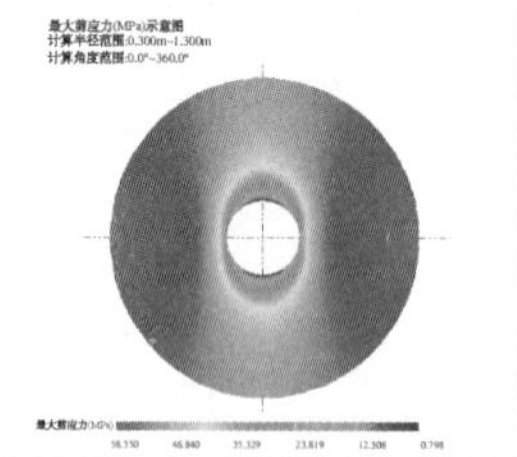	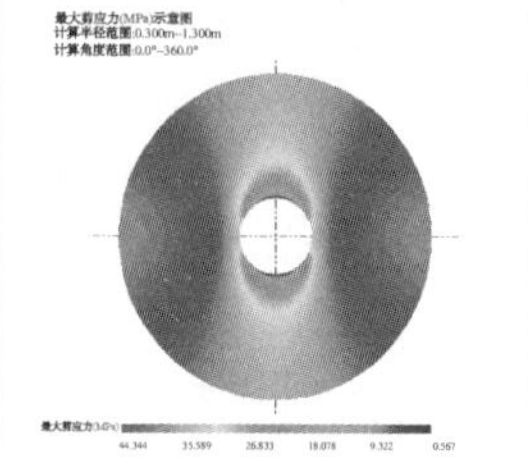	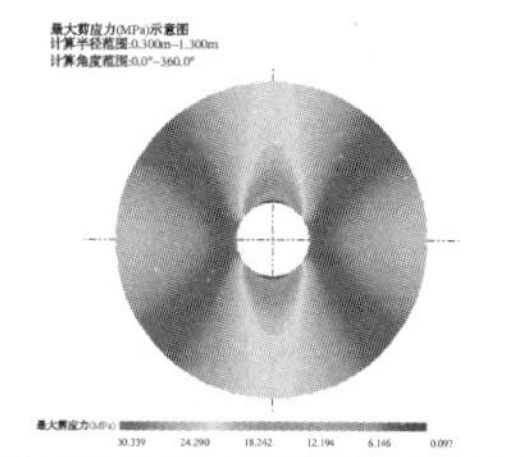

续表

μ_d	内压/MPa	0	20	40
1.5	井壁应力矢量图	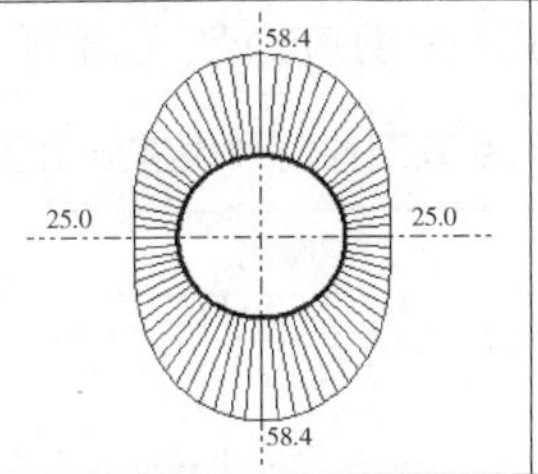	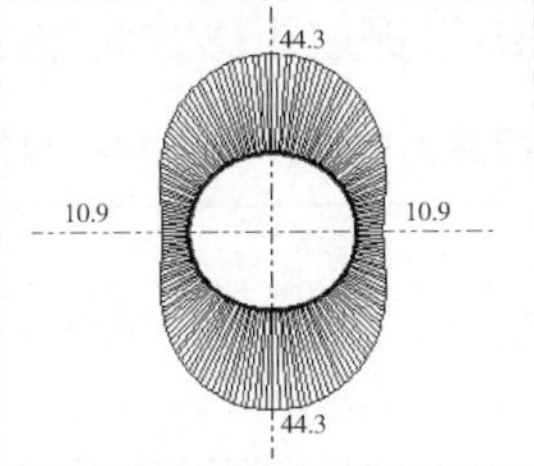	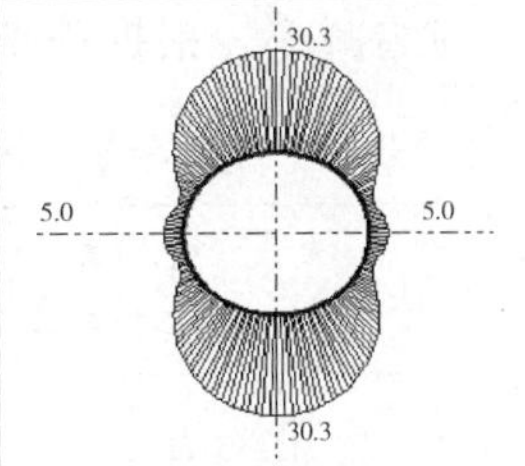
1.75	近井区应力云图	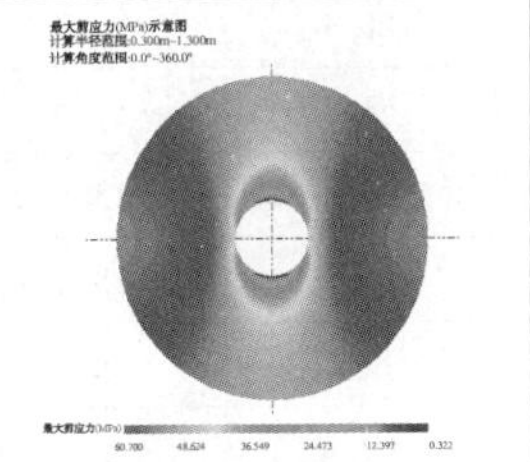	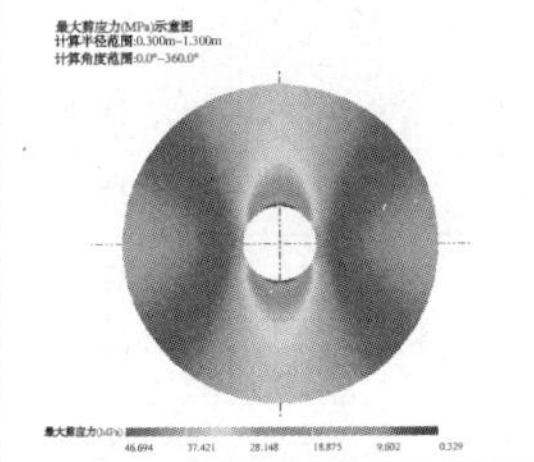	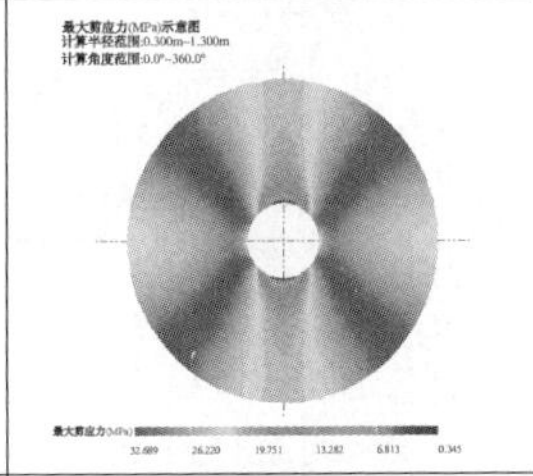
	井壁应力矢量图	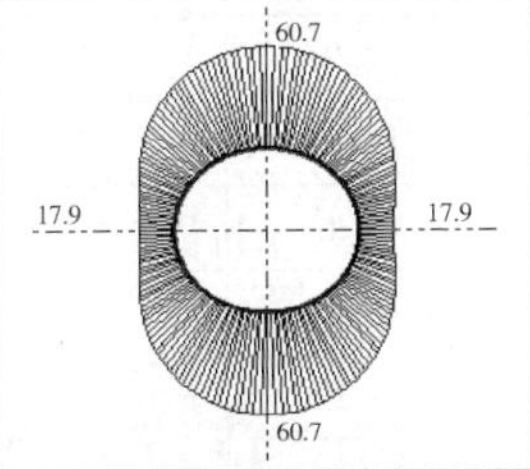	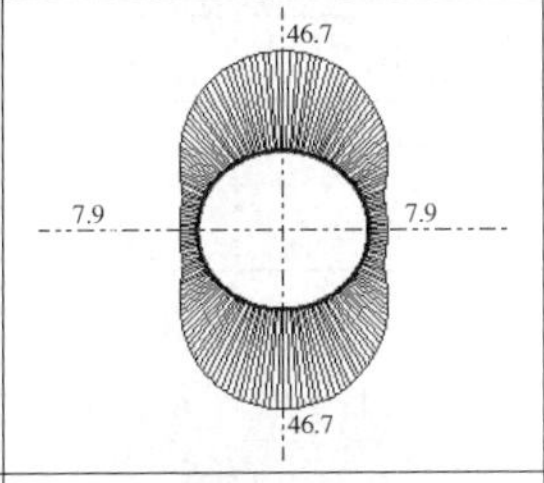	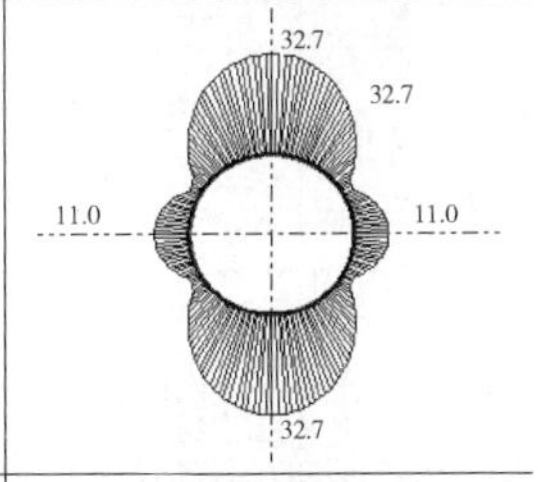
2	近井区应力云图	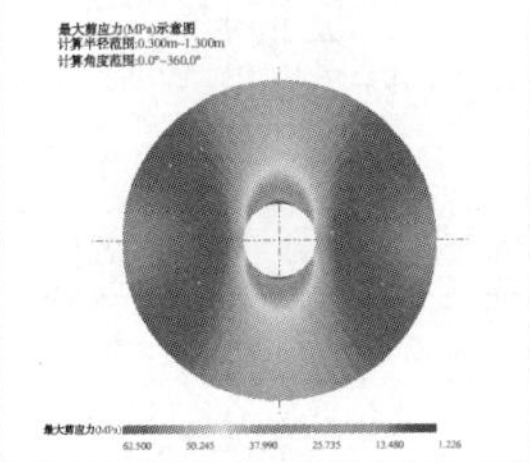	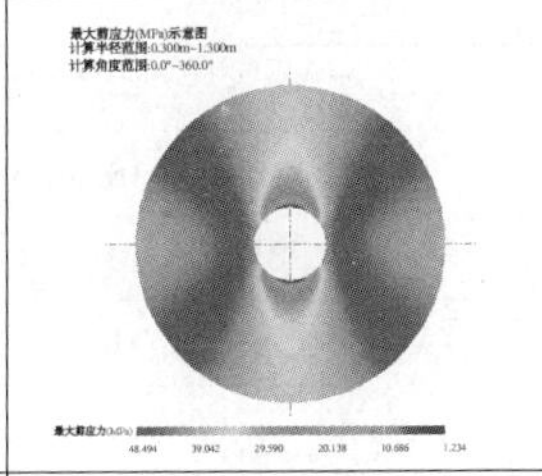	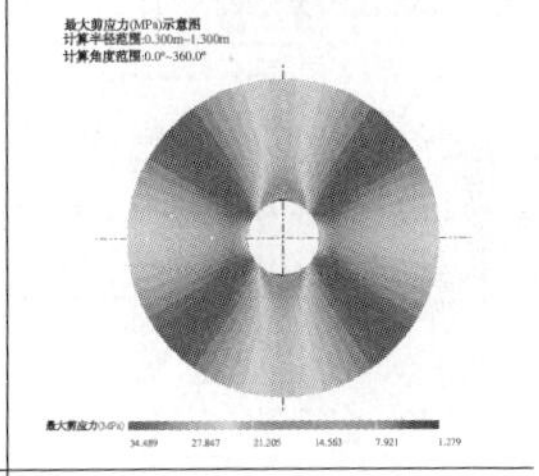
	井壁应力矢量图	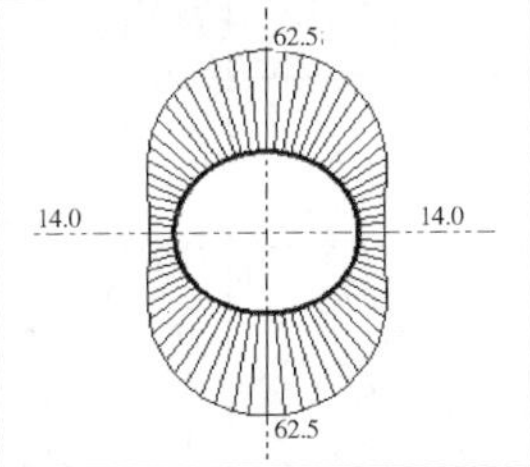	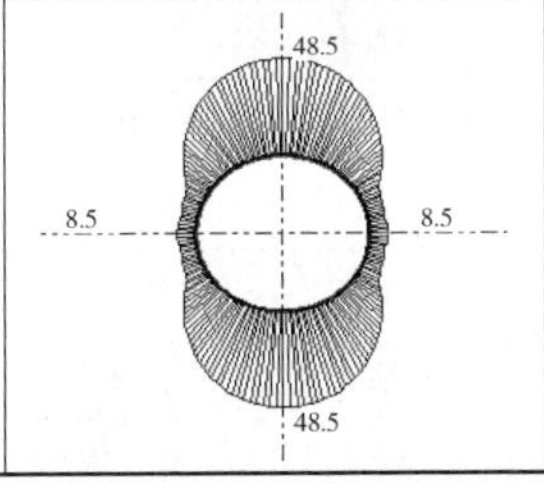	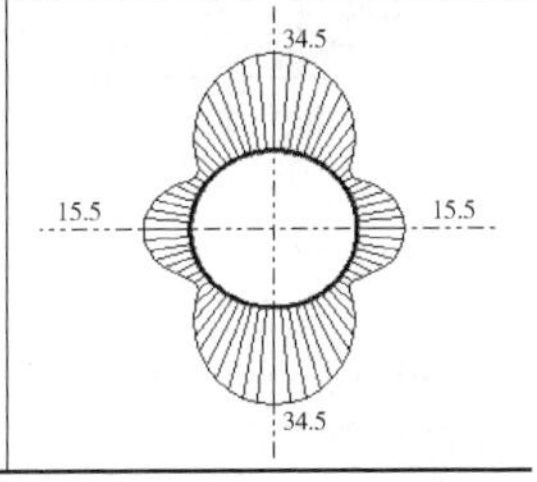

从表 3-8 中的云图可以看出，井筒附近剪应力井壁处最大，距离井壁越远，剪应力越小，当水平主应力不均匀系数等于 1，即两水平主应力相等时，剪应力场为同心圆分布；随着应力不均匀系数增加，剪应力分布等值线由同心圆逐渐变为椭圆，再变为 8 字形状。井筒剪应力最大值出现在最小主应力方向，随着地应

力不均匀系数增加，剪应力较小区域逐渐减小直至消失，剪应力最大值集中区域明显减小。在水平主应力不均匀系数相同的情况下，随着井筒内压的增加，最大剪应力减小。根据模拟结果提取距离井筒相同距离剪应力最大值列于表 3-9。

表 3-9　不同井筒内压、应力和不均匀系数下井筒最大剪应力值

井筒内压	地应力不均匀系数	距离井筒距离				
		0	0. 25	0. 5	0. 75	1
0	1	50	14. 9	8. 5	7	6. 3
	1. 25	55	18. 3	11. 3	8. 7	7. 3
	1. 5	58. 4	19. 8	13. 7	11. 4	10. 3
	1. 75	60. 7	21. 7	15. 8	13. 6	12. 5
	2	62. 5	22. 3	16. 9	15. 1	14. 2
10	1	43	13. 3	8. 2	6. 9	6. 1
	1. 25	48	16. 2	10. 3	8. 1	6. 9
	1. 5	51. 3	18. 1	12. 9	11	10
	1. 75	53. 7	19. 5	14. 7	13	12. 1
	2	55. 5	20. 5	16. 1	14. 6	13. 8
20	1	36	11. 1	7. 7	6. 6	6
	1. 25	41	14	9. 2	7. 5	6. 5
	1. 5	44. 3	16	11. 9	10. 4	9. 6
	1. 75	46. 7	17. 3	13. 7	12. 4	11. 8
	2	48. 5	18. 4	15. 1	14	13. 4
30	1	31	10. 8	8. 3	7. 3	6. 8
	1. 25	33. 2	11. 4	7. 6	6. 2	5. 6
	1. 5	39. 5	14. 3	11. 1	10	9. 5
	1. 75	42. 1	16	13. 3	12. 4	11. 9
	2	41. 5	16. 2	14. 1	13. 4	13
40	1	22	8. 4	6. 6	6	5. 6
	1. 25	27	9. 7	7. 2	6. 3	5. 8
	1. 5	30. 3	11. 6	9. 8	9. 2	8. 9
	1. 75	32. 7	13	11. 6	11. 2	11
	2	34. 5	14	13	12. 8	12. 7

根据表中计算结果，分别拟合了不同井筒内压下剪应力沿井壁分布曲线图，如图 3-4 所示。

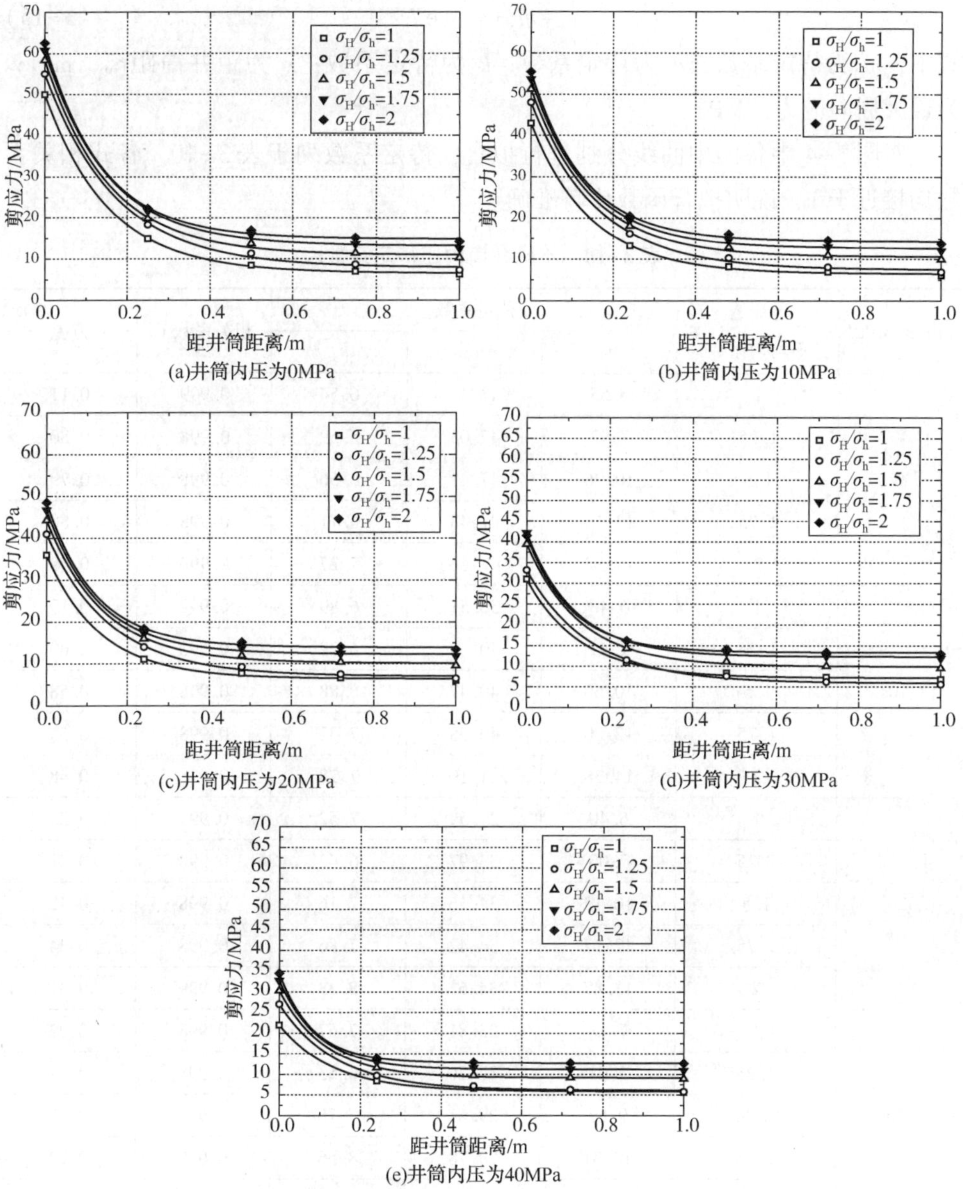

图 3-4　不同井筒内压下剪应力沿井筒变化曲线

图 3-4 中各图剪应力沿井壁距离具有相同的变化规律，说明地应力不均匀系数对近井地带应力场有着重要影响。剪应力在井壁上拥有较高的应力状态，离开井壁后，周向应力急剧下降，在远离井筒的地方，剪应力趋于稳定。可以看出，井筒附近最大剪应力和距井筒距离的关系符合指数关系，利用最小二乘法，其拟合曲线函数如下：

$$y_3 = m_3 + n_3 * e^{-k_3 x_3} \tag{3-15}$$

式中，m_3为待定系数；n_3为待定系数；k_3为待定系数；x_3为距井筒距离，m；y_3为最大周向应力，MPa。

对图 3-4 中各图中曲线分别进行拟合，待定系数列于表 3-10，各式相关系数均接近于 1，说明拟合函数比较准确。

表 3-10　不同井筒内压待定系数表

内压/MPa	地应力不均匀系数	待定系数			相关系数 C	方差
		m_3	n_3	k_3		
0	1	6.55	43.44	6.54	0.999	0.11
	1.25	7.92	47.03	5.59	0.998	0.80
	1.5	10.96	47.41	6.56	0.998	0.79
	1.75	13.19	47.48	6.71	0.998	0.80
	2	14.82	47.66	7.27	0.999	0.59
10	1	6.48	36.51	6.89	0.999	0.19
	1.25	7.47	40.49	6.22	0.998	0.60
	1.5	10.60	40.47	6.88	0.998	0.58
	1.75	12.70	40.98	7.32	0.998	0.54
	2	14.38	41.10	7.78	0.998	0.48
20	1	6.40	29.59	7.52	0.999	0.23
	1.25	7.00	33.97	6.42	0.998	0.41
	1.5	10.12	34.16	7.16	0.998	0.42
	1.75	12.27	34.42	7.86	0.998	0.34
	2	13.87	34.61	8.33	0.999	0.31
30	1	7.18	23.81	7.67	0.998	0.22
	1.25	5.91	27.26	6.53	0.998	0.21
	1.5	9.87	29.61	7.76	0.999	0.22
	1.75	12.31	29.78	8.56	0.999	0.22
	2	13.36	28.14	9.42	0.999	0.16
40	1	5.87	16.13	7.55	0.998	0.09
	1.25	6.12	20.86	7.18	0.998	0.16
	1.5	9.16	21.13	8.87	0.999	0.095
	1.75	11.20	21.50	10.23	0.999	0.05
	2	12.81	21.69	12.03	0.999	0.01

四、井筒 Mises 应力场影响规律分析

采用表 3-1 的计算参数，依据式(3-12)，采用第四强度理论计算得到井筒附近 Mises 应力场分布，利用软件绘制云图列于表 3-11。

表 3-11　井筒附近轴向 Mises 应力分布云图

μ_d	内压/MPa	0	20	40
1	近井区应力云图	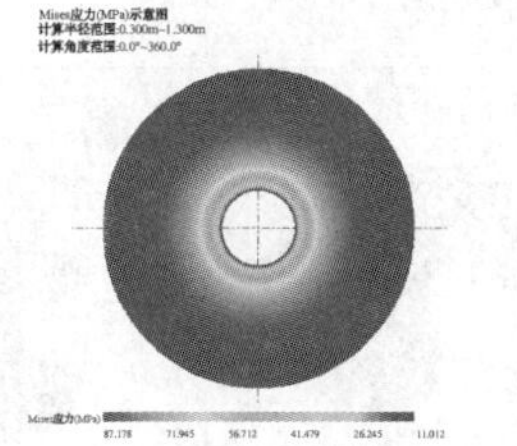	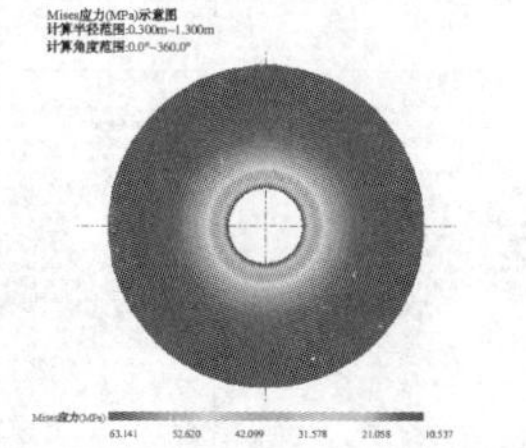	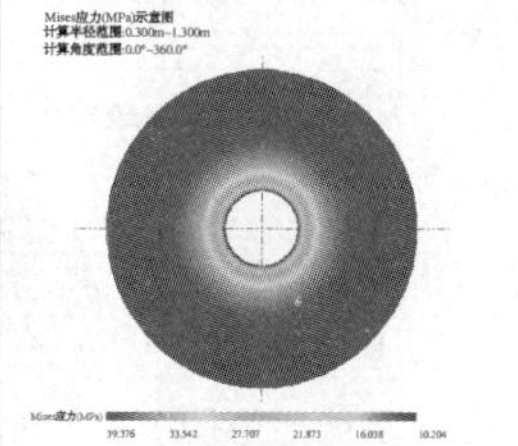
	井壁应力矢量图	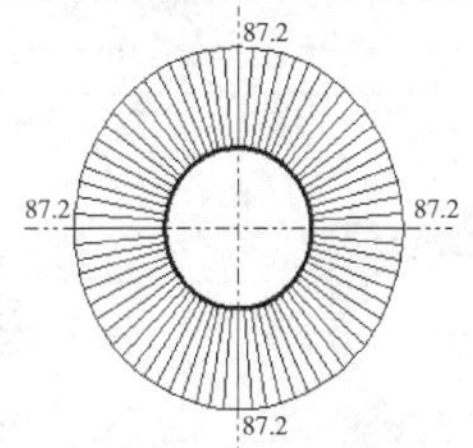	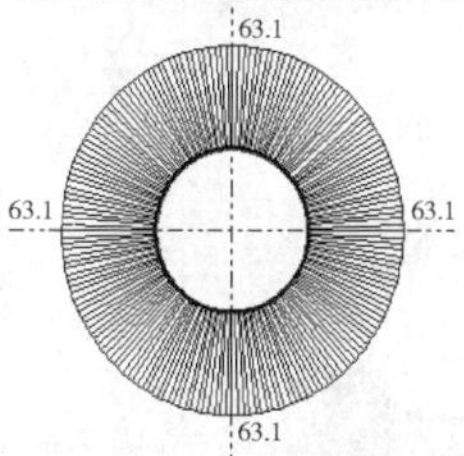	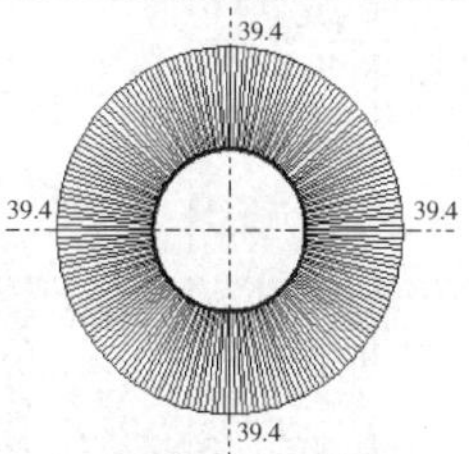
1.25	近井区应力云图	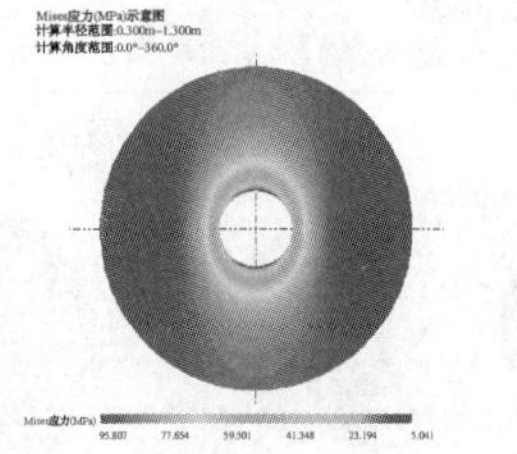	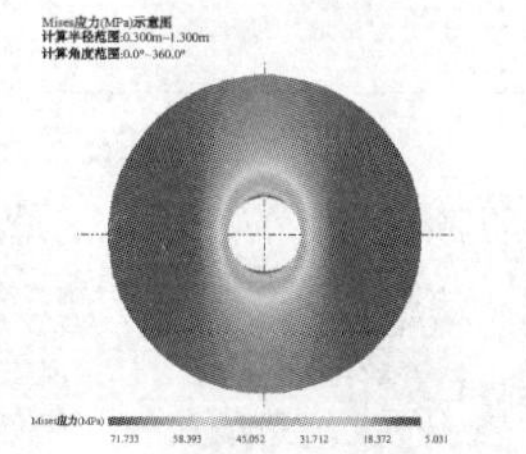	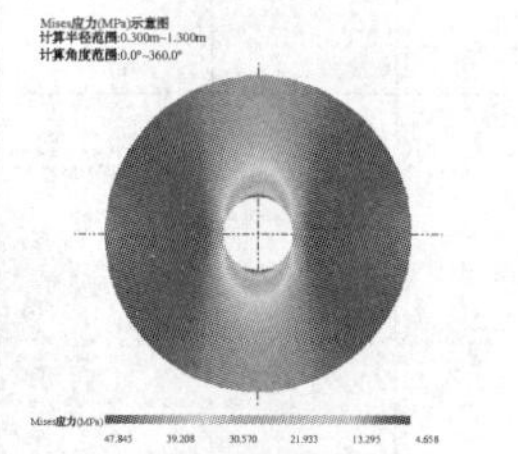
	井壁应力矢量图	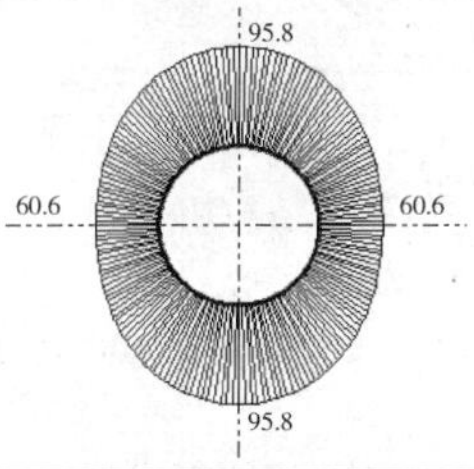	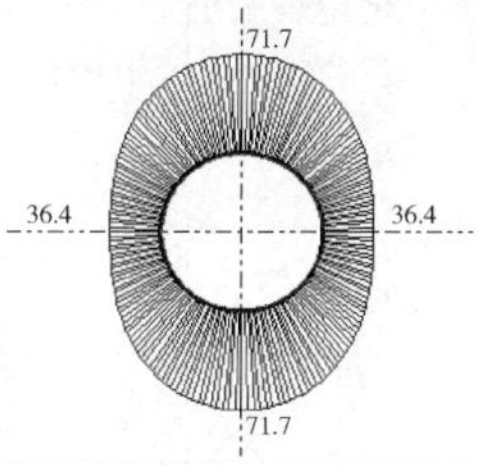	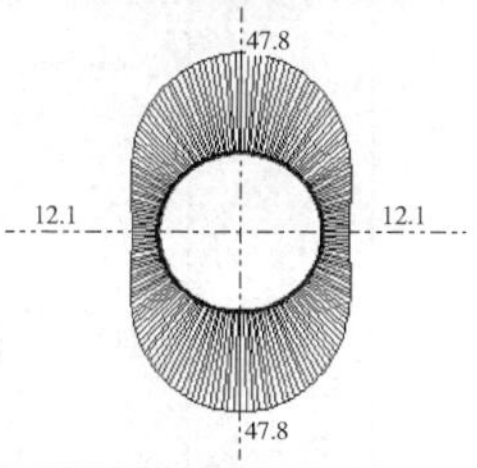
1.5	近井区应力云图	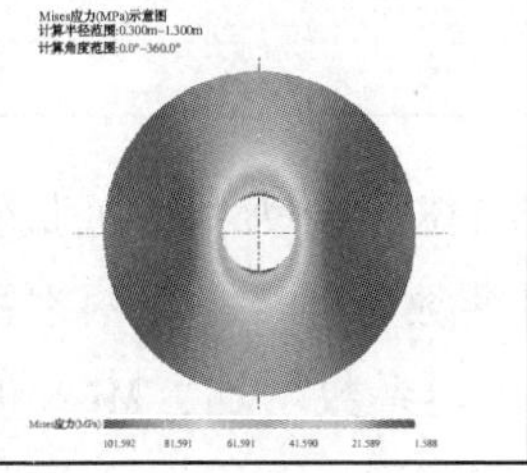	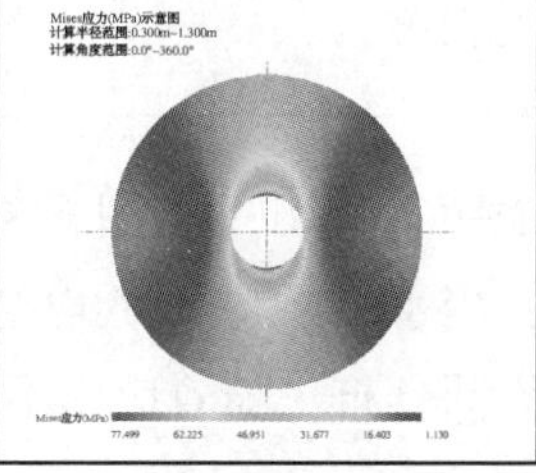	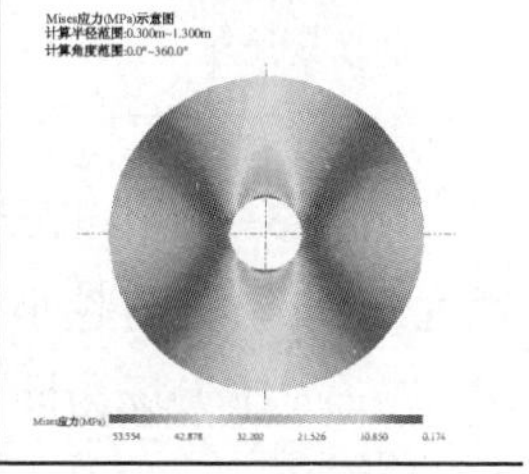

续表

μ_d	内压/MPa	0	20	40
1.5	井壁应力矢量图	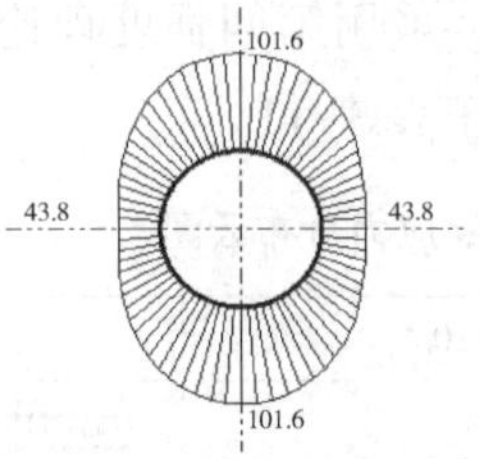	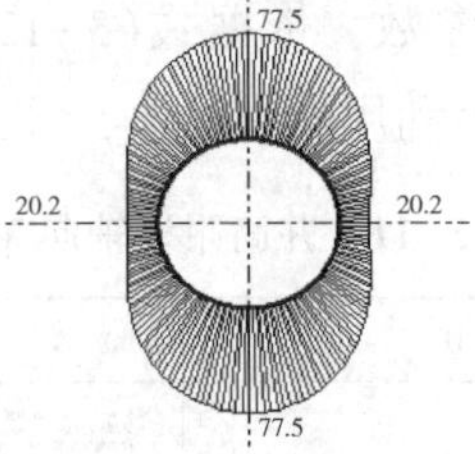	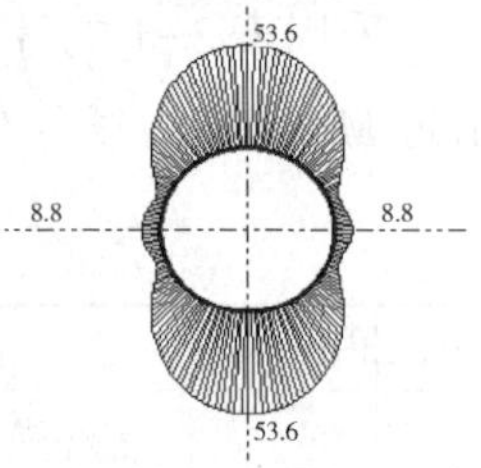
1.75	近井区应力云图	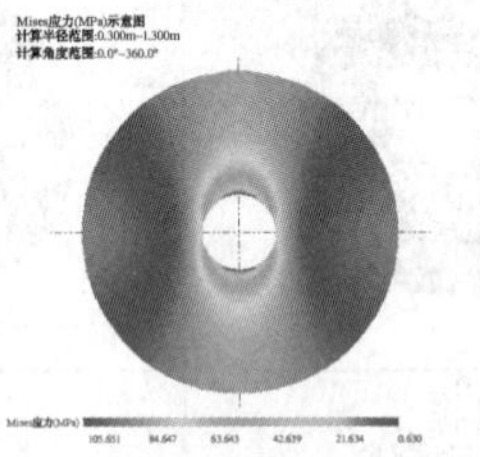	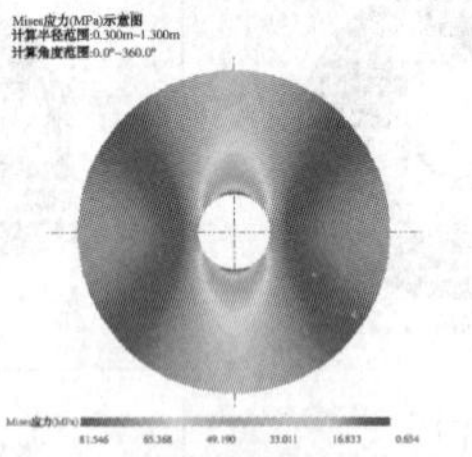	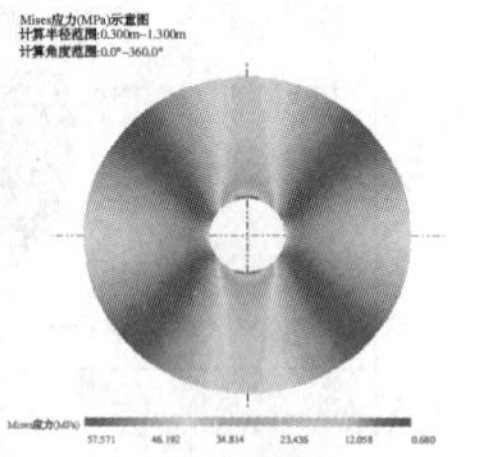
	井壁应力矢量图	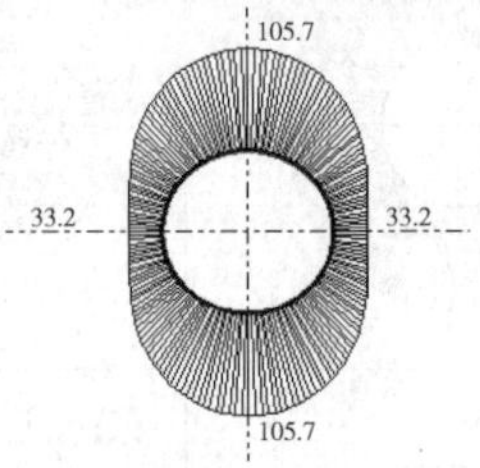	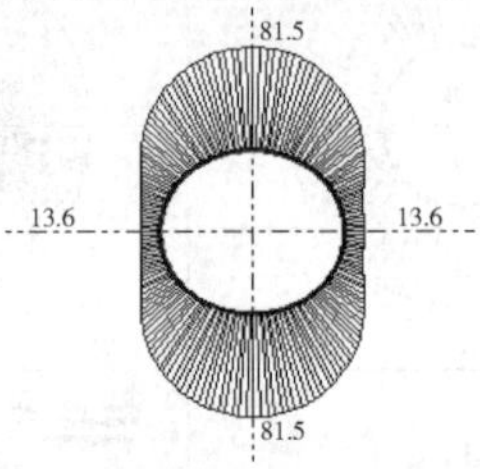	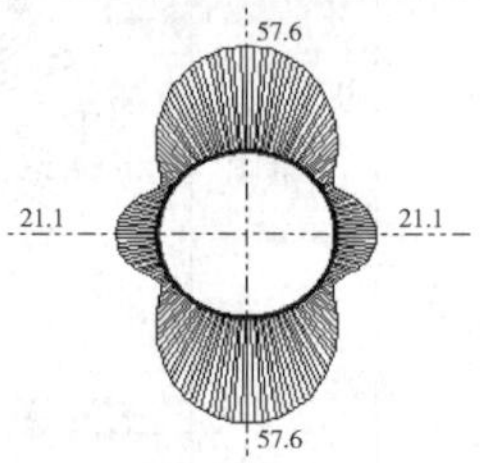
2	近井区应力云图	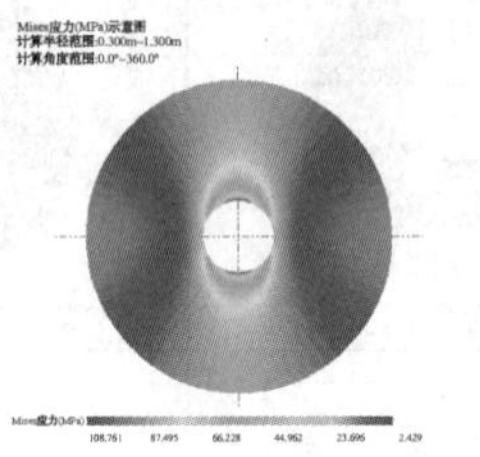	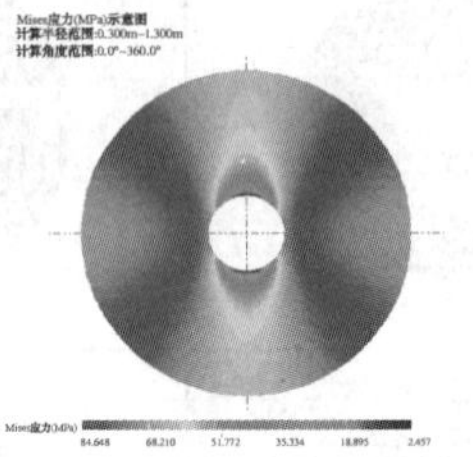	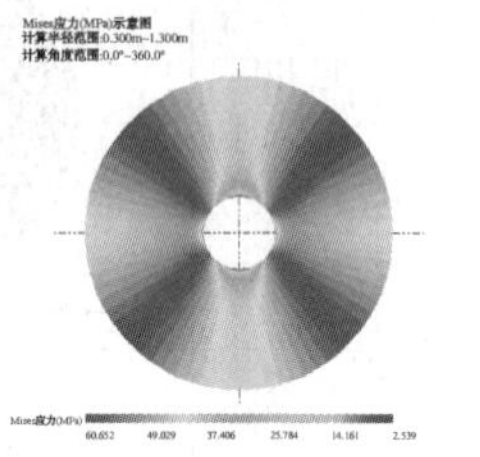
	井壁应力矢量图	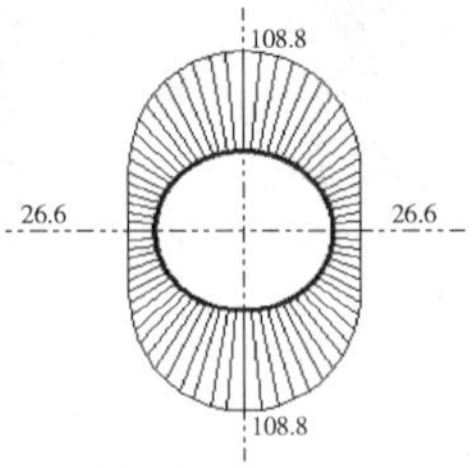	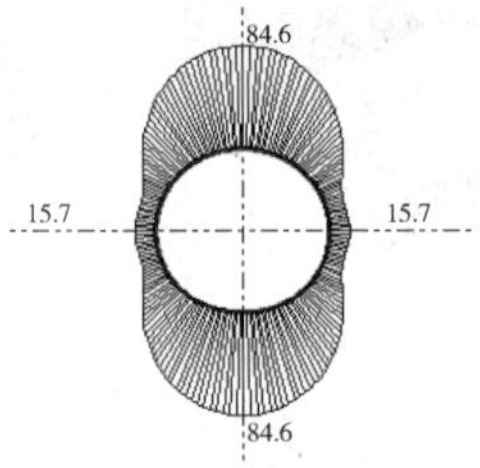	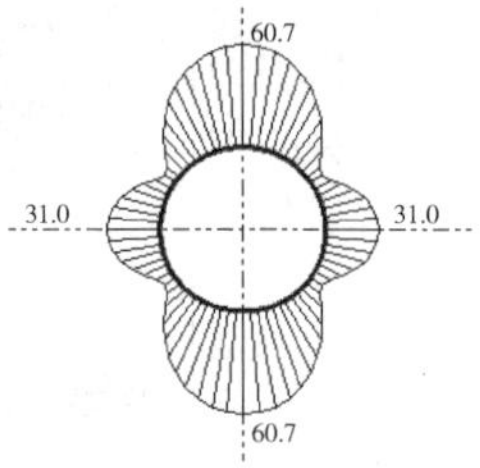

从表 3-11 中的云图可以看出，近井地带 Mises 应力井壁处最大，距离井筒越远，Mises 应力越小，当水平主应力不均匀系数等于 1，即两水平主应力相等时，Mises 应力场为同心圆分布；随着应力不均匀系数增加，Mises 应力分布等值

线由同心圆逐渐变为椭圆，再变为 8 字形状。在水平主应力不均匀系数相同的情况下，随着井筒内压的增加，最大 Mises 应力减小。故在套管设计时，应重点考虑井筒内压较小、地应力非均匀系数较大工况。根据模拟结果提取距离井筒相同距离 Mises 应力最大值列于表 3-12。

表 3-12 不同井筒内压、不同应力和不均匀系数下井筒最大 Mises 应力值

井筒内压	地应力不均匀系数	距离井筒距离				
		0	0.25	0.5	0.75	1
0	1	87.2	27.6	15.8	12.2	11
	1.25	95.8	32.2	20.2	15.8	13.5
	1.5	101.6	34.4	23.7	19.8	18
	1.75	105.7	37.5	27.3	23.7	21.7
	2	108.8	38.6	29.5	26.2	24.7
10	1	75.1	25.1	14.9	11.9	10.8
	1.25	83.8	28.6	18.5	14.8	12.9
	1.5	89.5	31.5	22.4	19.1	17.3
	1.75	93.6	33.8	25.5	22.6	21
	2	96.7	35.6	28.1	25.5	24
20	1	63.1	21.7	13.6	11.4	10.5
	1.25	71.7	24.9	16.8	13.8	12.3
	1.5	77.5	27.8	20.6	18.1	16.7
	1.75	81.5	30	23.7	21.6	20.4
	2	84.6	31.8	26.3	24.4	23.4
30	1	55	20.5	14.4	12.9	12.3
	1.25	58.4	20.7	14.3	12.1	11
	1.5	69.5	25.1	19.5	17.6	16.7
	1.75	74	27.9	23.1	21.5	20.6
	2	72.6	28.1	24.5	23.4	22.8
40	1	39.4	15.4	11.5	10.5	10.2
	1.25	47.8	17.7	13.4	11.9	11.1
	1.5	53.6	20.3	17	16	15.4
	1.75	57.6	22.5	20.2	19.5	19.1
	2	60.7	24.2	22.7	22.3	22.1

根据表中计算结果，分别拟合了不同井筒内压下 Mises 应力沿井壁分布曲线图，如图 3-5 所示。

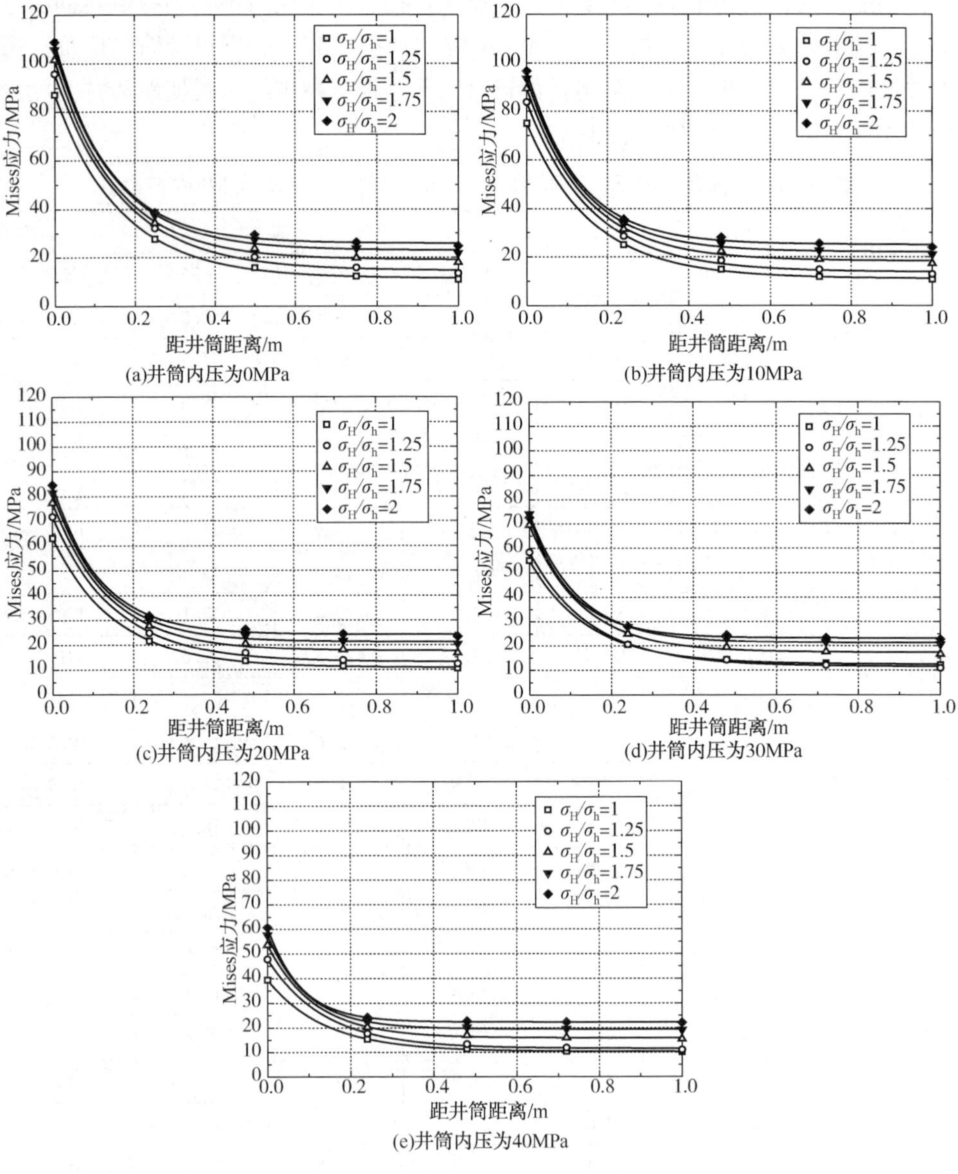

图 3-5 不同井筒内压下最大 Mises 应力沿井筒变化曲线

由图 3-5 分析可知，图 3-5(a)～(e)各图 Mises 应力具有相同的分布规律，说明地应力不均匀系数对井筒周围应力场有着重要影响。Mises 应力在井壁上拥有较高的应力状态，离开井壁后，周向应力急剧下降，在远离井筒的地方，Mises 应力趋于稳定。可以看出，井筒附近最大 Mises 应力和距井筒距离的关系符合指数关系。利用最小二乘法，其拟合曲线函数如下：

$$y_4=m_4+n_4e^{-k_4x_4} \tag{3-16}$$

式中，m_4为待定系数；n_4为待定系数；k_4为待定系数；x_4为距井筒距离，m；y_4为最大周向应力，MPa。

对图3-5中各图分别进行拟合，待定系数列于表3-13，各式相关系数均接近于1，说明拟合函数比较准确。

表3-13　不同井筒内压下的待定系数表

内压/MPa	地应力不均匀系数	待定系数			相关系数 C	方差
		m_4	n_4	k_4		
0	1	11.37	75.79	5.08	0.999	0.533
	1.25	14.53	81.19	5.95	0.998	2.22
	1.5	19.06	82.48	6.58	0.998	2.10
	1.75	22.93	82.71	6.79	0.998	2.35
	2	25.81	82.95	7.33	0.998	2.02
10	1	11.12	63.95	6.26	0.999	0.32
	1.25	13.81	69.62	6.31	0.998	1.60
	1.5	18.37	71.08	6.87	0.998	1.81
	1.75	22.07	71.49	7.37	0.998	1.66
	2	25.09	71.58	7.84	0.998	1.63
20	1	10.80	52.28	6.46	0.999	0.196
	1.25	13.09	58.56	6.51	0.998	1.15
	1.5	17.59	59.87	7.21	0.998	1.17
	1.75	21.27	60.20	7.90	0.998	1.02
	2	24.23	60.35	8.50	0.999	0.94
30	1	12.54	42.45	6.91	0.999	0.10
	1.25	11.59	46.78	6.67	0.999	0.58
	1.5	17.37	52.11	7.81	0.999	0.68
	1.75	21.33	52.66	8.53	0.999	0.68
	2	23.35	49.25	9.63	0.999	0.38
40	1	10.34	29.05	7.22	0.999	0.05
	1.25	11.62	36.16	7.27	0.998	0.41
	1.5	15.88	37.71	8.81	0.999	0.29
	1.75	19.49	38.11	10.47	0.999	0.19
	2	22.32	38.37	12.52	0.999	0.07

第 3 节　地应力非均匀系数对井壁应力影响分析

根据表 3-3 中周向应力计算结果，提取井壁周向应力最大值，列于表 3-14。

表 3-14　不同内压、地应力不均匀系数下井壁最大周向应力

地应力不均匀系数	内压/MPa				
	0	10	20	30	40
1	100	96	92	92	84
1. 25	110	106	102	96. 4	94
1. 5	116. 7	112. 7	108. 7	109	100. 7
1. 75	121. 4	117. 4	113. 4	114. 3	105. 4
2	125	121	117	113	109

利用表 3-14 数据绘制曲线图如图 3-6 所示。

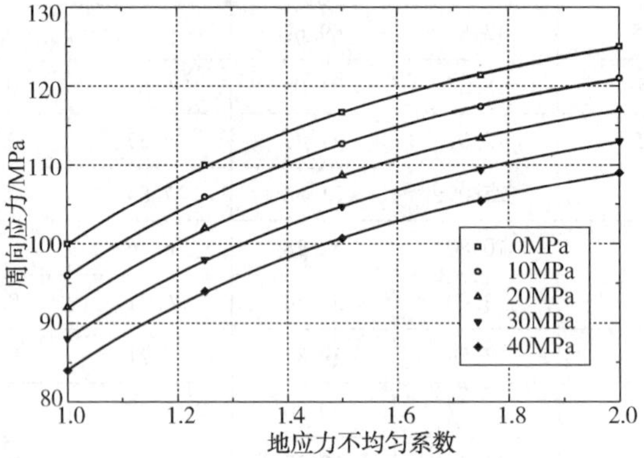

图 3-6　不同井筒内压下的井壁最大周向应力与应力不均匀系数变化曲线

由图 3-6 可以看出，在不同井筒内压下，井壁最大周向应力随着地应力不均匀系数的增加呈指数关系增加；在相同水平地应力不均匀系数的情况下，随着井筒内压的增加呈线性减小。对图 3-6 中不同井筒内压下的周向应力随地应力不均匀系数变化曲线拟合结果如下：

$$y_0 = 132.7 - 136.6 \times e^{-1.43x} \quad C = 0.999 \tag{3-17}$$

$$y_{10} = 128.7 - 136.6 \times e^{-1.43x} \quad C = 0.999 \tag{3-18}$$

$$y_{20} = 124.7 - 136.6 \times e^{-1.43x} \quad C = 0.999 \tag{3-19}$$

$$y_{30} = 120.7 - 136.6 \times e^{-1.43x} \quad C = 0.999 \tag{3-20}$$

$$y_{40} = 116.7 - 136.6 \times e^{-1.43x} \quad C = 0.999 \tag{3-21}$$

相关系数 C 接近于 1，说明函数拟合较好，符合参数点的变化规律。

利用表 3-6 的计算结果，提取不同内压、不同地应力不均匀系数下井壁最大径向应力列于表 3-15。可以看出，井壁最大径向应力与地应力不均匀系数无关，等于井筒内压。

表 3-15　不同应力和非均匀系数下的井壁最大径向应力

地应力不均匀系数	内压/MPa				
	0	10	20	30	40
1	0	10	20	30	40
1. 25	0	10	20	30	40
1. 5	0	10	20	30	40
1. 75	0	10	20	30	40
2	0	10	20	30	40

利用表 3-9 的计算结果，提取井壁剪应力最大值，列于表 3-16，并绘制井壁最大剪应力随地应力不均匀系数的变化曲线，如图 3-7 所示。

表 3-16　不同地应力不均匀系数下的井壁最大剪应力

地应力不均匀系数	内压/MPa				
	0	10	20	30	40
1	50	43	36	31	22
1. 25	55	48	41	33. 2	27
1. 5	58. 4	51. 3	44. 3	39. 5	30. 3
1. 75	60. 7	53. 7	46. 7	42. 1	32. 7
2	62. 5	55. 5	48. 5	41. 5	34. 5

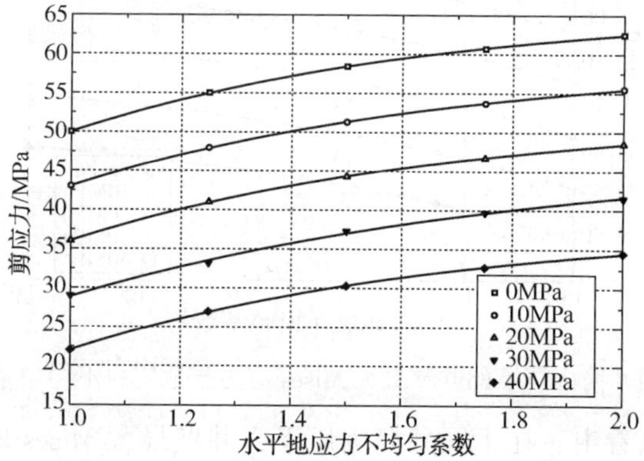

图 3-7　不同井筒内压下的井壁最大剪应力与应力不均匀系数变化曲线

由图 3-7 可以看出，在不同井筒内压下，井壁最大剪应力随着地应力不均匀系数的增加呈指数关系增加；在相同水平地应力不均匀系数的情况下，随着井筒内压的增加呈线性减小。图 3-7 中井壁最大剪应力随水平地应力不均匀系数的变化曲线拟合结果如下：

$$y_0=66.26-69.22e^{-1.45x} \quad C=0.999 \tag{3-22}$$

$$y_{10}=59.5-67.44e^{-1.41x} \quad C=0.999 \tag{3-23}$$

$$y_{20}=52.45-67.44e^{-1.41x} \quad C=0.999 \tag{3-24}$$

$$y_{30}=47.47-58.78e^{-1.15x} \quad C=0.995 \tag{3-25}$$

$$y_{40}=38.45-67.44e^{-1.41x} \quad C=0.997 \tag{3-26}$$

相关系数 C 接近于 1，说明函数拟合较好，符合参数点的变化规律。

利用表 3-12 的计算结果，提取井壁 Mises 应力最大值，列于表 3-17，并绘制井壁最大 Mises 应力随地应力不均匀系数的变化曲线，如图 3-8 所示。

表 3-17　不同应力、不均匀系数下的井壁最大 Mises 应力

地应力不均匀系数	内压/MPa				
	0	10	20	30	40
1	87.2	75.1	63.1	55	39.4
1.25	95.8	83.8	71.7	58.4	47.8
1.5	101.6	89.5	77.5	69.5	53.6
1.75	105.7	93.6	81.5	74	57.6
2	108.8	96.7	84.6	72.6	60.7

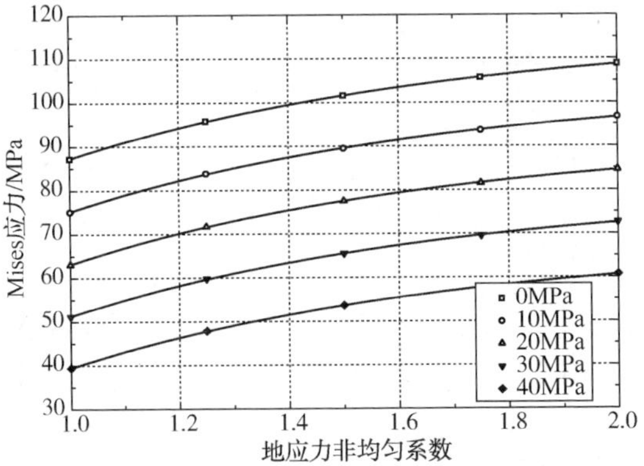

图 3-8　不同井筒内压下的井壁最大 Mises 应力与地应力不均匀系数变化曲线

由图 3-8 可以看出，在不同井筒内压下，井壁最大 Mises 应力随着地应力不均匀系数的增加呈指数关系增加；在相同水平地应力不均匀系数的情况下，随着井筒内压的增加呈线性减小。说明地应力不均匀系数越高，当井筒内压较小时，套管受力越大，容易引起套管失效。图 3-8 中井壁最大 Mises 应力随水平地应力不均匀系数的变化曲线拟合结果如下：

$$y_0 = 115.6 - 117.0e^{-1.41x} \quad C = 0.999 \tag{3-27}$$

$$y_{10} = 103.3 - 118.5e^{-1.43x} \quad C = 0.999 \tag{3-28}$$

$$y_{20} = 91.2 - 118.2e^{-1.44x} \quad C = 0.999 \tag{3-29}$$

$$y_{30} = 79.1 - 117.58e^{-1.44x} \quad C = 0.999 \tag{3-30}$$

$$y_{40} = 67.57 - 114.0e^{-1.40x} \quad C = 0.999 \tag{3-31}$$

相关系数 C 接近于 1，说明函数拟合较好，符合参数点的变化规律。

第4章 套管剩余强度计算

油气井套管损伤形式多样，损伤因素非常复杂，本章主要讨论了腐蚀和磨损两种损伤模式对套管剩余强度的影响。首先根据现场调研，对现场损伤套管进行分类处理，建立简化模型，分别采用理论分析及有限元模拟的方法计算得到损伤套管的剩余强度，并对其变化规律进行拟合分析，获得油气井套管剩余强度变化曲线，为后文油气田套管可靠度设计及定量安全评价提供基础数据。

第1节 套管损伤形式

套管作为油田开采安全生产的重要保护措施，其安全状态是非常重要的。随着油田的开采，套管不可避免地会发生各式各样的损坏。石油套管在井下不仅与腐蚀性介质直接接触，同时还承受拉伸、弯曲、挤压等复杂应力的作用，其苛刻的工作环境直接影响其寿命长短。在实际作业中，套管失效的形式一般包括套管错断、套管裂开、套管径向变形或挤毁、套管剪断、套管屈曲失稳、腐蚀和磨损等形式。

一、套管腐蚀

大多数气井所处的井下环境十分恶劣，气井压力高，腐蚀性介质多、含量高，使井下的套管发生严重的腐蚀破坏。影响气井腐蚀的主要因素是 H_2S、CO_2、Cl^-以及这3种因素的共同作用产生的结果。除此之外，在酸化作业中，由于排液不彻底，挤入深度地层酸没有排出，随着生产，气流带出沉入井底，井的下部含有大量没有排出的残酸，使井的下部 pH 值下降，氢离子浓度增加，从而加速油管腐蚀。

在多数油田中，套管腐蚀是一个严重的问题，对油气资源开采造成很大的浪费。井中套管内表面和外表面都产生腐蚀。内腐蚀主要属于点腐蚀类型，一般是因井内液体侵蚀引起的；局部点腐蚀是由套管金属和铁屑之间的电化作用或硫化氢腐蚀产生的。

在套管接箍周围有不同的腐蚀电池时，发生体部腐蚀。只在接箍一边产生点蚀的趋势表明，可能是涂层和铁屑的破坏，增大了腐蚀的敏感性。一般残留在接头上的涂层和铁屑是不受破坏的。这种表面破坏可能发生在仓库或下入井内的套管。在这些情况下可发生阳极反应。小的阳极和大的阴极区将产生严重的局部腐蚀。图 4-1 为现场点验套管腐蚀图片。

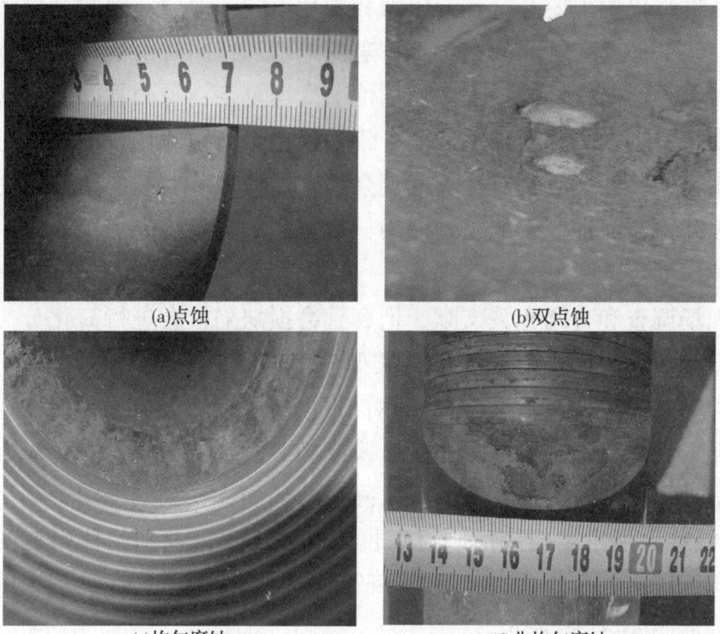

(a)点蚀　(b)双点蚀　(c)均匀腐蚀　(d)非均匀腐蚀

图 4-1　套管腐蚀现场调研图片

当相邻腐蚀缺陷之间距离较近时，应力可能会发生相互作用。如果这样的话，就不能简单地按照单腐蚀缺陷的情况来处理，因为双腐蚀缺陷按照单腐蚀缺陷叠加计算的话，结果趋于保守。实际上，套管腐蚀缺陷的分布往往呈现出随机性，有的部分以单腐蚀坑形式出现，有的部分是相邻的多个腐蚀坑不规则分布。在一般情况下，按照腐蚀缺陷分布位置的不同，将相邻腐蚀缺陷主要分为以下 4 种简化模型，如图 4-2 所示。

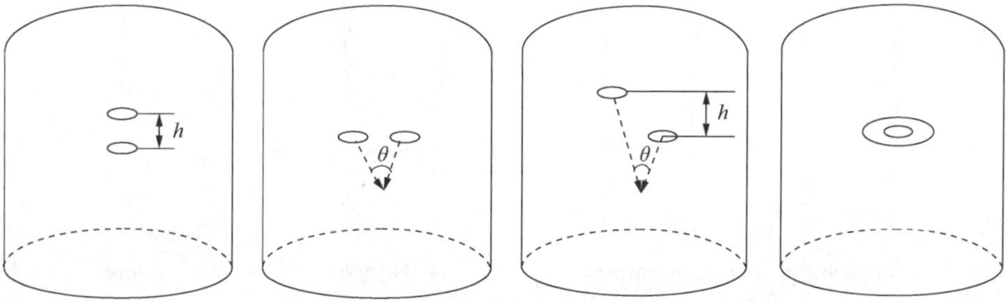

图 4-2　点蚀简化模型示意图

二、套管磨损

在深井和超深井钻进过程中，套管磨损是一个日益突出的问题。由于深井和超深井在钻进过程中需要穿过各种压力和岩性不同的地层，因此会导致井眼轨迹变化复杂，使钻杆与套管间的摩擦不可避免地增加；同时由于钻杆长度大、刚度小、挠度大等，钻杆在钻进过程中运动情况变得复杂；与套管间发生接触、磨损和刮伤，使得套管剩余强度降低。而套管不仅要保证钻井作业的正常进行，还必须确保套管在钻井完成后具有足够的剩余强度以便完成后续的固井、完井以及生产作业。因此，为保证套管的正常使用，对偏磨后套管的应力预测成为油气田安全生产的关键问题之一。

通过现场调查和查阅相关文献，把套管磨损缺陷形态进行简化分类，可以分为均匀磨损和非均匀磨损(偏磨)两种类型。

对于均匀磨损类型，根据现场实际，将均匀磨损的磨损形状简化成两种描述形式：圆弧形和船底形(两端为过渡圆弧或椭圆弧)。圆弧形可以认为是球面在套管内壁滚动切除形成的，在空间上实际是凹环面，在纵剖视图中其形式为椭圆形，如图4-3(a)所示；船底形则可以视为圆柱面，以及和圆柱面在两端相切的圆环面或椭圆环面在套管的内壁滚动切除形成的空间形状，在纵剖视图中显示为船底状形，如图4-3(b)所示。

套管磨损中常见的非均匀磨损(偏磨)往往为半月形和“8”字形，如图4-3(c)和图4-3(d)所示。偏磨多是由于各种原因致使套管偏心等导致钻柱与套管接触、摩擦，从而在套管内壁的部分区域产生磨损。理想偏磨的磨损部分从套管的横剖面上来看为两个圆弧面的交集部分，呈月牙形；若在套管的同一截面处存在两处呈对称的月牙形磨损，则称其为“8”字形偏磨。

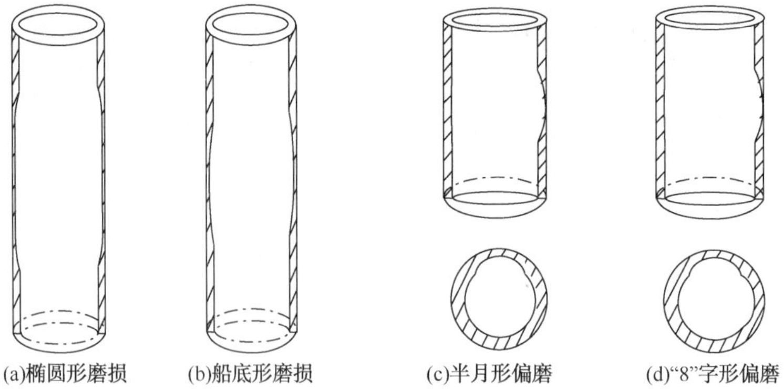

图4-3　套管偏磨简化模型示意图

第 2 节　点蚀坑简化方式对套管剩余强度的影响

随着井下工况日益复杂，油田酸性易腐蚀地层不断开采，导致完井套管腐蚀问题越来越严重，在非常规气井尤其显著。目前，国内外针对套管腐蚀问题做了大量的试验和数值模拟研究。而在工程应用中，国内外对点蚀坑具体形态的处理上还存在较大的差异，如球形、圆柱、圆锥、球底柱等。这些简化方式与实际点蚀坑是有差别的，与套管实际剩余强度误差有多大，并没有准确的概念。鉴于此，根据非常规气井现场采集图片的典型点蚀坑形态，建立了椭圆、扫略、实际 3 种点蚀套管简化模型，研究不同点蚀坑简化方法对套管剩余强度的影响，并对点蚀套管剩余强度曲线进行修正，为腐蚀环境完井套管的可靠性评估提供基础数据。

一、点蚀坑的三种简化方式

通过对某非常规气井完井套管现场调研，选取某一典型腐蚀坑形貌，如图 4–4 所示。沿短轴方向截取一剖面线，如图 4–5 下方所示。可以看出，该点蚀坑的截面形状属于类椭圆的一种形态。令点蚀坑三条轴线半长分别为 a、b、c，在图 4–5 中标出。

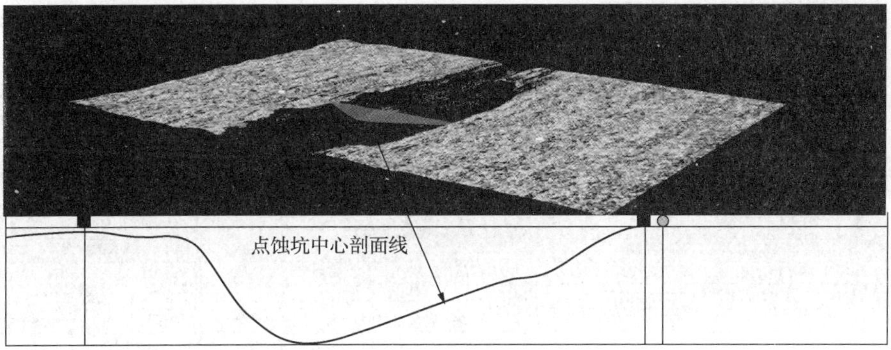

图 4–4　点蚀坑三维体式显微镜观察结果图

第一种建模方式采用半椭球模型，点蚀坑长宽深分别作为椭球的三个轴，如图 4–5(a)所示。

第二种建模方式采用半椭圆扫略类椭球模型，以点蚀坑的宽度和深度为椭圆的长轴和短轴，按图 4–5(b)所标方向扫略，扫略半径为 R，则：

$$R=\frac{a^2+c^2}{2c} \tag{4-1}$$

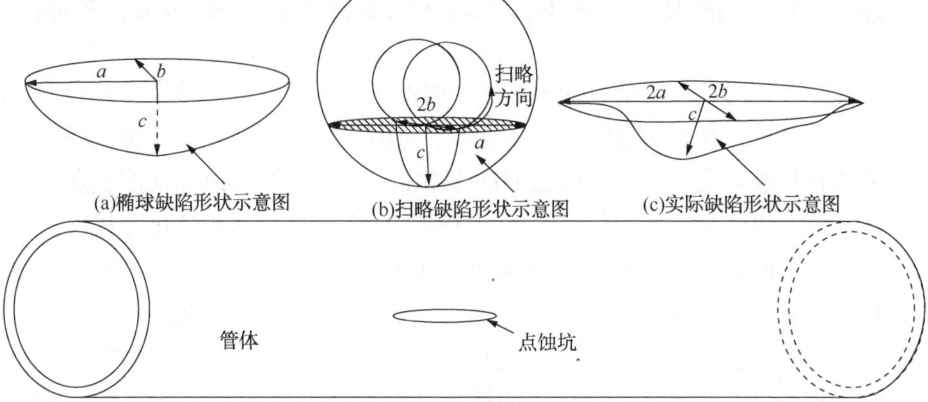

图 4-5　建模简化方式

得到第二种点蚀坑形态，如图 4-5(b)所示。

第三种建模方式，按照图 4-4 剖面线平滑生成，如图 4-5(c)所示。

选用 P110 管材，外径 88.9mm，壁厚 6.45mm，弹性模量 206GPa，泊松比 0.29，管材屈服强度和抗拉强度按照 API SPEC 5CT 规定的 P110 钢级下限值确定，分别为 758MPa 和 793MPa。采用四面体单元建立点蚀套管的数值模型及网格划分图，如图 4-6 所示。

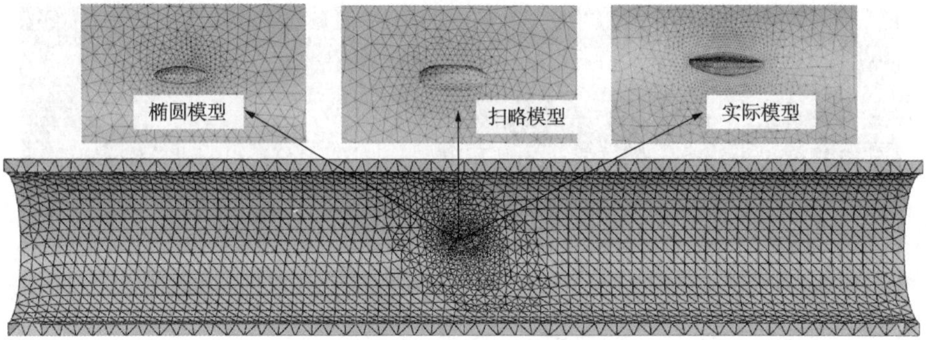

图 4-6　点蚀简化模型网格划分图

二、　点蚀简化模型下的套管剩余强度分析

1. 套管失效准则

对于套管的抗外挤和抗内压采用管材的屈服应力，对于套管抗拉极限则采用套管抗拉强度，即在外挤和内压荷载条件下，套管最大 Von Mises 应力达到管材屈服强度，或在外拉荷载下，套管最大 Von Mises 应力达到管材抗拉强度时，认

为管材达到强度极限，此时的荷载值即为点蚀缺陷套管剩余强度。表达式如下：

$$\sigma_{rd4}=\sqrt{\frac{1}{2}[(\sigma_1-\sigma_2)^2+(\sigma_3-\sigma_2)^2+(\sigma_1-\sigma_3)^2]}=[\sigma] \tag{4-2}$$

式中，σ_{rd4}为 Mises 应力，MPa；σ_1为 1 方向主应力，MPa；σ_2为 2 方向主应力，MPa；σ_3为 3 方向主应力，MPa；$[\sigma]$为许用应力，MPa。

2. 模拟结果分析

为得到不同深度点蚀坑对套管剩余强度的影响，点蚀深度分别取壁厚的 5%、25%、50%、75%四种工况，管材长度取 500mm，缺陷长轴取 2.5 倍壁厚，短轴取 1 倍壁厚，建立 3 种简化方式下的套管有限元分析模型。图 4-7 为 3 种建模方式下的缺陷处 Mises 应力云图。可以看出，3 种点蚀套管简化方法套管应力集中均出现在点蚀中心处，实际简化模型应力集中区域范围高于其他两种。

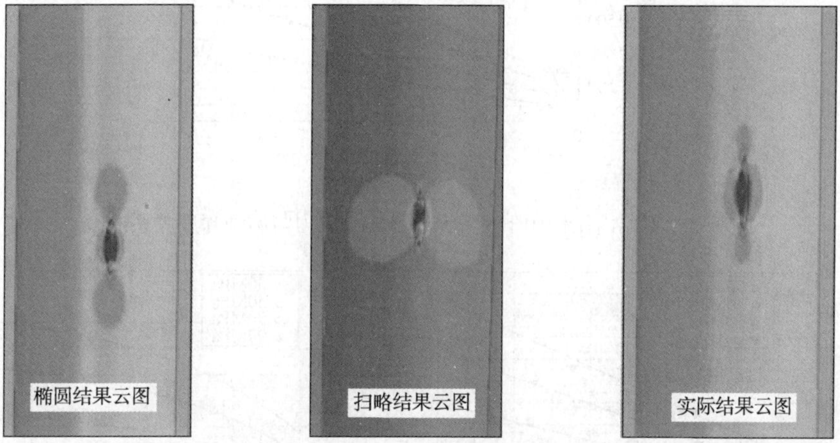

图 4-7　有限元计算结果云图

取不同外载作用下套管最大 Mises 应力绘制成套管最大 Mises 应力-腐蚀深度曲线图，如图 4-8～图 4-10 所示。可以看出，在半椭球简化模型中，套管剩余抗挤、抗内压和抗拉强度均随着腐蚀深度的增加而线性增加；在扫略简化模型中，套管剩余抗挤、抗内压和抗拉强度均随着腐蚀深度的增加而呈指数增加；而在实际简化模型中，套管剩余抗挤、抗内压和抗拉强度均随着腐蚀深度的增加而呈二次函数增加。

根据模拟结果可以得到椭球简化模型最大 Mises 应力和腐蚀深度的线性拟合关系曲线函数：

$$y_5=a_5+b_5x_5 \tag{4-3}$$

式中，a_5，b_5为待定系数，列于表 4-1；x_5为腐蚀缺陷深度，mm；y_5为该腐蚀深度下套管最大 Mises 应力，MPa。

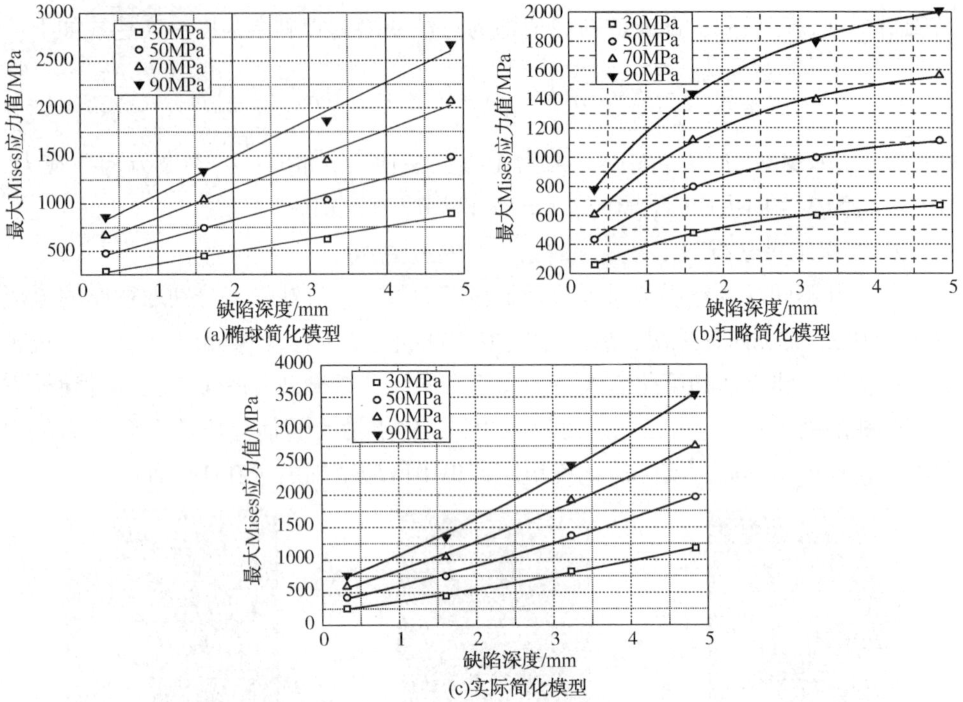

图 4-8　不同内压作用下套管最大 Mises 应力与腐蚀深度关系曲线

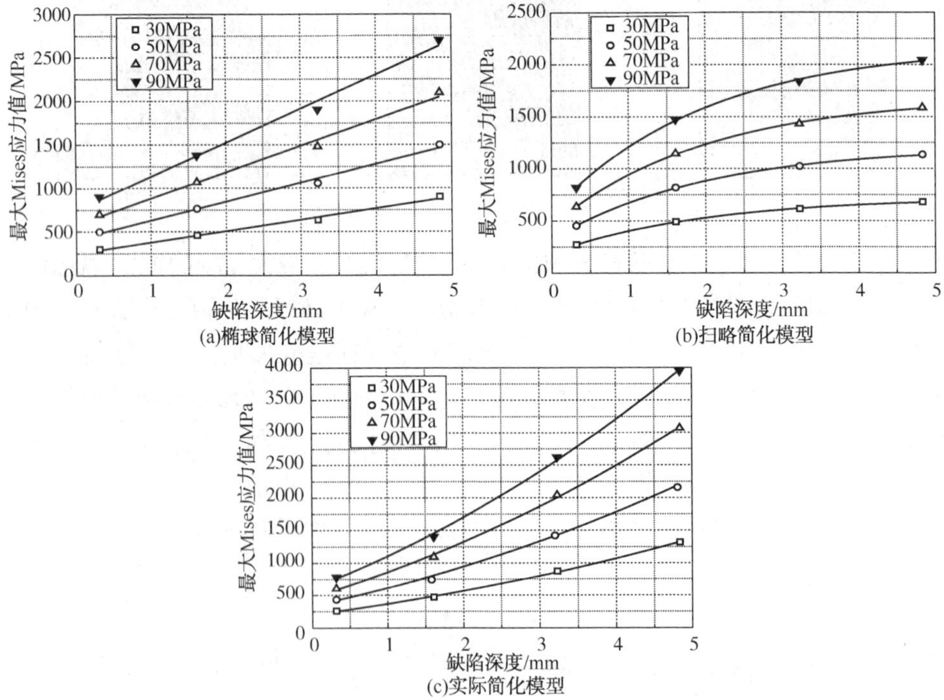

图 4-9　不同外挤作用下套管最大 Mises 应力与腐蚀深度关系曲线

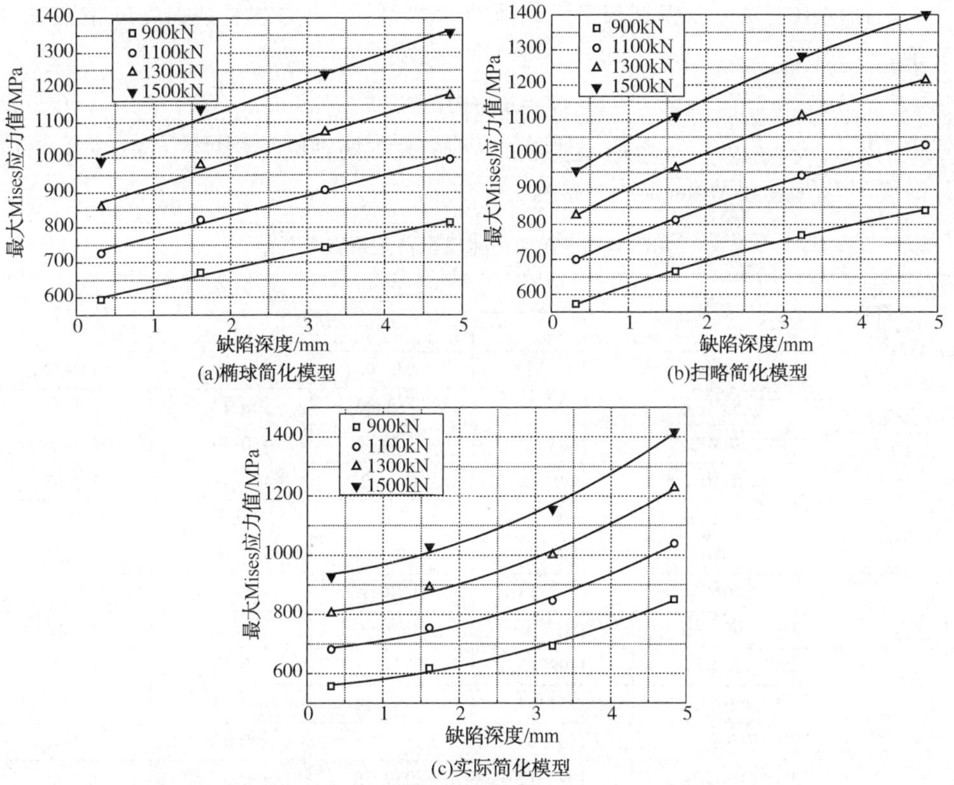

图 4-10　不同拉伸作用下套管最大 Mises 应力与腐蚀深度关系曲线

表 4-1　椭球简化模型待定系数表

椭球	载荷	待定系数		相关系数 C
		a_5	b_5	
内压	30MPa	233.44	130.93	0.9865
	50MPa	389.23	218.12	0.9865
	70MPa	545.02	305.31	0.9865
	90MPa	700.81	392.49	0.9865
外挤	30MPa	246.9	130.35	0.9866
	50MPa	411.61	217.2	0.9869
	70MPa	576.32	304.05	0.987
	90MPa	741.02	390.9	0.9871
拉伸	900KN	585.12	48.07	0.9928
	1100KN	715.65	58.72	0.9918
	1300KN	849.72	68.74	0.9838
	1500KN	983.79	78.76	0.9759

根据模拟结果可以得到扫略简化模型最大 Mises 应力和腐蚀深度的指数拟合关系曲线函数：

$$y_6=m_6+n_6e^{-k_6x_6} \quad (4-4)$$

式中，m_6，n_6，k_6为待定系数，列于表4-2；x_6为腐蚀缺陷深度，mm；y_6为该腐蚀深度下套管最大 Mises 应力，MPa。

表 4-2　扫略简化模型待定系数表

扫略	荷载	待定系数			相关系数 C
		m_6	n_6	k_6	
内压	30MPa	714.71	-531.02	0.49	0.9972
	50MPa	1191.74	-885.42	0.49	0.997
	70MPa	1668.78	-1239.82	0.49	0.9969
	90MPa	2145.82	-1594.22	0.49	0.9968
外挤	30MPa	724.01	-528.74	0.5	0.9981
	50MPa	1208.37	-882.74	0.5	0.9982
	70MPa	1692.73	-1236.73	0.5	0.9982
	90MPa	2177.1	-1590.72	0.5	0.9983
拉伸	900KN	1108.85	-564.28	0.15	0.9983
	1100KN	1354.94	-689.27	0.15	0.9985
	1300KN	1601.03	-814.26	0.15	0.9985
	1500KN	1847.12	-939.25	0.15	0.9986

根据模拟结果可以得到实际简化模型最大 Mises 应力和腐蚀深度的二次函数拟合关系曲线函数：

$$y_7=l_7+b_{17}x_7+b_{27}x_7{}^2 \quad (4-5)$$

式中，l_7，b_{17}，b_{27}为待定系数，列于表4-3；x_7为腐蚀缺陷深度，mm；y_7为该腐蚀深度下套管最大 Mises 应力，MPa。

表 4-3　实际简化模型待定系数表

实际	荷载	待定系数			相关系数 C
		l_7	b_{17}	b_{27}	
内压	30MPa	193.72	155.39	10.29	0.9939
	50MPa	322.86	258.99	17.15	0.9939
	70MPa	452.01	362.57	24	0.9939
	90MPa	585.06	458.99	32.13	0.9946
外挤	30MPa	204.57	145.45	17.59	0.9971
	50MPa	340.95	242.43	29.32	0.9971
	70MPa	477.33	339.39	41.05	0.9971
	90MPa	613.71	436.36	52.78	0.9971

续表

实际	荷载	待定系数			相关系数 C
		l_7	b_{17}	b_{27}	
拉伸	900KN	555.48	16.55	9.03	0.983
	1100KN	678.93	20.23	11.03	0.983
	1300KN	802.37	23.9	13.04	0.983
	1500KN	925.81	27.58	15.05	0.983

由表中数据可知，相关系数 C 接近于 1，说明对模拟结果的拟合具有较高的可信度。对比 3 种简化方式的拟合曲线可知，不同简化方式对套管最大 Mises 应力影响较大，尤其腐蚀深度越深，套管最大 Mises 应力差别越大。故在对点蚀缺陷进行简化处理时，应注意简化方式对套管剩余强度的影响。

3. 腐蚀套管剩余强度分析

根据数值模拟结果，计算不同腐蚀深度下套管的剩余抗内压、抗挤及抗拉强度，拟合 3 种简化方式下，套管抗挤、抗内压、抗拉剩余强度随腐蚀深度的变化曲线，如图 4-11 所示。

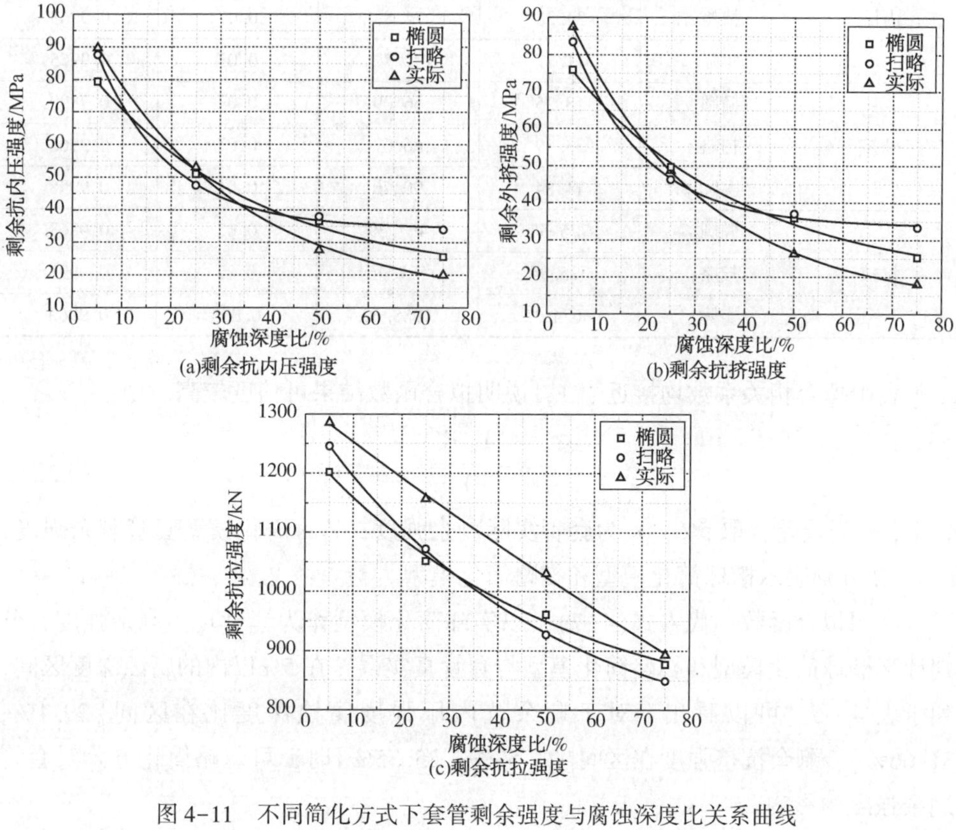

图 4-11　不同简化方式下套管剩余强度与腐蚀深度比关系曲线

由图 4-11 可以看出，对于套管剩余抗内压和抗拉强度，当腐蚀深度较小时，扫略模型更接近于实际工况。随着腐蚀增加，3 种简化模型套管剩余强度计算结果趋于相同，而腐蚀深度超过一个定值后，椭球简化模型更接近于真实；对于套管剩余抗拉强度，实际简化模型可近似为一条直线，椭球模型和扫略模型则呈指数变化。当腐蚀缺陷较小时，扫略更接近真实，随着腐蚀增加，椭球简化模型更接近于真实工况。根据模拟结果，可以看出套管剩余强度和腐蚀深度呈指数关系，拟合关系曲线函数如下：

$$Y_8 = m_8 + n_8 e^{-k_8 x_8} \tag{4-6}$$

式中，m_8，n_8，k_8为待定系数，列于表 4-4；x_8为腐蚀缺陷深度，mm；Y_8为该腐蚀深度下套管最大 Mises 应力，MPa。

表 4-4　套管剩余强度

	简化模型	待定系数			相关系数 C
		m_8	n_8	k_8	
内压	椭圆	18.86	69.79	0.03	0.9896
	扫略	34.38	74.83	0.07	0.9963
	实际	11.27	92.72	0.03	0.9955
外挤	椭圆	18.25	66.09	0.03	0.9899
	扫略	33.59	66.67	0.07	0.9968
	实际	11.84	90.76	0.04	0.9998
抗拉	椭圆	775.58	467.39	0.02	0.9868
	扫略	725.94	577.46	0.02	0.9995
	实际	-674.15	1988.62	0.003	0.9969

表中拟合相关系数均接近于 1，说明拟合函数结果可信度较高。令：

$$\varepsilon = \frac{Y_3 - Y_i}{Y_3} \tag{4-7}$$

式中，ε 为误差，取 5%；Y_3为套管实际剩余强度；Y_i为简化模型套管剩余强度，$i=1$，2 分别表示椭球简化模型和扫略简化模型。

利用拟合函数，代入式(4-7)，以实际简化模型作为套管真实剩余强度，分别计算椭球简化模型和扫略简化模型与套管真实误差在 5%以内的腐蚀深度区间，列于表 4-5。可以看出，对于剩余抗内压强度腐蚀深度比在区间[29.1%，31.66%]、剩余抗挤强度在区间[23.53%，25.35%]时，可忽略简化方式对套管剩余强度的影响。

表 4-5　不同简化方式下的合理简化区间表

简化方式	简化合理区间		
	抗内压	抗挤	抗拉
椭球	[17.02%, 31.66%]	[14.77%, 25.35%]	[61.89%, 92.57%]
扫略	[0%, 7.01%], [29.10%, 37.73%]	[0%5.35%], [23.53%, 33.02%]	[0%, 11.3%]

第 3 节　腐蚀套管剩余强度计算

一、单点腐蚀套管应力集中计算

腐蚀坑的存在使损伤套管在受到荷载作用时，产生应力集中，破坏套管受力完整性，容易引起套管失效。本节推导在已知点蚀坑几何形状和尺寸的情况下，点蚀套管应力集中系数的解析公式。

套管点蚀应力集中(S_F)的计算公式都是基于带有球形空腔的无限半径圆筒的确定的应力分布表达式。应力集中最强的部位 z 轴轴向上的应力分布 σ_z 可以表达为：

$$\sigma_z=\sigma_t\left[1+\frac{4-5\upsilon_t}{2(7-5\upsilon_t)}\frac{r_t^3}{r^3}+\frac{9}{2(7-5\upsilon_t)}\frac{r_t^5}{r^5}\right] \tag{4-8}$$

式中，σ_z 为轴向应力，MPa；σ_t 为 z 轴向拉应力，MPa；υ_t 为有空腔圆筒的泊松比；r_t 为形腐蚀坑半径，mm；r 为离中心轴距离，mm。

当 $r_t=r$ 时，得到最大的轴向应力值：

$$\sigma_{z_{max}}=\frac{27-15\upsilon_t}{2(7-5\upsilon_t)}\sigma_t \tag{4-9}$$

1. 浅球形点蚀应力集中

浅球形腐蚀坑是指腐蚀坑深度 h_t 小于坑边缘截面直径的一半，即 $h_t<d_t/2$。套管内壁腐蚀坑剖面图如图 4-12 所示，图 4-13 中阴影部分则为套管应力集中区域。由 Sun K 等提出的应力集中计算如下：

$$S_F=\frac{b_t^2\gamma-(r_t-h_t)\sqrt{b_t^2-(r_t-h_t)^2}}{b_t^2\gamma_t-r_t^2\beta_t-(r_t-h_t)^2(\tan\gamma_t-\tan\beta_t)+\dfrac{r_t^3(4m_t-5m_t\upsilon_t+3r_t^2n_t)}{(7-5\upsilon_t)}}K_t \tag{4-10}$$

$$K_t=\frac{27-15\upsilon_t}{14-10\upsilon_t} \tag{4-11}$$

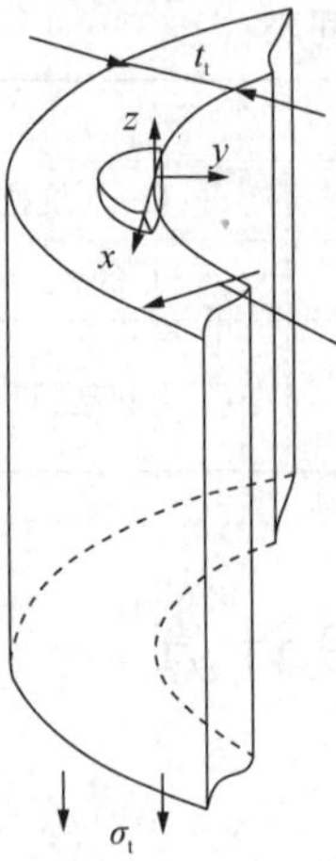

图 4-12　套管壁上腐蚀坑剖面图

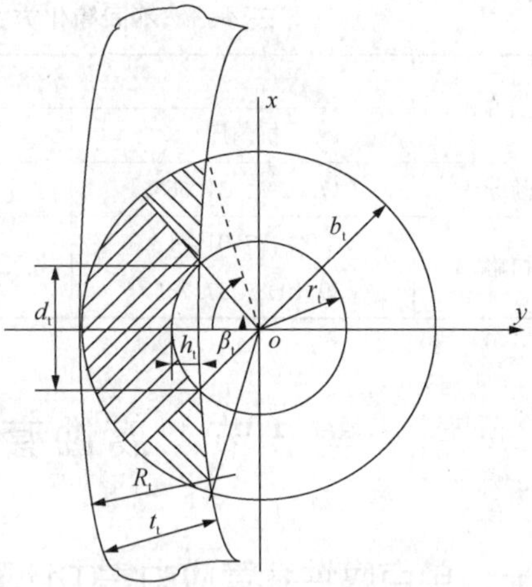

图 4-13　$x-y$ 平面内浅球形腐蚀坑周围的应力分布情况

$$r_t = \frac{d_t^2 + 4h_t^2}{8h_t} \tag{4-12}$$

$$b_t = r_t - h_t + t_t \tag{4-13}$$

$$\beta_t = \cos^{-1}\left(\frac{r_t - h_t}{r_t}\right) \tag{4-14}$$

$$\gamma_t = \cos^{-1}\left(\frac{r_t - h_t}{b_t}\right) \tag{4-15}$$

$$m_t = \frac{\sin\gamma_t - \sin\beta_t}{r_t - h_t} + \frac{\beta_t}{r_t} - \frac{\gamma_t}{b_t} \tag{4-16}$$

$$n_t = \frac{3\sin\gamma_t - 3\sin\beta_t + \sin^3\beta_t}{3\,(r_t - h_t)^3} + \frac{\beta_t}{r_t^3} - \frac{\gamma_t}{b_t^3} \tag{4-17}$$

当知道点蚀坑的直径 d_t 和腐蚀深度 h_t 时，就可以通过式(4-10)计算出套管腐蚀坑附近应力集中值。

2. 半球形点蚀的集中应力(S_F)

半球形点蚀坑是指点蚀深度等于坑蚀截面半径的半球形体，即 $h_t = d_t/2$。应力集中影响区域如图 4-14 阴影所示。该情况下应力集中计算见式(4-18)，其中 K_{1t}、K_{2t} 与 Wang. QZ 所给的表达形式一致。

$$S_F = \frac{\dfrac{27-15v_t}{14-10v_t}}{1 - K_{1t}\dfrac{r_t^3}{t_t^3} - K_{2t}\dfrac{r_t^5}{t_t^5}} \tag{4-18}$$

$$K_{1t}=-\left(\frac{27-15v_t}{14-10v_t}\right)\left[\frac{5-4v_t^2}{(6-4v_t^2)(1+v_t^2)}\right]+2.5 \tag{4-19}$$

$$K_{2t}=\left(\frac{27-15v_t}{14-10v_t}\right)\left[\frac{5-4v_t^2}{(6-4v_t^2)(1+v_t^2)}\right]-1.5 \tag{4-20}$$

3. 深球形点蚀坑的集中应力(S_F)

深球形点蚀坑是指具有较大深度 h_t 的球体，其深度大于球形半径即 $h_t>d_t/2$。深球形点蚀的应力集中区域如图 4-15 所示。其集中应力公式见式(4-21)：

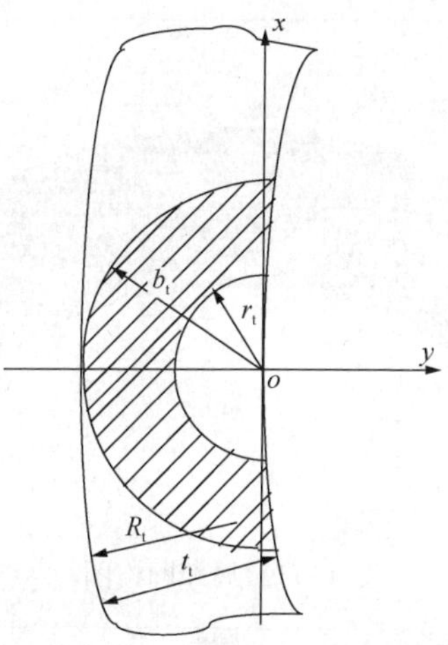

图 4-14　x-y 平面内半球形点蚀坑周围的应力集中分布区域

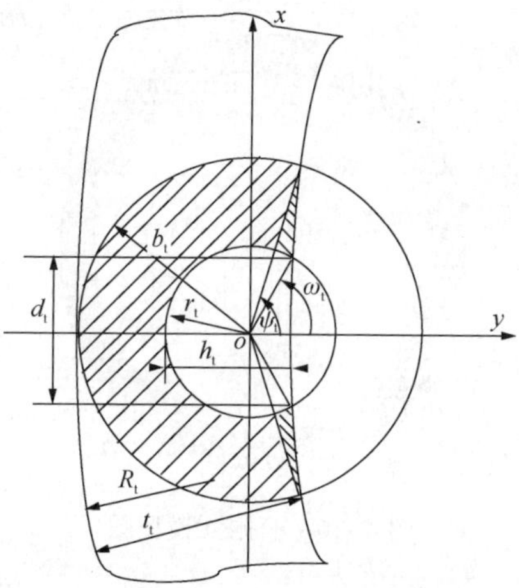

图 4-15　x-y 平面内深球形点蚀坑周围的应力分布情况

$$S_F=\frac{\pi\left[b_t^2-b_t^2\psi_t+(h_t-r_t)\sqrt{b_t^2-(h_t-r_t)^2}\right]K_t}{(b_t^2-r_t^2)(\pi-\psi_t)-r_t^2(\psi_t-\omega_t)+(h_t-a_t)^2(\tan\psi_t-\tan\omega_t)+K_{3t}} \tag{4-21}$$

$$K_{3t}=\frac{r_t^2(4w_t-5v_t w_t+3r_t^3u_t)}{7-5v_t} \tag{4-22}$$

$$w_t=\pi-\omega_t-\frac{r_t(\sin\omega_t-\sin\psi_t)}{h_t-r_t}-\frac{r_t(\pi-\psi_t)}{b_t}+\frac{3(\psi_t-\omega_t)}{4-5v_t} \tag{4-23}$$

$$u_t=\frac{3(\sin\omega_t-\sin\psi_t)+\sin^3\psi_t-\sin^3\omega_t}{3(h_t-r_t)^3}+\frac{\pi-\psi_t}{a_t^3}-\frac{\pi-\psi_t}{b_t^3} \tag{4-24}$$

$$\omega_t=\cos^{-1}\left(\frac{h_t-r_t}{r_t}\right);\ \psi_t=\cos^{-1}\left(\frac{h_t-r_t}{b_t}\right) \tag{4-25}$$

二、点蚀管柱剩余强度有限元计算

采用 solid185 单元建立管柱三维有限元模型，其中管柱力学参数如表 4-6 所示。

表 4-6　两种管柱力学参数

管柱编号	钢级	外径/mm	厚度/mm	弹性模量/GPa	泊松比	屈服强度
管柱 1	P110	88. 9	6. 45	210	0. 3	758
管柱 2	P110	88. 9	7. 45	210	0. 3	758

管柱腐蚀孔洞呈圆形，腐蚀界面呈圆形，有限元模型图如图 4-16 所示；管柱局部网格图如图 4-17 所示；沿管柱外壁施加均匀外压，荷载施加图如图 4-18 所示；将底面全约束，如图 4-19 所示。

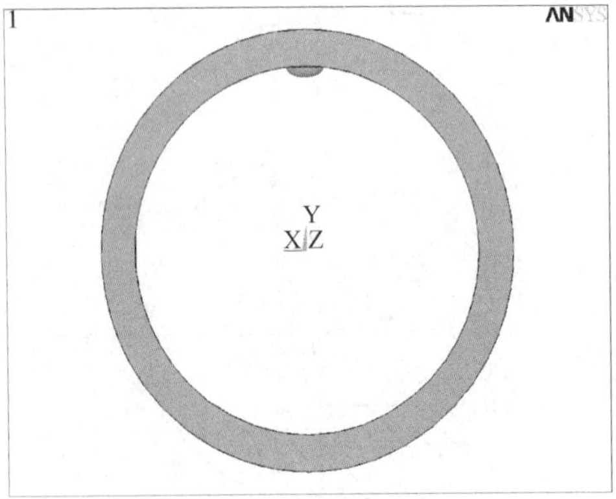

图 4-16　有限元模型图

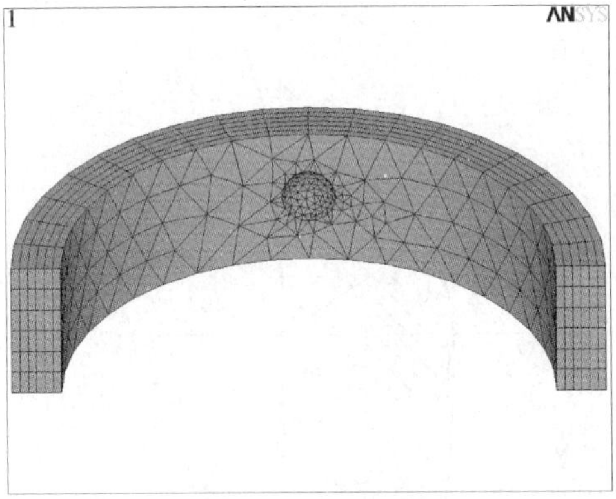

图 4-17　局部网格图

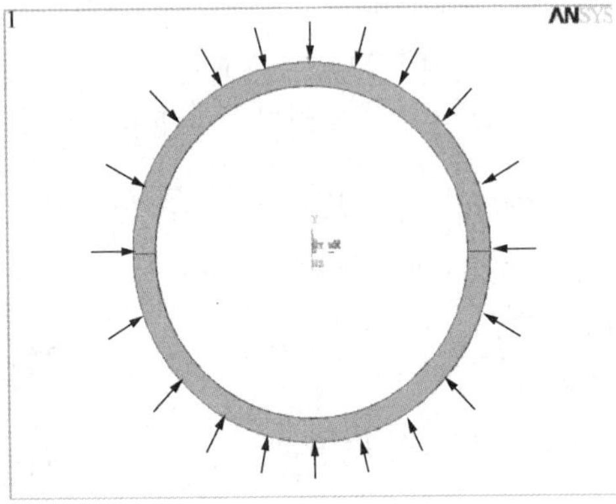

图 4-18　荷载施加图

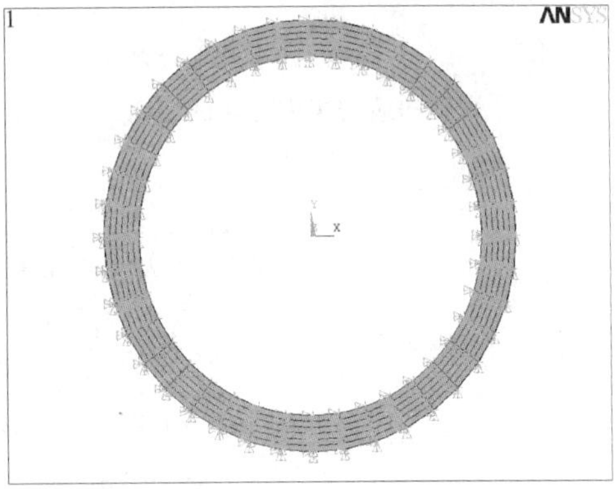

图 4-19　模型约束图

在同一深度下，管柱受外压作用，内壁腐蚀处应力云图如图 4-20 所示。由图可知，最大 Mises 应力位于点蚀孔中心处。最大 Mises 应力随着孔径的增加而减小。

对于一号管柱，外径为 88. 9mm，壁厚为 6. 45mm，均布外压分别为 50MPa、60MPa、70MPa，在不同腐蚀深度下，管柱点蚀孔处最大 Mises 应力随孔径的变化拟合曲线如图 4-21 所示。随着点蚀孔径的增加，点蚀孔处最大 Mises 应力呈线性下降。

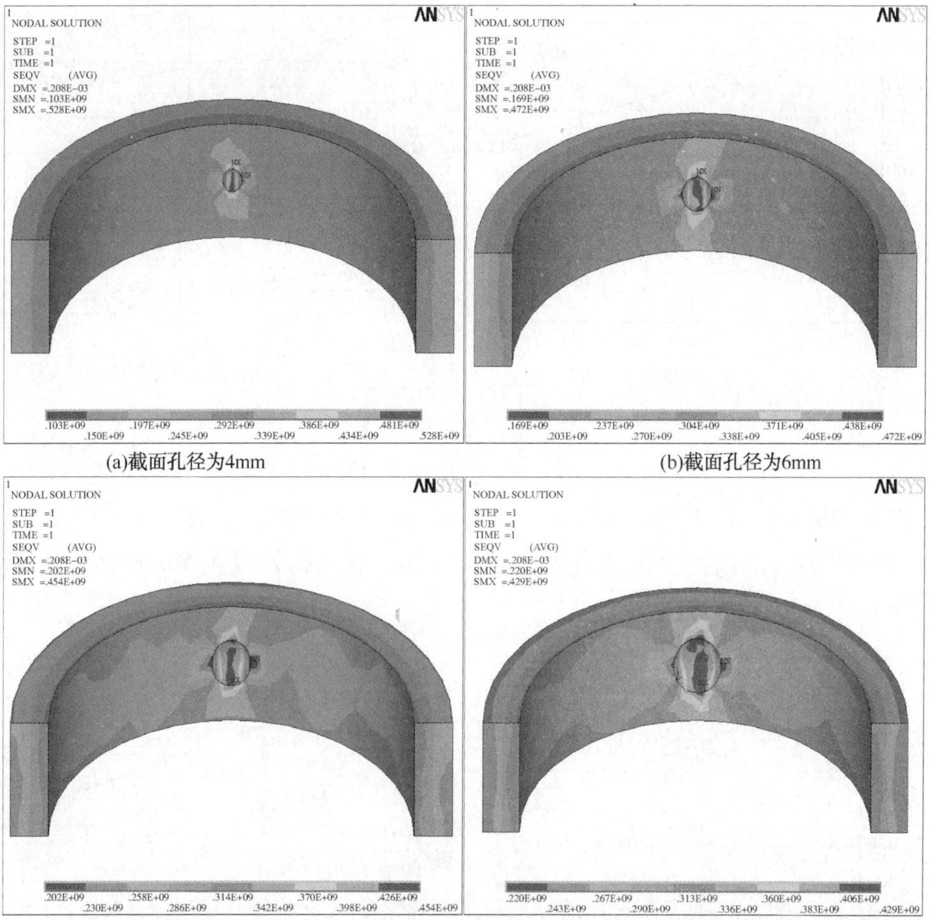

(a)截面孔径为4mm　(b)截面孔径为6mm

(c)截面孔径为8mm　(d)截面孔径为10mm

图 4-20　点蚀管柱局部应力云图(软件出图)

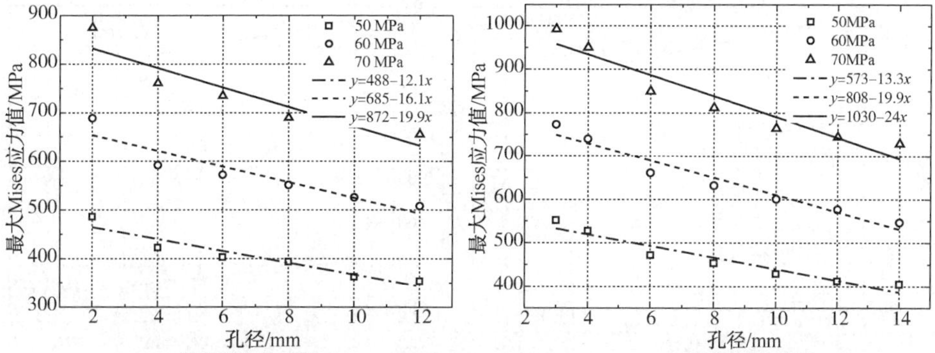

(a) 腐蚀深度为壁厚10%　(b) 腐蚀深度为壁厚25%

图 4-21　点蚀管柱最大 Mises 应力随孔径变化曲线

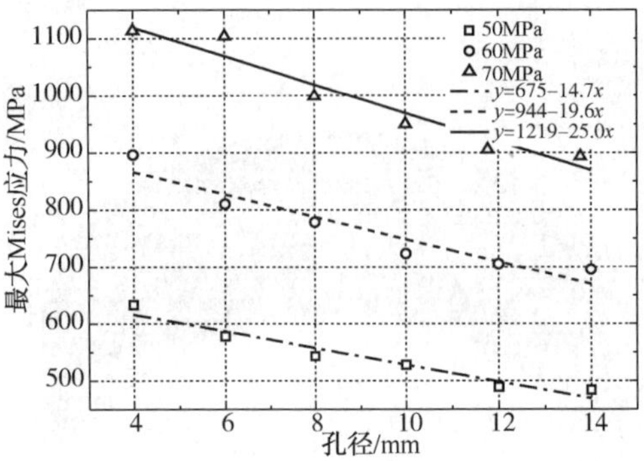

(c) 腐蚀深度为壁厚50%

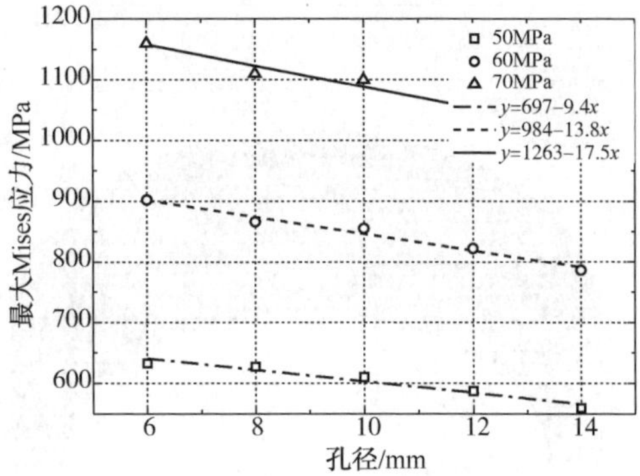

(d)腐蚀深度为壁厚75%

图 4-21　点蚀管柱最大 Mises 应力随孔径变化曲线(续)

对于二号管柱，外径为 88.9mm，壁厚为 7.45mm，均布外压分别为 50MPa、60MPa、70MPa，在不同腐蚀深度下，点蚀孔处最大 Mises 应力随孔径的变化拟合曲线如图 4-22 所示。随着点蚀孔径的增加，点蚀孔处最大 Mises 应力呈线性下降。

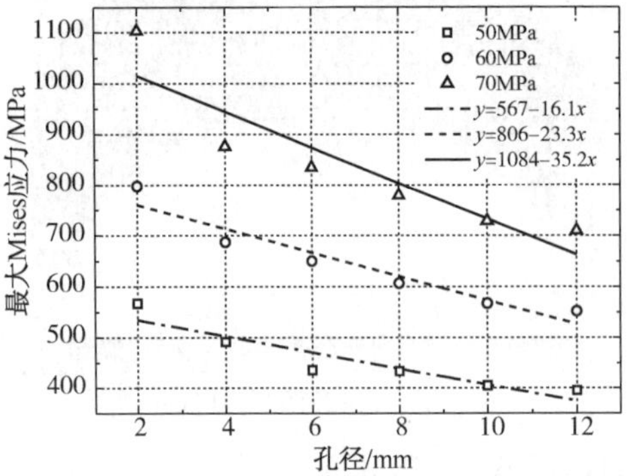

(a)腐蚀深度为壁厚10%

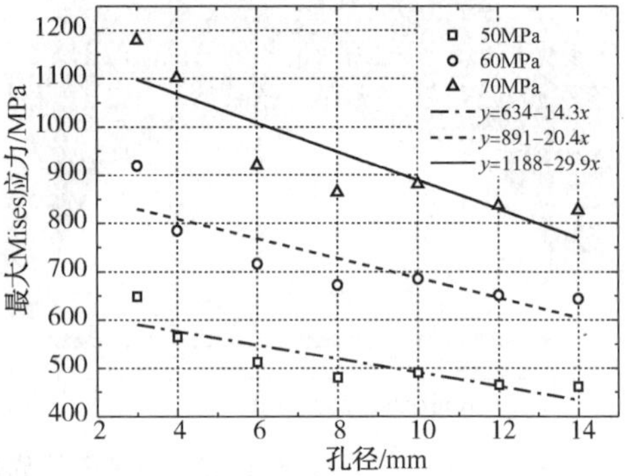

(b) 腐蚀深度为壁厚25%

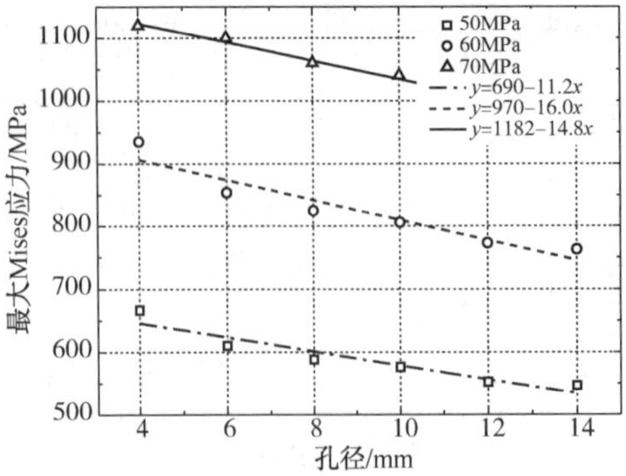

(c)腐蚀深度为壁厚50%

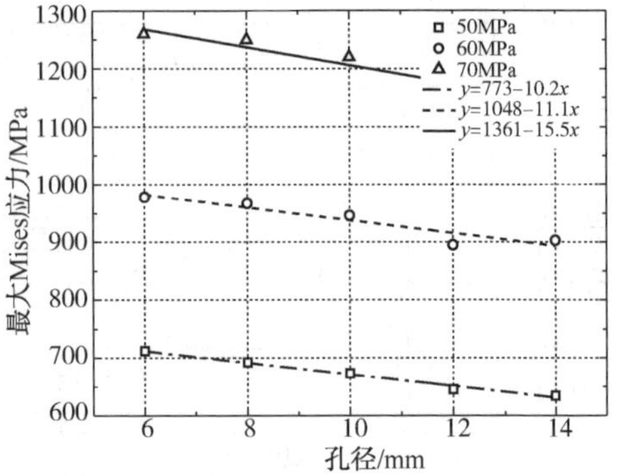

(d) 腐蚀深度为壁厚75%

图 4-22　点蚀管柱最大 Mises 应力随孔径变化曲线

三、双孔腐蚀套管剩余强度有限元模拟

根据现场调研，将常见点蚀孔洞形貌进行简化分类，可以分为类球形、类椭球形和类圆柱形。在实际情况中，通过对大量点蚀坑形貌观察，认为点蚀坑外形最接近于半椭球体，因此建立椭球形状的点蚀缺陷，以更好地符合实际。图 4-23 为椭球形点蚀坑三维形貌图，点蚀截面为椭圆形，其半宽记为 b，其半长记为 c，最大深度记为 t_0。令 $l=c/b$ 记为点蚀截面系数，控制点蚀截面形状，t 为套管壁厚，令 $t'=t_0/t$ 为相对点蚀深度。

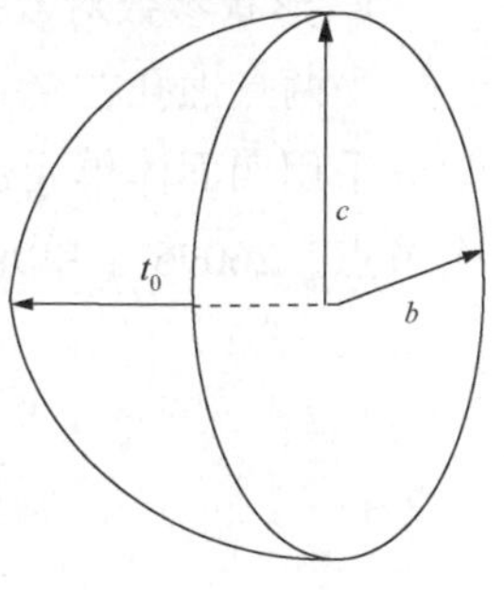

图 4-23　点蚀缺陷三维形貌图

现场套管双点蚀分布类型分为以下 4 类，即轴向、径向、交叉及复合形式，如图 4-24 所示。套管材料选用能很好地适应于非常规环境的 TP110 钢，管材参数如表 4-7 所示。

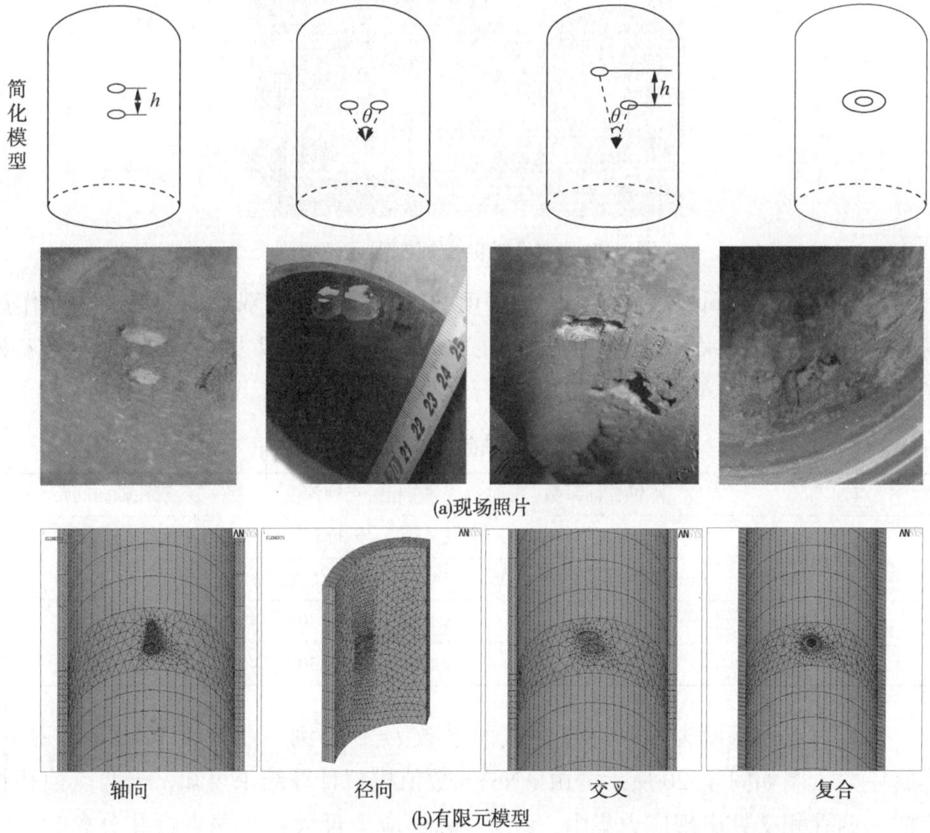

(b)有限元模型

图 4-24　双点蚀套管类型示意图

表 4-7 套管参数表

管材外径/m	管材壁厚/m	弹性模量/GPa	泊松比	屈服强度/MPa
0.1778	0.00919	206	0.3	837

1. 形状参数对双孔轴向分布套管强度影响

当两点蚀孔在套管内壁沿轴向分布时，有限元模型图如图 4-25 所示。点蚀部分采用四面体单元建模，套管其余部分采用六面体单元建模，离散后共 27077 个节点、26096 个单元。考虑实际工况，两孔点蚀距离从 20mm 取至 100mm。

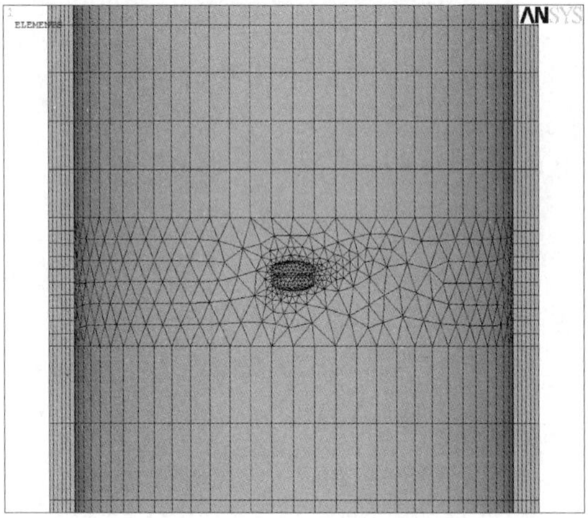

图 4-25 双孔轴向点蚀有限元模型图

为了分析在不同点蚀截面、点蚀深度及轴向间距下，双点蚀缺陷的相互作用规律，选取点蚀截面系数 l 为 0.5、1.0、2.0、3.0，以及相对点蚀深度 t' 为 10%、20%、30%、40%等多种工况进行计算，具体计算工况如表 4-8 所示。

表 4-8 双孔轴向点蚀计算工况表

点蚀工况	点蚀截面系数	相对点蚀深度	双孔轴向间距/mm
不同点蚀截面	l=0.5、1.0、1.5、2.0	t'=30%	h=2~50
	l=0.5、1.0、1.5、2.0	t'=30%	
不同点蚀深度	l=3	t'=10%、20%、30%、40%	
	l=3	t'=10%、20%、30%、40%	

以相对点蚀深度为 30%、点蚀截面系数 $l=2$ 为例，在外压 70MPa 作用下，套管应力云图如图 4-26 所示。由 ANSYS 数值模拟计算结果可知，当两点蚀孔相交时，两孔相交处出现应力集中，该处 Mises 应力最大；当两点蚀孔分离时，应力集中位置发生改变，逐渐转移到两孔边缘处。

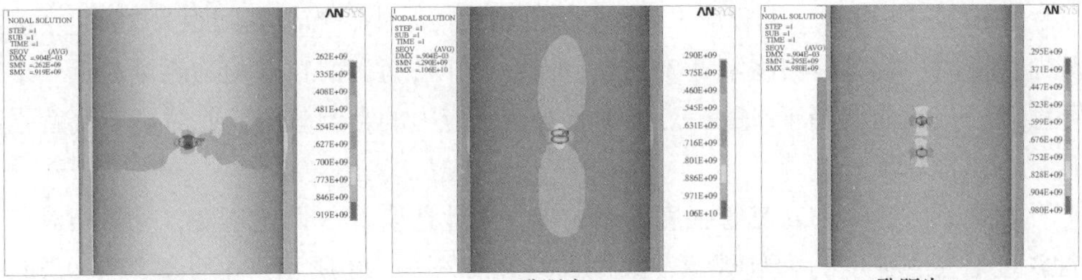

(a)孔距为2mm (b)孔距为4mm (c)孔距为20mm

图 4-26 双孔轴向点蚀时套管应力云图(软件出图)

当选取双孔间距为 2mm、4mm、6mm、10mm、20mm 等特殊位置，相对点蚀深度为 10%固定不变时，绘制曲线图如图 4-27 所示。由计算结果可知，套管最大 Mises 应力与截面系数的关系服从指数分布。通过回归，可以得出它们的函数关系式(4-26)：

$$\sigma_{M1}(l)=A_1 e^{(-l/B_1)}+C_1 \tag{4-26}$$

式中，$\sigma_{M1}(l)$为双孔轴向点蚀时套管最大 Mises 应力，MPa；l 为点蚀截面系数；A_1、B_1、C_1为待定系数，列于表 4-9。

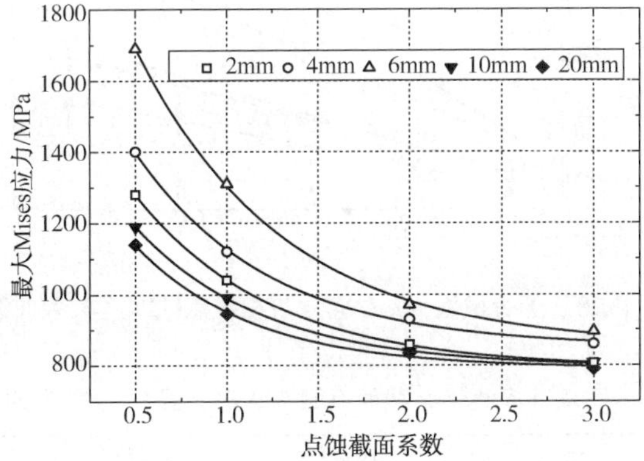

图 4-27 双孔轴向点蚀时，套管最大 Mises 应力与点蚀截面系数关系曲线

表 4-9 不同双孔间距下，相对点蚀深度为 10%时，式(4-26)中的待定系数

双孔间距/mm	待定系数			C
	A_1	B_1	C_1	
2	952.78	0.75	790.04	0.99975
4	1084.73	0.73	849.03	0.99581
6	1564.54	0.81	850.93	0.99846
10	806.70	0.71	793.16	0.99924
20	756.95	0.64	789.98	0.99158

由图 4-27 可知，套管应力随着 l 值的增大而减小，当双孔间距为 2mm、l 值增加到 2 时，套管应力将降低 33.7%；当 $l \to \infty$ 时，套管 Mises 应力逐渐趋近一个下限值，应力曲线趋于平稳，点蚀形状对套管应力的影响减弱，此时影响套管强度的为点蚀深度。

截面系数越大，对套管强度的影响越，因此选取 $l=3$ 固定不变，分析相对点蚀深度对套管强度的影响规律，绘制曲线图如图 4-28 所示。由计算结果可知，套管最大 Mises 应力与相对点蚀深度服从线性分布。通过回归，可以得出它们的函数关系式(4-27)。

$$\sigma_{M1}(t')=a_1+b_1t' \tag{4-27}$$

式中，$\sigma_{M1}(t')$为双孔轴向点蚀时套管最大 Mises 应力，MPa；t'为相对点蚀深度；a_1、b_1为待定系数，列于表 4-10。

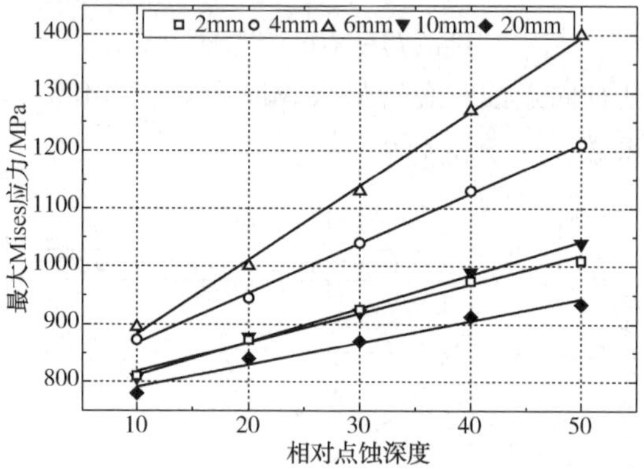

图 4-28　套管最大 Mises 应力与相对点蚀深度关系曲线

表 4-10　不同双孔间距下，截面系数为 3 时，式(4-27)中的待定系数

双孔间距/mm	待定系数		C
	a_1	b_1	
2	768.1	5.01	0.98752
4	781.9	8.59	0.99774
6	755	12.8	0.99691
10	753.6	5.78	0.99287
20	753.1	3.81	0.96467

由图 4-28 可知，套管应力随着 h 值的增大而增大，以点蚀间距 2mm 为例，当 h 的值增加到 50%时，套管应力将增加 33.7%；且在套管相交段，即两孔间距为 2~6mm 时，随着双孔间距的增加，应力曲线斜率增大，点蚀深度对套管强度

的影响增大；当两孔分离时，即间距大于 5mm 时，应力曲线斜率降低，点蚀深度对套管强度的影响相对下降。

2. 形状参数对双孔径向分布套管强度影响

当两点蚀孔在套管内壁沿环向分布时，有限元模型图如图 4-29 所示。考虑轴对称及实际工况，环向点蚀角度从 2°取至 180°。

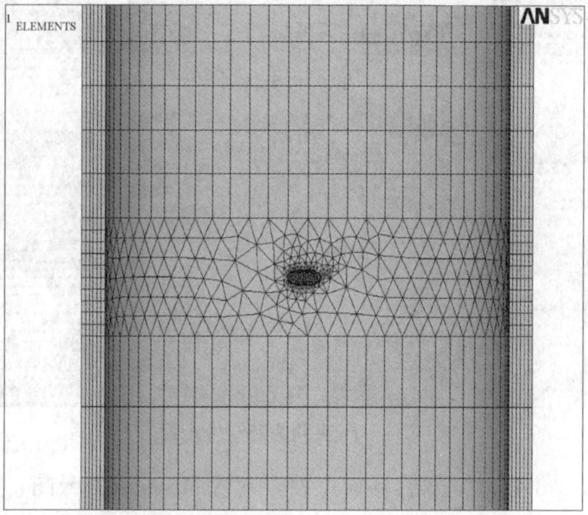

图 4-29　双孔环向点蚀有限元模型图

为了分析在不同点蚀截面、点蚀深度以及环向夹角下的双点蚀缺陷相互作用规律，选取点蚀截面系数 l 为 0.5、1、2、3，以及相对点蚀深度 t' 为 10%、20%、30%、40%等多种工况进行研究，具体计算工况如表 4-11 所示。

表 4-11　双孔环向点蚀计算工况表

点蚀工况	点蚀截面系数	相对点蚀深度	双孔环向夹角/(°)
不同点蚀截面	l=0.5、1、1.5、2	t'=20%	θ=2～50
	l=0.5、1、1.5、2	t'=20%	
不同点蚀深度	l=1.5	t'=10%、20%、30%、40%	
	l=1.5	t'=10%、20%、30%、40%	

以点蚀深度 t' 为 30%、点蚀截面系数 l=2 为例，在外压 70MPa 作用下，选取环向夹角为 2°、4°、8°、20°、25°、30°，其应力云图如图 4-30 所示。如图 4-30 所示，当两点蚀孔相交时，两点蚀孔中心处均发生应力集中现象；当两点蚀孔分离时，应力集中位置不变，仍在两孔中心处。

选取双孔环向夹角为 2°、6°、10°、16°、20°等 5 种特殊位置，当相对点蚀深度为 10%固定不变时，绘制曲线图如图 4-31 所示。由计算结果可知，套管最

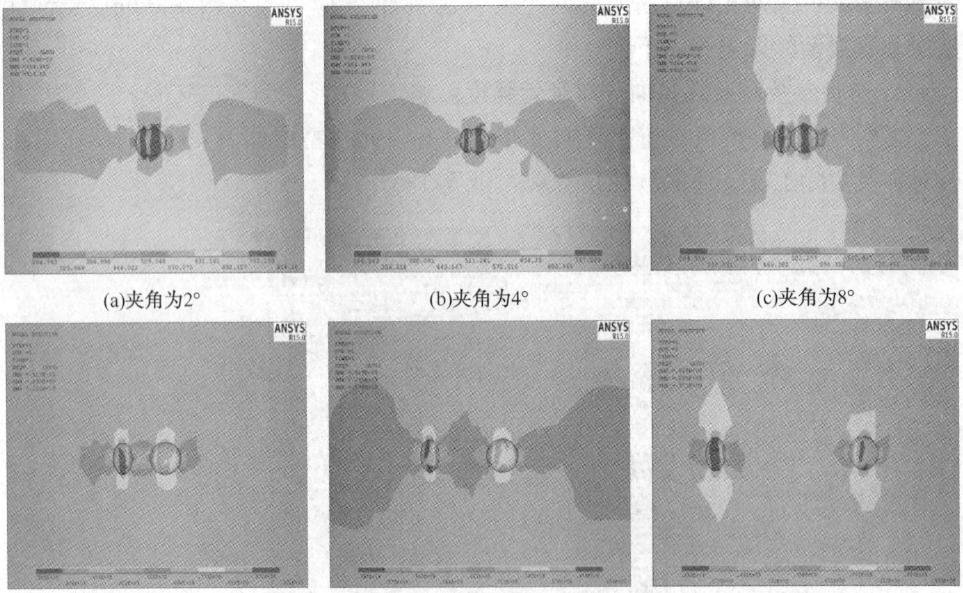

(a)夹角为2°　(b)夹角为4°　(c)夹角为8°

(d)夹角为20°　(e)夹角为25°　(f)夹角为30°

图 4-30　双孔环向点蚀时套管 Mises 应力云图

大 Mises 应力与截面系数的关系服从指数分布。通过回归，可以得出它们的函数关系式(4-28)：

$$\sigma_{M2}(l)=A_2e^{(-l/B_2)}+C_2 \qquad (4-28)$$

式中，$\sigma_{M2}(l)$为双孔环向点蚀时套管最大 Mises 应力，MPa；L 为点蚀截面系数；A_2、B_2、C_2为待定系数，列于表 4-12。

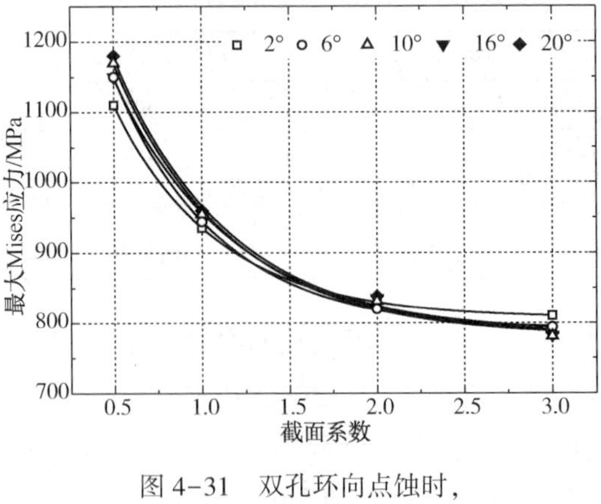

图 4-31　双孔环向点蚀时，

套管最大 Mises 应力与点蚀截面系数关系曲线

通过对比数值计算结果可以发现，当 l 的值增加到 2 时，套管应力将降低

24.5%，而在相同情况下，双孔轴向点蚀时应力下降为33.7%，且在不同环向夹角下，最大Mises应力曲线变化不大。因此环向点蚀时，点蚀形状及点蚀距离对于套管强度的影响低于轴向点蚀时对套管强度的影响。

表4-12　不同环向夹角下，相对点蚀深度为10%时，式(4-28)中的待定系数

双孔夹角/(°)	待定系数			C
	A_2	B_2	C_2	
2	714.96	0.58	806.16	0.99997
4	836.77	0.59	789.75	0.99985
6	833.76	0.65	780.09	0.99228
10	764.97	0.67	781.21	0.98853
20	850.29	0.65	789.98	0.98969

当l=1.5固定不变时，绘制曲线图如图4-32所示。由计算结果可知，套管最大Mises应力与相对点蚀深度服从线性分布。通过回归，可以得出它们的函数关系式为：

$$\sigma_{M2}(t)=a_2+b_2t' \qquad (4-29)$$

式中，$\sigma_{M2}(t')$为双孔轴向点蚀时套管最大Mises应力，MPa；t'为相对点蚀深度；a_2、b_2为待定系数，列于表4-13。

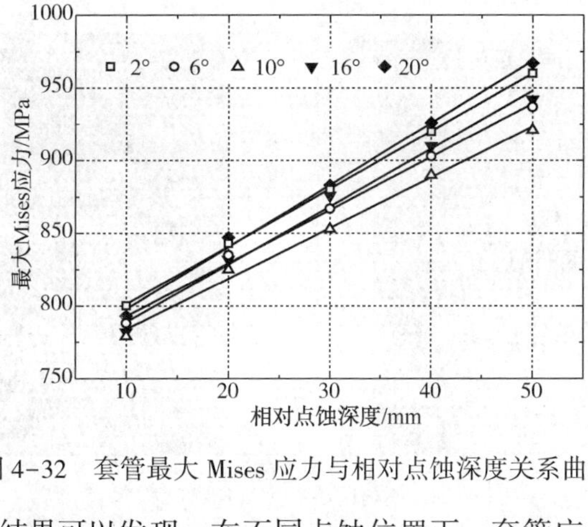

图4-32　套管最大Mises应力与相对点蚀深度关系曲线

通过对比计算结果可以发现：在不同点蚀位置下，套管应力曲线斜率变化不大；且在达到极限影响距离之前，最大Mises应力随点蚀深度增加而增加的速率低于双孔轴向点蚀的，但在达到极限距离后，两者最大Mises应力的增长速率较为接近。因此，在达到极限影响距离之前，在双孔环向点蚀时，点蚀深度对套管强度的影响低于双孔轴向点蚀时对套管强度的影响；在达到极限距离之后，两者差别不大。

表 4-13 不同环向夹角下、截面系数为 3 时，式中的待定系数

双孔夹角/(°)	待定系数		C
	a_2	b_2	
2	761.5	3.97	0.99997
6	756.2	3.66	0.99985
10	748.9	3.49	0.99228
16	749	3.98	0.98853
20	755.1	4.21	0.98969

3. 交叉双点蚀坑极限影响距离分析

当双点蚀沿管壁交叉分布时，不同工况下对套管强度影响分析，建模参数列于表 4-14，有限元模型如图 4-33 所示。

表 4-14 交叉点蚀建模参数

工况编号	截面系数 l	相对点蚀深度 t'/mm	点蚀坑间距 θ/(°)	点蚀坑间距 h/mm
工况 1	$l_1=l_2=1.5$	20%	2~45	2~50
工况 2	$l_1=l_2=2.0$	20%	2~45	2~50
工况 3	$l_1=l_2=3.0$	20%	2~45	2~50

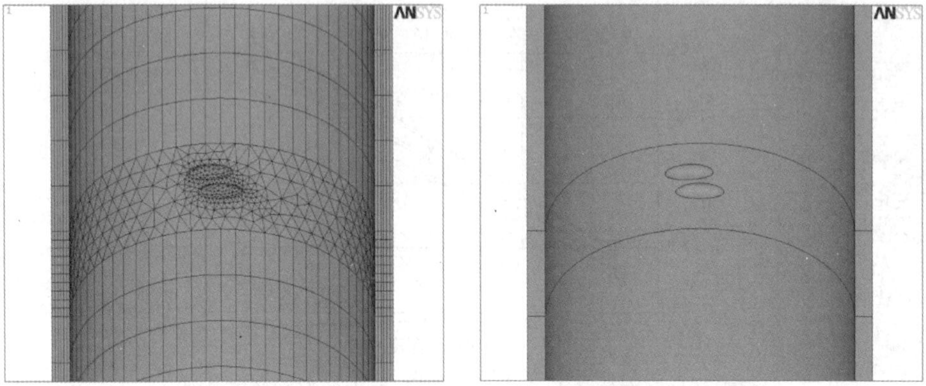

图 4-33 双孔交叉点蚀有限元模型图

以相对点蚀深度 t'为 20%、双孔相同点蚀截面系数 $l_1=l_2=1.5$ 为例，在外压 50MPa 作用下，双孔交叉点蚀套管局部应力云图如图 4-34 所示。由图 4-34 可知，当轴向间距大于环向夹角且双孔相距较近时，最大 Mises 应力位于两孔中间区域，随着轴向间距的增大，最大 Mises 应力转移至小孔边缘处；当环向夹角大于轴向间距时，最大 Mises 应力位于小孔边缘处。

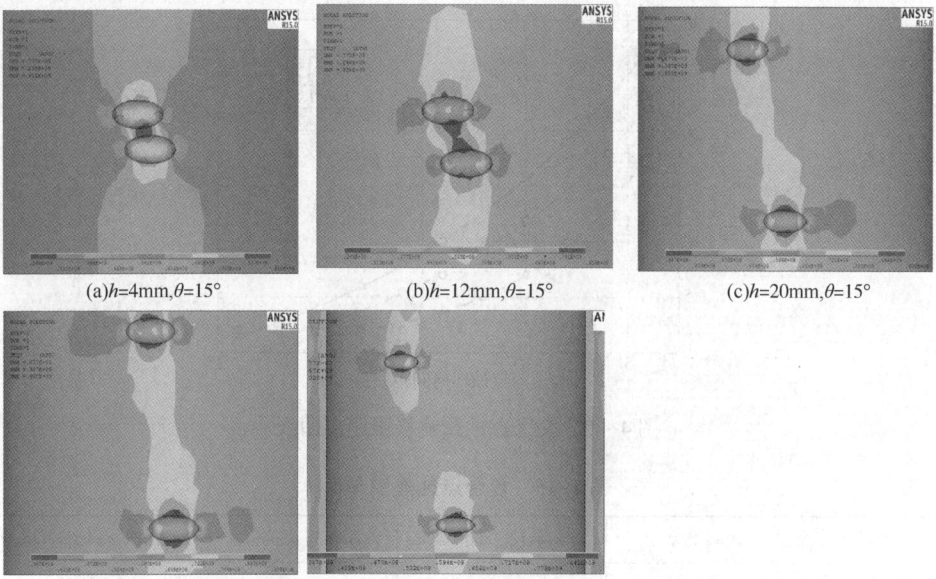

(a)h=4mm,θ=15° (b)h=12mm,θ=15° (c)h=20mm,θ=15°

(d)h=30mm,θ=10° (e)h=20mm,θ=25°

图 4-34 双孔交叉分布套管 mises 应力云图

当点蚀缺陷位置不包括在上述的极限影响距离时，可根据上述计算结果采用二分法，计算得出精确的“极限影响”参数，计算时采用 Δ_i 作为判断标准：

$$\Delta_i = \left| \frac{K_{i+1} - K_i}{h_{i+1} - h_i} \right| \tag{4-30}$$

式中，Δ_i 为第 i 组数据时的失效变化率；K_i 为当点蚀角度一定时，点蚀间距为第 i 组数据时的失效值；K_{i+1} 为当点蚀角度一定时，点蚀间距为第 i+1 组数据时的失效值；h_i 为当点蚀角度一定时，第 i 组数据时的点蚀间距，mm；h_{i+1} 为当点蚀角度一定时，第 i+1 组数据时的点蚀间距，mm。

考虑到计算时的误差，我们采用当 $\Delta_i + \Delta_{i+1} < 0.5\%$ 时，近似认为两点蚀缺陷之间不发生相互作用的准则问题，达到极限影响间距，作出交叉点蚀套管影响极限距离曲线如图 4-35 所示。

对图中数据进行拟合，拟合结果见式(4-31)~式(4-33)：

$$h = 34.24e^{-\theta/6.23} - 0.69 \quad (l = 1.5) \tag{4-31}$$

$$h = 37.37e^{-\theta/12.37} - 4.92 \quad (l = 2.0) \tag{4-32}$$

$$h = 45.74e^{-\theta/14.32} - 7.12 \quad (l = 3.0) \tag{4-33}$$

4. 复合双点蚀坑套管剩余强度分析

在复合点蚀坑状况、不同工况下对套管强度影响分析，复合点蚀工况及参数列于表 4-15，有限元模型如图 4-36 所示。

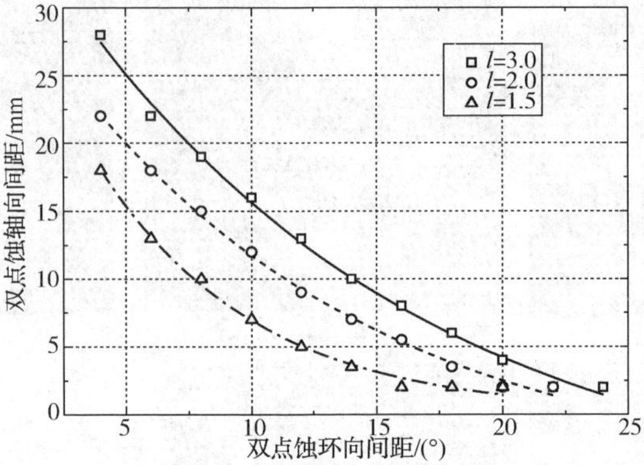

图 4-35　交叉点蚀影响极限距离曲线

表 4-15　复合点蚀建模参数

工况编号	缺陷类型	半长 c/mm	半宽 b/mm	点蚀深度 t_0/mm
工况 1	缺陷一	12. 38	8. 25	0. 5~2
工况 2	缺陷二	6. 43	4. 25	0. 5~2
工况 3	缺陷一	6. 43/8. 25/12. 38	4. 25	2
工况 4	缺陷二	0. 3/0. 5/0. 7/0. 9	4. 25	2

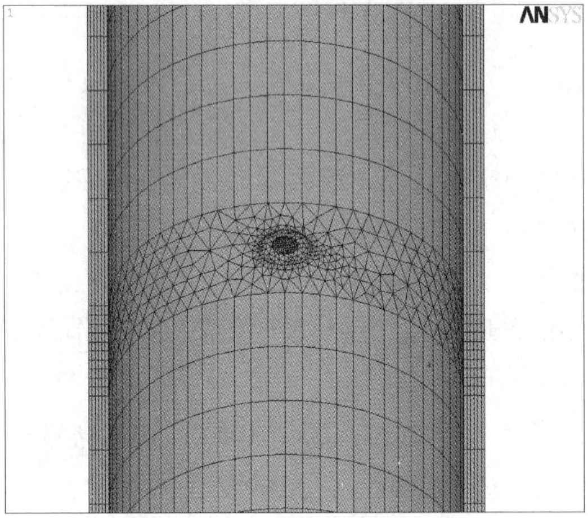

图 4-36　双孔复合点蚀有限元模型图

对复合点蚀进行有限元数值模拟，模拟结果云图如图 4-37 所示，由图中可以看出，套管应力较大区域位于复合点蚀坑小坑周围，大缺陷越大，内缺陷应力集中越明显。

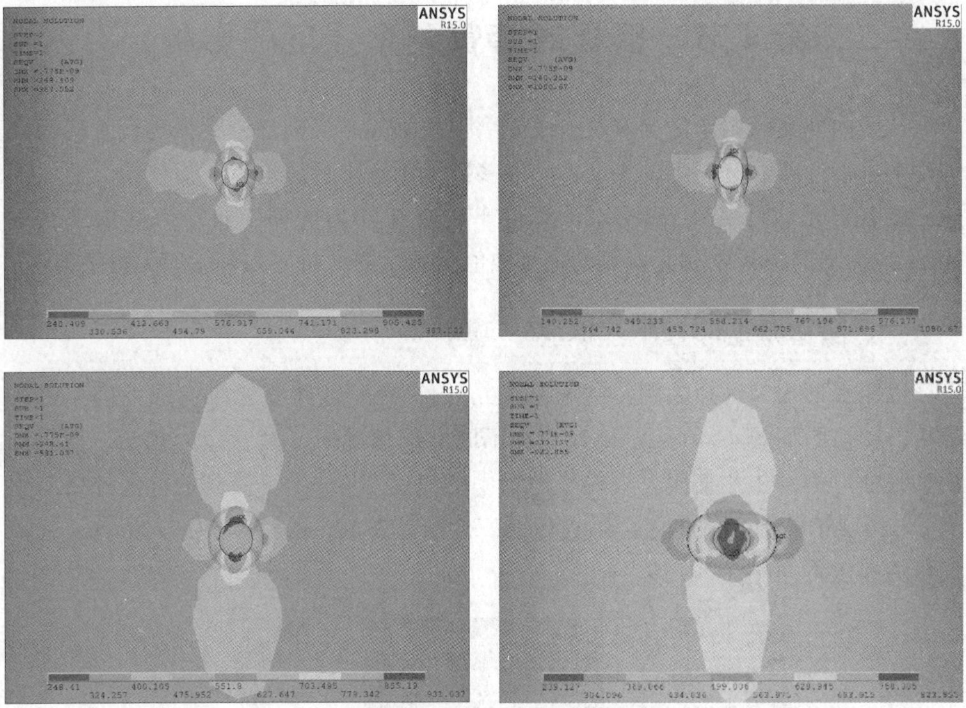

图 4-37　双孔复合分布套管 Mises 应力云图

提取云图中数据，绘制套管剩余强度随腐蚀缺陷深度的变化规律曲线(图 4-38)、套管剩余强度随不同缺陷截面的变化规律曲线(图 4-39)。

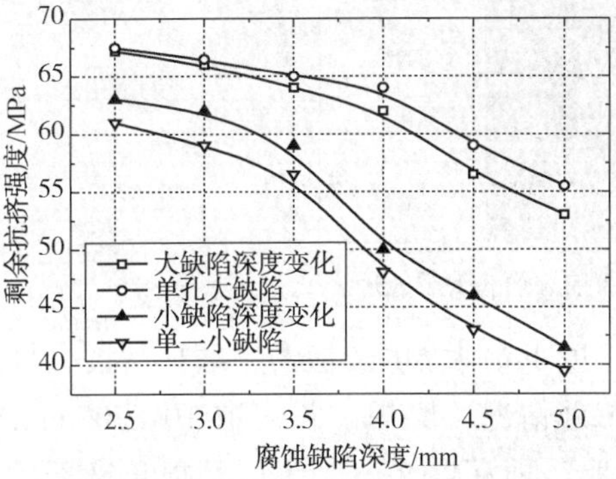

图 4-38　不同缺陷深度对套管强度影响

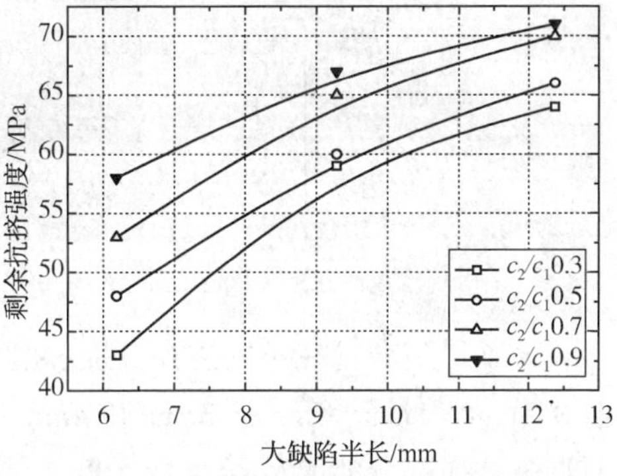

图 4-39　不同缺陷截面对套管强度影响

根据图 4-38 和图 4-39 可以看出，套管剩余强度：单孔大缺陷>大缺陷深度变化>小缺陷深度变化>单一小缺陷；随着大缺陷半长的不断增大，套管的剩余强度也随之增大；深度相同时，小缺陷越大，套管剩余强度越大。

第 4 节 磨损对套管剩余强度的影响

从国内外文献调研情况发现，由于磨损缺陷的不规则性，磨损后套管应力在理论上进行计算还有一定的难度，一般多数采用有限元法进行数值模拟计算。通过三维有限元软件 ANSYS 模拟计算得出套管在均匀磨损、非均匀磨损下套管 Mises 应力与磨损长度和深度等的定量数值关系，为评价磨损套管应力提供参考。

一、均匀磨损的有限元模拟

以船底形均匀磨损为例，利用有限元软件 ANSYS 建立三维有限元模型进行分析，网格图如图 4-40 所示，计算在不同磨损情况下，套管应力状态。新疆油田某采油厂 H-28 井某段套管位于地层中的深度 700m 处，受到的等效外挤压力为 σ=10.1MPa，套管的类型为 API5C5，外径 273.10mm，壁厚为 7.09mm，弹性模量 206GPa，泊松比 0.29。

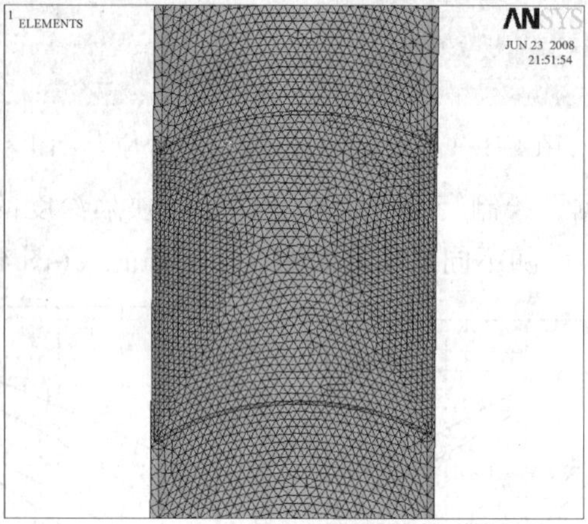

图 4-40 船底形均匀磨损套管网格模型

为了得到套管在不同磨损深度和磨损长度下最大 Mises 应力，磨损深度分别取 0.5mm、1mm、2mm、3mm 和 4mm 等 5 种情况，磨损的长度取 10～700mm，两端未磨损部分的套管长度取 500mm。选取磨损深度 2mm，不同磨损长度下的计算结果云图如图 4-41 所示。

1. 磨损长度对均匀磨损套管强度影响

根据 ANSYS 数值模拟计算的结果，绘制 Mises 应力随磨损长度变化规律曲线，如图 4-42 所示。由图 4-42 可知，磨损处的 Mises 应力与磨损长度呈指数分布。以外压 10MPa、磨损深度为 2mm 为例，可以回归出套管磨损处的最大 Mises

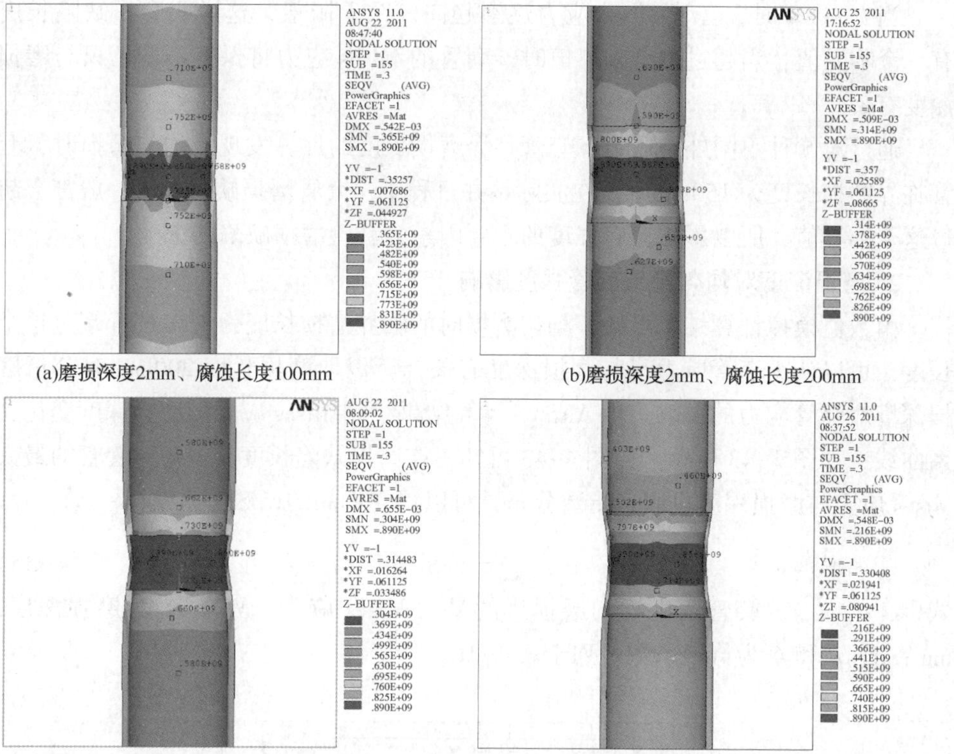

(a)磨损深度2mm、腐蚀长度100mm　(b)磨损深度2mm、腐蚀长度200mm

(c)磨损深度4mm、腐蚀长度100mm　(d)磨损深度4mm、腐蚀长度200mm

图 4-41　船底形均匀磨损后套管 Mises 应力云图

应力与磨损长度对应的函数关系式：

$$\sigma_M(l_w)=272.44-93.52e^{-\frac{l_w}{20.59\times10^{-3}}} \quad (4-34)$$

式中，l_w 为磨损长度，m；$\sigma_M(l_w)$ 为套管发生均匀磨损后的最大 Mises 应力，MPa。

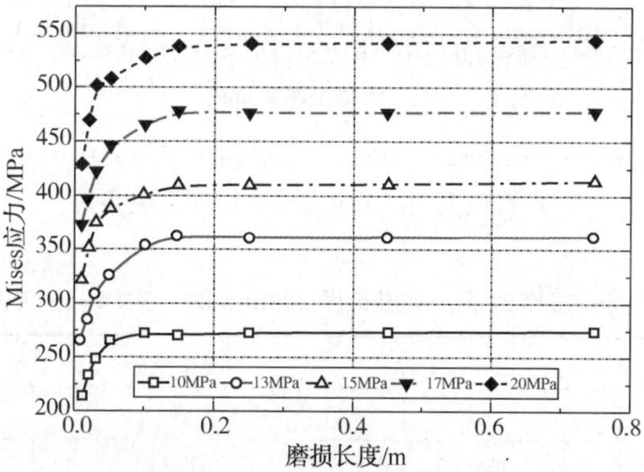

图 4-42　在不同外挤压力下，磨损深度为 2mm 时，套管最大 Mises 应力与磨损长度关系

当 $l_w \to +\infty$ 时，套管 Mises 应力逐渐趋向一个上限值，这说明磨损缺陷长度有一个临界值，当超过这个临界值时，套管的 Mises 应力将保持不变，只与磨损深度有关。

通过对 5 种不同外挤压力下套管临界磨损长度的计算发现：均匀磨损时，套管临界磨损长度为 150mm。而在实际钻井过程中，套管磨损缺陷长度一般都会超过这个临界值，所以影响套管强度的主要因素为套管磨损缺陷的深度。

2. 磨损深度对均匀磨损套管强度影响

由数值模拟计算结果可知，均匀磨损时的临界磨损长度为 150mm，超过这个长度，可以认为套管应力只与磨损深度有关，所以取磨损长度 200mm 时分析磨损深度对套管应力的影响。由 ANSYS 计算结果绘制 Mises 应力随磨损深度变化关系曲线，如图 4-43 所示。由图 4-43 可知，在磨损缺陷长度一定时，套管的最大 Mises 应力与磨损深度也服从指数分布，可以得它们间的函数关系式(4-35)：

$$\sigma_M(t_w) = A + B \cdot e^{\frac{t_w}{C}} \tag{4-35}$$

式中，$\sigma_M(t_w)$ 为套管发生均匀磨损后的最大 Mises 应力，MPa；t_w 为磨损深度，mm；A、B 和 C 为待定系数，列于表 4-16。

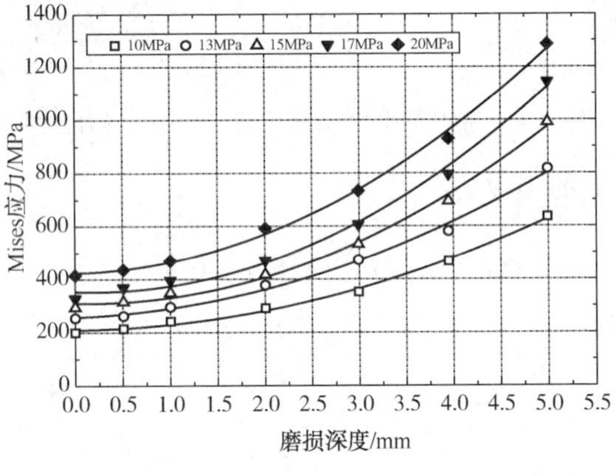

图 4-43　在不同外挤压力下，磨损长度为 200mm 时，套管最大 Mises 应力与磨损深度关系

表 4-16　不同外挤压力下，磨损长度 200mm 时，式(4-35)中的待定系数

外挤压力/MPa	待定系数		
	A	B	C
10	138.60	61.24	2.42
13	155.55	93.50	2.60

续表

外挤压力/MPa	待定系数		
	A	*B*	*C*
15	219.16	81.42	2.24
17	251.66	84.11	2.13
20	254.99	146.71	2.58

由计算结果可知，当套管磨损厚度超过套管壁厚的25%时，套管应力将增加30.85%；当套管磨损厚度超过套管壁厚的50%时，套管应力将增加99.70%。由此可见，套管应力随磨损深度增加而急剧增加。

二、非均匀磨损的有限元模拟

现场回收的套管磨损形状50%是月牙形磨损，且月牙形磨损对套管应力影响最为明显，因此以月牙形磨损后套管应力分布作为重点研究对象。如图4-44所示，以套管中心为坐标原点建立直角坐标系，钻杆外接头与套管内壁交于A、B两点。考虑到图形的对称性，取图形的一半作为有限元分析模型，如图4-45所示，磨损深度分别取0.5mm、1mm、2mm、3mm和4mm等5种情况，磨损的长度取10~1000mm，两端未磨损部分的套管长度取500mm，套管模拟参数同均匀磨损。选取偏磨长度为100mm和200mm的计算结果云图如图4-46所示。

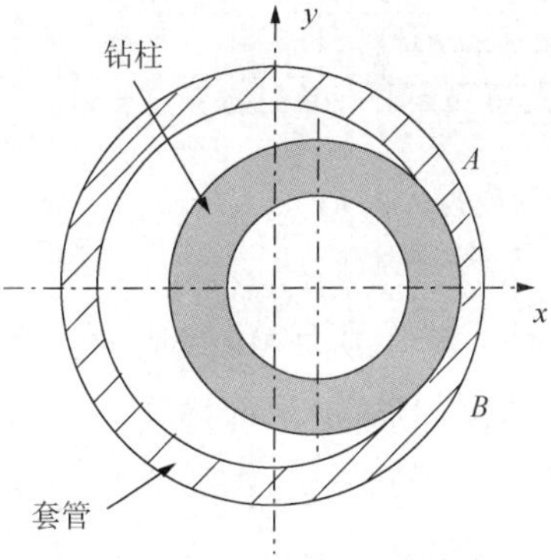

图4-44　月牙形磨损套管示意图

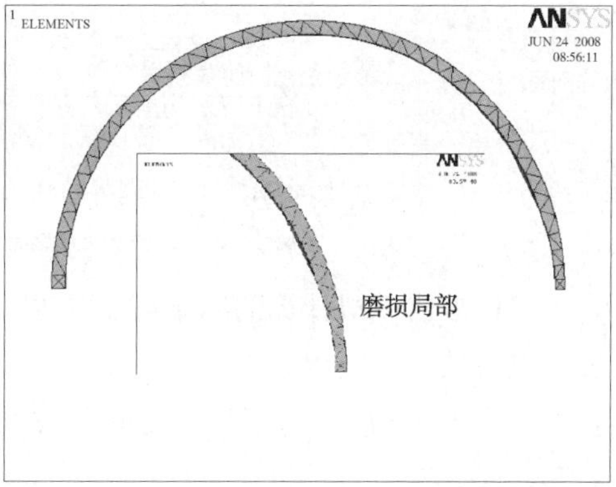

图4-45　月牙形磨损套管有限元模型图

1. 磨损长度对非均匀磨损套管强度影响

由ANSYS数值模拟计算的结果可知，在磨损深度一定时，月牙形磨损后的套管应力分布与磨损长度也服从指数分布：随着磨损长度的增加，套管最大Mises应力增加，最终达到一个上限值。由图4-47可知，月牙形偏磨套管临界磨损长度为 200mm，超过这个临界长度后，套管最大 Mises 应力只与磨损深度相关了，这与均匀偏磨具有相同的规律。

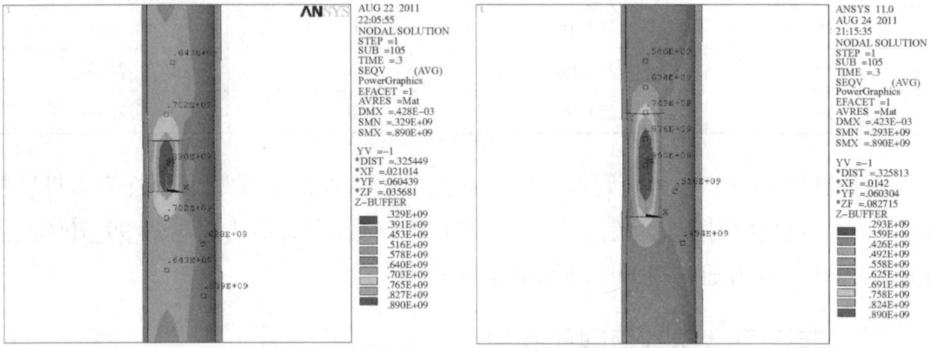

(a)偏磨长度100 mm时套管Mises应力云图　　(b)偏磨长度200mm时套管Mises应力云图

图 4-46　不同偏磨长度下的套管 Mises 应力云图

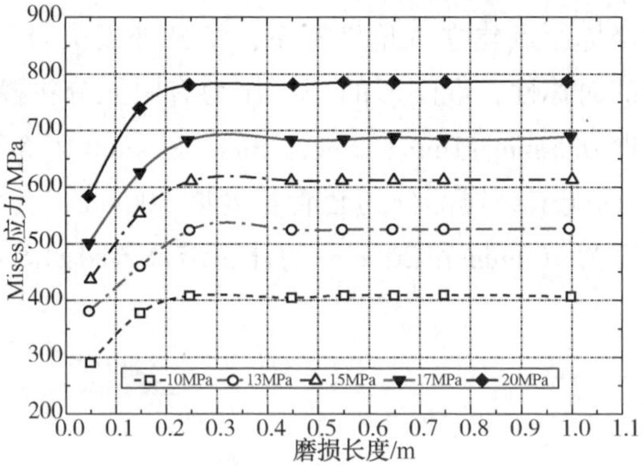

图 4-47　在不同外挤压力下，磨损深度为 2mm 时，
最大 Mises 应力与磨损长度关系(月牙形磨损)

根据数值模拟计算的结果可得，非均匀磨损时，套管最大 Mises 应力与磨损长度也服从指数函数分布关系。以外压 10MPa、磨损深度为 2mm 为例，偏磨时套管最大 Mises 应力与磨损长度的函数关系式见式(4-36)：

$$\sigma'_{\mathrm{M}}(l_{\mathrm{uw}})=408.65-241.48\mathrm{e}^{-\frac{l_{\mathrm{uw}}}{5.28\times10^{-3}}} \tag{4-36}$$

式中，$\sigma'_{\mathrm{M}}(l_{\mathrm{uw}})$为套管发生非均匀磨损后的最大 Mises 应力，MPa；l_{uw}为非均匀磨损长度，m。

通过对比均匀磨损后的套管最大 Mises 应力与磨损长度关系式与非均匀磨损后的套管最大 Mises 应力与磨损长度关系式，可以发现，在相同磨损深度和外挤压力作用时，偏磨时套管最大 Mises 应力对磨损长度的敏感性要大于均匀磨损时的。这主要因为，在最小套管壁厚相同时，应力集中对套管 Mises 应力大小影响比较明显。

2. 磨损深度对非均匀磨损套管强度影响

由 ANSYS 计算的结果云图如图 4-48 所示，分析发现，当磨损长度超过临界长度时，套管应力与磨损深度呈线性关系，绘制曲线图如图 4-49 所示，可以回归出关系式。

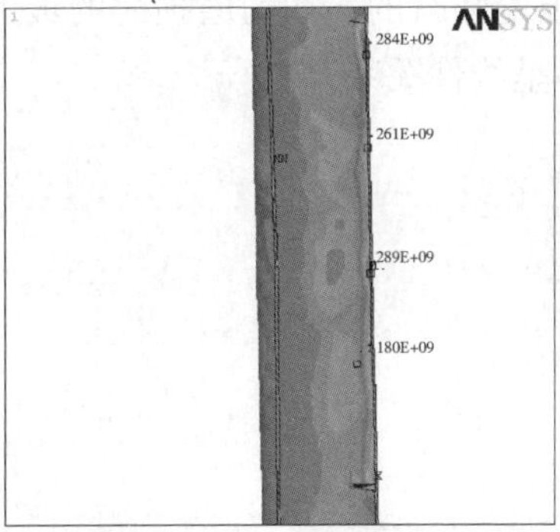

(a) 偏磨深度2 mm时套管Mises应力云图

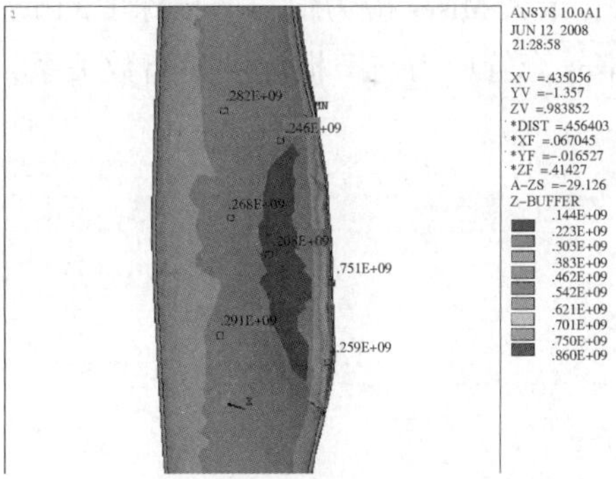

(b) 偏磨深度2 mm时套管Mises应变云图

图 4-48　不同偏磨深度下的套管 Mises 应力云图

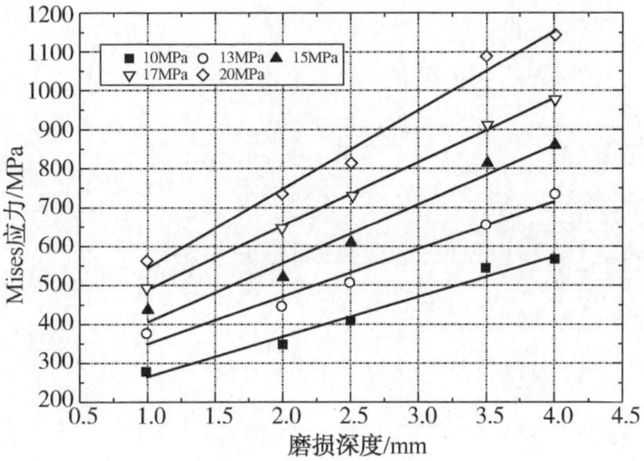

图 4-49　在不同外挤压力下，磨损长度为 650mm 时，套管应力与磨损深度关系(月牙形磨损)

外挤压力 10MPa：

$$\sigma_{z10}=162.79+103.37t_w \tag{4-37}$$

外挤压力 15MPa：

$$\sigma_{z15}=261.15+150.22t_w \tag{4-38}$$

外挤压力 20MPa：

$$\sigma_{z20}=340.06+204.04t_w \tag{4-39}$$

式中，σ_z为套管发生非均匀磨损后外挤作用下最大 Mises 应力，MPa；t_w为磨损深度，mm。

通过对数值模拟计算结果比较可以发现：在相同条件下，偏磨时的套管最大 Mises 应力明显要高于均匀磨损时的最大 Mises 应力，例如当磨损深度为 2mm，外挤压力为 20MPa 时，偏磨时套管最大应力为 811.2MPa，而均匀磨损时只有 554.8MPa。可以看出，套管偏磨的危害要比均匀磨损大得多；套管在均匀磨损时，最大 Mises 应力值对磨损深度的敏感性要大于偏磨时的；均匀磨损时的最大 Mises 套管应力与磨损深度呈指数关系，而偏磨时呈线性关系。

第5章 非常规气井各工况下温度应力耦合分析

为研究在温度和荷载应力共同作用下的油气井管柱受力特征，首先通过室内三轴试验，获得了管材在不同温度下弹性模量及屈服强度，继而推导了套管-水泥环-地层温度应力分布公式，考虑水泥环地层塑性建立数值模型，对不同应力不均匀系数下、不同工况下(温度)套管-水泥环-地层系统进行了数值模拟，同时建立了油管在各施工工况下应力解析计算模型和有限元计算模型，并对计算结果进行了对比。

第1节 套管高温拉伸试验

随着油田油气开采越来越深入，井下工况越来越复杂，套管材料性能也越来越高。虽然套管在设计时，充分考虑了材料性能的不确定性，但是使用时偏于保守，而对于一些特殊工况使用的特殊管材是没有标准的。鉴于此，利用复合加载试验系统，对全尺寸套管进行拉伸试验，以确定套管的材料力学参数及材料最大屈服和极限 Mises 应力。

图 5-1 为试验所用复合加载试验系统，包括荷载框架、液压系统、高压水(气)加压系统、加热系统、控制系统和数据采集系统构成。试验系统最大拉伸荷载可以达到 1020t，最高试验温度可以达到 500℃。采用目前油田常用 P110 管材，根据油田作业工况，温度变化范围取 20℃、120℃、250℃、350℃、450℃五组工况。结合套管服役条件，按照国家标准《金属材料高温拉伸方法 GT/T4338—2006》和《金属材料室温拉伸试验方法 GB/T228—2002》对全尺寸套管进行常速率拉伸试验。实验结果如图 5-2 所示。

温度对管材强度的影响是先缓慢下降到某一点，再迅速下降至某一温度，再趋于平稳的过程。如图 5-2 所示，温度在 100℃以内，材料强度是比较接近的，影响不大，当超过 100℃时，材料强度下降较快。从图 5-2 中的应力位移曲线可以看出，在各温度条件下，管材弹性阶段比较接近，故温度对管材弹性阶段的弹性模量影响不大。而在塑性阶段，温度对管材的强度是有较大影响的，故在考虑管材塑性的设计时，应尤其注意控制管材塑性变形。

图 5-1　复合加载试验系统

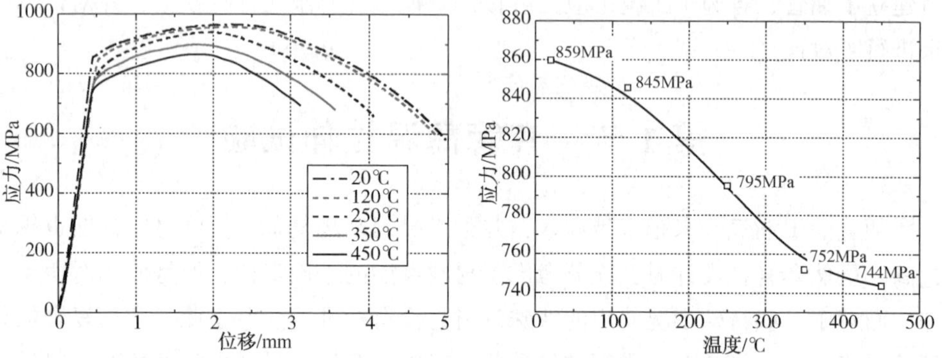

图 5-2　P110 管材拉伸试验结果曲线

第 2 节　非常规气井井筒温度应力耦合分析

假设弹性体内某一点的温度改变量为 ΔT，即后一瞬时的温度减去前一瞬时的温度，以升温时为正，降温时为负。在各向同性体中，线胀系数 α 为线弹性参量，且不随方向改变，所以这种线应变在所有各个方向都相同，因而也就不伴随着任何切应变。假设 α 不随温度的改变而改变，用极坐标系表示的温度改变引起的弹性体内各点的变形量为 $\varepsilon_r=\varepsilon_\varphi=\alpha\Delta T$、$\gamma_{r\varphi}=0$。

但是，由于弹性体所受的外在约束以及体内各部分之间的相互约束，上式变形并不能自由发生，于是就产生了应力，即所谓的温度应力，这个温度应力又将由于物体的弹性而引起附加的变形。根据胡克定律，总变形分量表达式为：

$$\begin{cases}\varepsilon_{r}=\dfrac{1}{E}(\sigma_{r}-\upsilon\sigma_{\varphi})+\alpha\Delta T\\ \varepsilon_{\varphi}=\dfrac{1}{E}(\sigma_{\varphi}-\upsilon\sigma_{r})+\alpha\Delta T\\ \gamma_{r\varphi}=\dfrac{2(1+\upsilon)}{E}\tau_{r\varphi}\end{cases}\tag{5-1}$$

由式(5-1)可以推导出：

$$\begin{cases}\sigma_{r}=\dfrac{E}{1-\upsilon^{2}}(\varepsilon_{r}+\upsilon\varepsilon_{\varphi})-\dfrac{E}{1-\upsilon}\alpha\Delta T\\ \sigma_{\varphi}=\dfrac{E}{1-\upsilon^{2}}(\varepsilon_{\varphi}+\upsilon\varepsilon_{r})-\dfrac{E}{1-\upsilon}\alpha\Delta T\\ \tau_{r\varphi}=\dfrac{E}{2(1+\upsilon)}\gamma_{r\varphi}\end{cases}\tag{5-2}$$

设位移势函数为 $\Psi(r,\ \varphi)$，径向和环向位移的特解表示为：

$$U'_{r}=\frac{\partial\psi}{\partial r}\tag{5-3}$$

$$U'_{\varphi}=\frac{1}{r}\ \frac{\partial\psi}{\partial\varphi}\tag{5-4}$$

代入极坐标表示的平面微分方程得到：

$$\nabla^{2}\psi=(1+\upsilon)\alpha\Delta T\tag{5-5}$$

$$\nabla^{2}=\left(\frac{\partial^{2}}{\partial r^{2}}+\frac{1}{r}\ \frac{\partial}{\partial r}+\frac{1}{r^{2}}\ \frac{\partial^{2}}{\partial\varphi^{2}}\right)\tag{5-6}$$

几何方程为：

$$\begin{cases}\varepsilon_{r}=\dfrac{\partial U_{r}}{\partial r}\\ \varepsilon_{\varphi}=\dfrac{U_{r}}{r}+\dfrac{1}{r}\ \dfrac{\partial U_{\varphi}}{\partial\varphi}\\ \gamma_{r\varphi}=\dfrac{1}{r}\ \dfrac{\partial U_{r}}{\partial\varphi}+\dfrac{\partial U_{\varphi}}{\partial r}-\dfrac{U_{\varphi}}{r}\end{cases}\tag{5-7}$$

把位移势函数代入式(5-7)然后再代入式(5-2)得到：

$$\begin{cases}\sigma'_{\mathrm{r}}=-\dfrac{E}{1+\upsilon}\left(\dfrac{1}{r}\dfrac{\partial\psi}{\partial r}+\dfrac{1}{r^2}\dfrac{\partial^2\psi}{\partial\varphi^2}\right)\\ \sigma'_{\varphi}=-\dfrac{E}{1+\upsilon}\dfrac{\partial^2\psi}{\partial r^2}\\ \tau'_{\mathrm{r}\varphi}=\dfrac{E}{1+\upsilon}\dfrac{\partial}{\partial r}\left(\dfrac{1}{r}\dfrac{\partial\psi}{\partial\varphi}\right)\end{cases} \tag{5-8}$$

对于温度改变为轴对称的情况，即 $T=T(r)$，位移势函数只需要取为$\Psi(r)$，于是 ψ 需要满足的微分方程可简化为：

$$\left(\frac{\mathrm{d}^2}{\mathrm{d}r^2}+\frac{1}{r}\frac{\mathrm{d}}{\mathrm{d}r}\right)\psi=(1+\upsilon)\alpha\Delta T \tag{5-9}$$

解得：

$$\psi(r)=(1+\upsilon)\alpha\int\frac{1}{r}\int\Delta T\cdot r\mathrm{d}r^2+(1+\upsilon)\alpha A\ln r+B \tag{5-10}$$

其中，A，B，C 为任意常数。

将位移势函数解代入式(5-8)得到：

$$\begin{cases}\sigma'_{\mathrm{r}}=-\dfrac{E}{1+\upsilon}\left(\dfrac{1}{r}\dfrac{\mathrm{d}\psi}{\mathrm{d}r}\right)=-\dfrac{E\alpha}{r^2}\left[\int\Delta T\cdot r\mathrm{d}r+A\right]\\ \sigma'_{\varphi}=-\dfrac{E}{1+\upsilon}\dfrac{\mathrm{d}^2\psi}{\mathrm{d}r^2}=\dfrac{E\alpha}{r^2}\left[\int\Delta T\cdot r\mathrm{d}r+A-\Delta T\cdot r^2\right]\\ \tau'_{\mathrm{r}\varphi}=0\end{cases} \tag{5-11}$$

在上式中，积分的上限是 r，下限任意选取，取不同的下限，积分式相差一个常数，用任意常数 A 来调整。式(5-11)是根据平面应力模型推导的。在平面应变的情况下，式(5-11)中的 E 变成 $E/(1-\upsilon^2)$，μ 变成 $\upsilon/(1-\upsilon)$，α 变为$(1+\upsilon)\alpha$。

式中，α 为线胀系数,℃$^{-1}$；ΔT 为温度改变量,℃；ε_{r}为轴向应变；ε_{φ}为轴向应变；$\gamma_{\mathrm{r}\varphi}$为剪应变；$E$ 为弹性模量，MPa；υ 为泊松比；σ_{r}为径向应力、周向应力及剪应力，MPa；σ_{φ}为径向应力、周向应力及剪应力，MPa；$\tau_{\mathrm{r}\varphi}$为径向应力、周向应力及剪应力，MPa；U'_{r}为径向位移的特解表示；U'_{φ}为环向位移的特解表示。

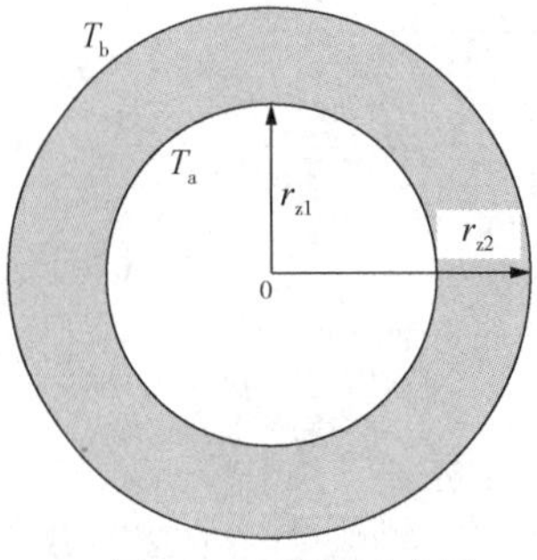

图 5-3　圆环示意图

一、圆环轴对称温度应力

圆环几何截面尺寸如图 5-3 所示，圆环内半径为 r_{z1}，外半径为 r_{z2}，发生轴对称的变温 $\Delta T=\Delta T(r)$，因

此我们可以找到满足相容方程的应力函数 $\varphi=r_2\cdot C/2$，其相应的应力分量为

$$\sigma''_{r}=\sigma''_{\varphi}=C,\ \tau''_{r\varphi}=0 \tag{5-12}$$

使其作为补充解，并联合特解，组成满足特定边界条件的解，即：

$$\begin{cases}\sigma_{r}=\sigma'_{r}+\sigma''_{r}=-\dfrac{E\alpha}{r^2}\left[\int\Delta T\cdot r\mathrm{d}r+A\right]+C\\ \sigma_{\varphi}=\sigma'_{\varphi}+\sigma''_{\varphi}=\dfrac{E\alpha}{r^2}\left[\int\Delta T\cdot r\mathrm{d}r+A-\Delta T\cdot r^2\right]+C\\ \tau_{r\varphi}=\tau'_{r\varphi}+\tau''_{r\varphi}=0\end{cases} \tag{5-13}$$

在平面应变的情况下，式(5-13)中的 E 变成 $E/(1-v^2)$，v 变成 $v/(1-v)$，α 变为 $(1+v)\alpha$。

根据式(5-7)的第二个公式并结合物理方程有：

$$\begin{aligned}U_{r}&=r\cdot\varepsilon_{\varphi}=\frac{r}{E}(\sigma_{\varphi}-v\sigma_{r})+r\alpha\Delta T\\&=\frac{\alpha}{r}(1+v)\left[\int\Delta T\cdot r\mathrm{d}r+A\right]+\frac{r(1-v)C}{E}\end{aligned} \tag{5-14}$$

选取积分下限为圆环内半径，积分上限为 r，则上式可以简化为：

$$U_{r}=\frac{\alpha}{r}(1+v)\left[\int_{a}^{r}\Delta T\cdot r\mathrm{d}r+A\right]+\frac{r(1-v)C}{E} \tag{5-15}$$

作为特例，设圆环从某一均匀温度受热，内边界($r=a$)温度增加 ΔT_{a}，外边界($r=b$)温度增加 ΔT_{b}，无内热源，当温度热流稳定以后，根据混凝土在硬化发热期间的热传导微分方程可以得到：

$$\nabla^2\Delta T=0 \tag{5-16}$$

解得满足 $\Delta T\mid_{r=a}=\Delta T_{a}$ 和 $\Delta T\mid_{r=b}=\Delta T_{b}$ 的解为：

$$\Delta T(r)=\frac{1}{\ln\dfrac{r_{z2}}{r_{z1}}}\left(\Delta T_{a}\ln\frac{r_{z2}}{r}-\Delta T_{b}\ln\frac{r_{z1}}{r}\right) \tag{5-17}$$

则式(5-9)中的积分相可表示为：

$$\begin{aligned}\int_{r_{z1}}^{r}\Delta T\cdot r\mathrm{d}r&=\int_{r_{z1}}^{r}\frac{1}{\ln\dfrac{r_{z2}}{r_{z1}}}\left(\Delta T_{a}\ln\frac{r_{z2}}{r}-\Delta T_{b}\ln\frac{r_{z1}}{r}\right)\cdot r\mathrm{d}r\\&=\frac{1}{\ln\dfrac{r_{z2}}{r_{z1}}}\left(\Delta T_{a}\int_{r_{z1}}^{r}\ln\frac{r_{z2}}{r}\cdot r\mathrm{d}r-\Delta T_{b}\int_{r_{z1}}^{r}\ln\frac{r_{z1}}{r}\cdot r\mathrm{d}r\right)\end{aligned} \tag{5-18}$$

所以径向位移最终表达式为：

$$U_r = \frac{\alpha}{r}(1+\upsilon)\left[\frac{1}{\ln\frac{r_{z2}}{r_{z1}}}\left(\Delta T_a\int_{r_{z1}}^{r}\ln\frac{r_{z2}}{r}\cdot r\mathrm{d}r - \Delta T_b\int_{r_{z1}}^{r}\ln\frac{r_{z1}}{r}\cdot r\mathrm{d}r\right)+A\right]+\frac{r(1-\upsilon)C}{E} \tag{5-19}$$

二、地层-水泥环-套管三层圆环温度应力

建立地层-水泥环-套管力学分析模型示意图如图 5-4 所示，问题描述：

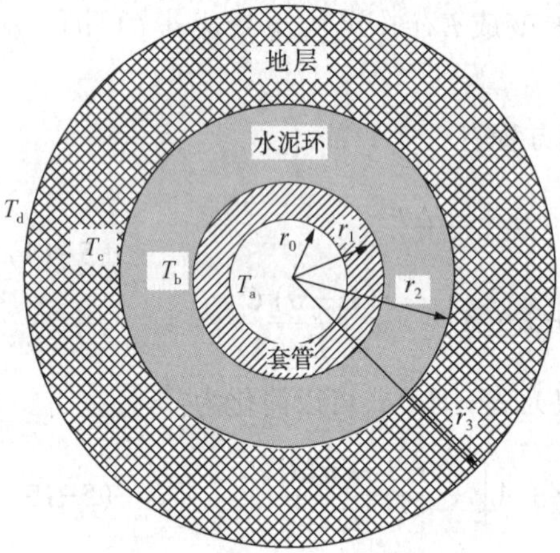

图 5-4 地层-水泥环-套管示意图

已知 T_a、$T_d=0$，以及各层的力学参数 $E_{地}$、$\upsilon_{地}$、$\alpha_{地}$、$E_{水}$、$\upsilon_{水}$、$\alpha_{水}$、$E_{套}$、$\upsilon_{套}$、$\alpha_{套}$。

未知参数有：$A_{地}$、$C_{地}$、$A_{水}$、$C_{水}$、$A_{套}$、$C_{套}$。由此可以看出，需要建立 6 个方程，组成方程组进行求解。

边界条件：

$$\sigma_{r套}\big|_{r=r_0}=0 \tag{5-20}$$

$$\sigma_{r地}\big|_{r=r_3}=0 \tag{5-21}$$

应力条件：

$$\sigma_{r套}\big|_{r=r_1}=\sigma_{r水}\big|_{r=r_1} \tag{5-22}$$

$$\sigma_{r水}\big|_{r=r_2}=\sigma_{r地}\big|_{r=r_2} \tag{5-23}$$

位移协调条件：

$$u_{r套}\big|_{r=r_1}=u_{r水}\big|_{r=r_1} \tag{5-24}$$

$$u_{r地}\big|_{r=r_2}=u_{r水}\big|_{r=r_2} \tag{5-25}$$

由以上 6 个方程，可以组成方程组，解出 6 个未知数，从而求得相应的温度应力和温度分布。

$$T_{套}=\frac{1}{\ln\frac{r_1}{r_0}}\left(T_a\ln\frac{r_1}{r}-T_b\ln\frac{r_0}{r}\right) \tag{5-26}$$

$$\begin{aligned}\int_a^r T_{套}\cdot r\mathrm{d}r &= \int_{r_0}^{r}\frac{1}{\ln\frac{r_1}{r_0}}\left(T_a\ln\frac{r_1}{r}-T_b\ln\frac{r_0}{r}\right)\cdot r\mathrm{d}r\\ &= \frac{1}{\ln\frac{r_1}{r_0}}\left(T_a\int_{r_0}^{r}\ln\frac{r_1}{r}\cdot r\mathrm{d}r - T_b\int_{r_0}^{r}\ln\frac{r_0}{r}\cdot r\mathrm{d}r\right)\end{aligned} \tag{5-27}$$

$$T_{水}=\frac{1}{\ln\frac{r_2}{r_1}}\left(T_b\ln\frac{r_2}{r}-T_c\ln\frac{r_1}{r}\right) \tag{5-28}$$

$$\int_a^r T_{水}\cdot r\mathrm{d}r=\int_{r_1}^r\frac{1}{\ln\frac{r_2}{r_1}}\left(T_b\ln\frac{r_2}{r}-T_c\ln\frac{r_1}{r}\right)\cdot r\mathrm{d}r$$

$$=\frac{1}{\ln\frac{r_2}{r_1}}\left(T_b\int_{r_1}^r\ln\frac{r_2}{r}\cdot r\mathrm{d}r-T_c\int_{r_1}^r\ln\frac{r_1}{r}\cdot r\mathrm{d}r\right) \tag{5-29}$$

$$T_{地}=\frac{1}{\ln\frac{r_3}{r_2}}\left(T_c\ln\frac{r_3}{r}-T_d\ln\frac{r_2}{r}\right) \tag{5-30}$$

$$\int_a^r T_{地}\cdot r\mathrm{d}r=\int_{r_2}^r\frac{1}{\ln\frac{r_3}{r_2}}\left(T_c\ln\frac{r_3}{r}-T_d\ln\frac{r_2}{r}\right)\cdot r\mathrm{d}r$$

$$=\frac{1}{\ln\frac{r_3}{r_2}}\left(T_c\int_{r_2}^r\ln\frac{r_3}{r}\cdot r\mathrm{d}r-T_d\int_{r_2}^r\ln\frac{r_2}{r}\cdot r\mathrm{d}r\right) \tag{5-31}$$

设 $C_{套}=E_{套}\ \alpha_{套}\ C'_{套}$；$C_{水}=E_{水}\ \alpha_{水}\ C'_{水}$；$C_{地}=E_{地}\ \alpha_{地}\ C'_{地}$。

（1）由边界条件：$\sigma_{r套}\big|_{r=r_0}=0$，代入公式，整体得：

$$-\frac{E_{套}\ \alpha_{套}}{r_0^2}A_{套}+C_{套}=0 \tag{5-32}$$

（2）由边界条件：$\sigma_{r地}\big|_{r=r_3}=0$，代入公式，整体得：

$$-\frac{E_{地}\ \alpha_{地}}{r_3^2}\left[\frac{1}{\ln\frac{r_3}{r_2}}\left(T_c\int_{r_2}^{r_3}\ln\frac{r_3}{r}\cdot r\mathrm{d}r-T_d\int_{r_2}^{r_3}\ln\frac{r_2}{r}\cdot r\mathrm{d}r\right)+A_{地}\right]+C_{地}=0 \tag{5-33}$$

（3）由径向应力连续条件：$\sigma_{r套}\big|_{r=r_1}=\sigma_{r水}\big|_{r=r_1}$，代入公式，整体得：

$$-\frac{E_{套}\ \alpha_{套}}{r_1^2}\left[\frac{1}{\ln\frac{r_1}{r_0}}\left(T_a\int_{r_0}^{r_1}\ln\frac{r_1}{r}\cdot r\mathrm{d}r-T_b\int_{r_0}^{r_1}\ln\frac{r_0}{r}\cdot r\mathrm{d}r\right)+A_{套}\right]+C_{套}=-\frac{E_{水}\ \alpha_{水}}{r_1^2}A_{水}+C_{水} \tag{5-34}$$

（4）由径向应力连续条件：$\sigma_{r水}|_{r=r_2}=\sigma_{r地}|_{r=r_2}$，代入公式，整体得：

$$-\frac{E_{水}\alpha_{水}}{r_2^2}\left[\frac{1}{\ln\frac{r_2}{r_1}}\left(T_b\int_{r_1}^{r_2}\ln\frac{r_2}{r}\cdot r\mathrm{d}r-T_c\int_{r_1}^{r_2}\ln\frac{r_1}{r}\cdot r\mathrm{d}r\right)+A_{水}\right]+C_{水}=-\frac{E_{地}\alpha_{地}}{r_2^2}A_{地}+C_{地} \tag{5-35}$$

（5）由径向位移连续条件：$U_{r套}|_{r=r_1}=U_{r水}|_{r=r_1}$，代入公式，整体得：

$$\frac{\alpha_{套}}{r_1}(1+\upsilon_{套})\left[\frac{1}{\ln\frac{r_1}{r_0}}\left(T_a\int_{r_0}^{r_1}\ln\frac{r_1}{r}\cdot r\mathrm{d}r-T_b\int_{r_0}^{r_1}\ln\frac{r_0}{r}\cdot r\mathrm{d}r\right)+A_{套}\right]+\frac{(1-\upsilon_{套})r_1C_{套}}{E_{套}}$$

$$=\frac{\alpha_{水}}{r_1}(1+\upsilon_{水})A_{水}+\frac{(1-\upsilon_{水})r_1C_{水}}{E_{水}} \tag{5-36}$$

（6）由径向位移连续条件：$U_{r地}|_{r=r_2}=U_{r水}|_{r=r_2}$，代入公式，整体得：

$$\frac{\alpha_{水}}{r_2}(1+\upsilon_{水})\left[\frac{1}{\ln\frac{r_2}{r_1}}\left(T_b\int_{r_1}^{r_2}\ln\frac{r_2}{r}\cdot r\mathrm{d}r-T_c\int_{r_1}^{r_2}\ln\frac{r_1}{r}\cdot r\mathrm{d}r\right)+A_{水}\right]+\frac{(1-\upsilon_{水})r_2C_{水}}{E_{水}}$$

$$=\frac{\alpha_{地}}{r_2}(1+\upsilon_{地})A_{地}+\frac{(1-\upsilon_{地})r_2C_{地}}{E_{地}} \tag{5-37}$$

联立方程组可以求解 6 个未知数。

组成方程组得：

$$\begin{bmatrix} -r_0^{-2} & 1 & 0 & 0 & 0 & 0 \\ -r_1^{-2} & 1 & k_{101}r_1^{-2} & k_{102} & 0 & 0 \\ k_{104}r_1^{-2} & k_{105} & k_{106}r_1^{-2} & k_{107} & 0 & 0 \\ 0 & 0 & -r_2^{-2} & 1 & k_{109}r_2^{-2} & k_{110} \\ 0 & 0 & k_{112}r_2^{-2} & k_{113} & k_{114}r_2^{-2} & k_{115} \\ 0 & 0 & 0 & 0 & -r_3^{-2} & 1 \end{bmatrix}\begin{Bmatrix} A_{套} \\ C'_{套} \\ A_{水} \\ C'_{水} \\ A_{地} \\ C'_{地} \end{Bmatrix}=\begin{Bmatrix} 0 \\ k_{103} \\ k_{108} \\ k_{111} \\ k_{116} \\ k_{117} \end{Bmatrix} \tag{5-38}$$

$$k_{101}=\frac{E_{水}\alpha_{水}}{E_{套}\alpha_{套}} \tag{5-39}$$

$$k_{102}=-\frac{E_{水}\ \alpha_{水}}{E_{套}\ \alpha_{套}} \tag{5-40}$$

$$k_{103}=\frac{1}{r_1^2}\frac{1}{\ln\frac{r_1}{r_0}}\left(T_a\int_{r_0}^{r_1}\ln\frac{r_1}{r}\cdot r\mathrm{d}r-T_b\int_{r_0}^{r_1}\ln\frac{r_0}{r}\cdot r\mathrm{d}r\right) \tag{5-41}$$

$$k_{104}=(1+\upsilon_{套}) \tag{5-42}$$

$$k_{105}=(1-\upsilon_{套}) \tag{5-43}$$

$$k_{106}=-(1+\upsilon_{水})\frac{\alpha_{水}}{\alpha_{套}} \tag{5-44}$$

$$k_{107}=-(1-\upsilon_{水})\frac{\alpha_{水}}{\alpha_{套}} \tag{5-45}$$

$$k_{108}=-\frac{1}{{r_1}^2}\frac{(1+\upsilon_{套})}{\ln\frac{r_1}{r_0}}\left(T_a\int_{r_0}^{r_1}\ln\frac{r_1}{r}\cdot r\mathrm{d}r-T_b\int_{r_0}^{r_1}\ln\frac{r_0}{r}\cdot r\mathrm{d}r\right) \tag{5-46}$$

$$k_{109}=\frac{E_{地}\ \alpha_{地}}{E_{水}\ \alpha_{水}} \tag{5-47}$$

$$k_{110}=-\frac{E_{地}\ \alpha_{地}}{E_{水}\ \alpha_{水}} \tag{5-48}$$

$$k_{111}=\frac{1}{{r_2}^2\ln\frac{r_2}{r_1}}\left(T_b\int_{r_1}^{r_2}\ln\frac{r_2}{r}\cdot r\mathrm{d}r-T_c\int_{r_1}^{r_2}\ln\frac{r_1}{r}\cdot r\mathrm{d}r\right) \tag{5-49}$$

$$k_{112}=(1+\upsilon_{水}) \tag{5-50}$$

$$k_{113}=(1-\upsilon_{水}) \tag{5-51}$$

$$k_{114}=-(1+\upsilon_{地})\frac{\alpha_{地}}{\alpha_{水}} \tag{5-52}$$

$$k_{115}=-(1-\upsilon_{地})\frac{\alpha_{地}}{\alpha_{水}} \tag{5-53}$$

$$k_{116}=-\frac{1}{{r_2}^2}\frac{(1+\upsilon_{水})}{\ln\frac{r_2}{r_1}}\left(T_b\int_{r_1}^{r_2}\ln\frac{r_2}{r}\cdot r\mathrm{d}r-T_c\int_{r_1}^{r_2}\ln\frac{r_1}{r}\cdot r\mathrm{d}r\right) \tag{5-54}$$

$$k_{117}=\frac{1}{r_3^2\ln\frac{r_3}{r_2}}\left(T_c\int_{r_2}^{r_3}\ln\frac{r_3}{r}\cdot r\mathrm{d}r-T_{\mathrm{d}}\int_{r_2}^{r_3}\ln\frac{r_2}{r}\cdot r\mathrm{d}r\right) \tag{5-55}$$

式中，$E_{地}$、$E_{水}$、$E_{套}$分别为地层、水泥环、套管弹性模量，MPa；$\upsilon_{地}$、$\upsilon_{水}$、$\upsilon_{套}$分别为地层、水泥环、套管泊松比；$\alpha_{地}$、$\alpha_{水}$、$\alpha_{套}$分别为地层、水泥环、套管线胀系数，1/℃。

第3节　套管-水泥环-地层应力-温度耦合有限元分析

假设固井质量优良，水泥环与套管及地层胶结良好，水泥环与地层和套管之间没有间隙，为一各向同性连续体。对于直井而言，套管及水泥环在轴向上的尺寸远远大于其在径向上的尺寸，上覆岩层重力沿井眼轴线方向，水平地应力与井眼轴线方向正交，不考虑正应力和剪应力的联合作用，故可将模型简化为关于二维应力状态的平面应变模型。某井深为5680m，套管外径177.8×10^{-3}m，其壁厚为12.65×10^{-3}m，水泥环外径为217.8×10^{-3}m，其壁厚为20.0×10^{-3}m，地层取边长为20m的正方形。最小水平地应力$\sigma_h=70$MPa，最大水平地应力$\sigma_H=80$MPa，套管内压$P=78$MPa。地层温度$T_1=124$℃，套管内壁温度$T_2=64$℃。模拟材料参数见表5-1。

表5-1　模拟材料参数表

模拟材料	密度/(kg/m^3)	导热系数/(W/m·℃)	比热/(J/kg·K)	弹性模量E/GPa	泊松比υ	线胀系数α/(10^{-6}℃)
套管	7850	43.27	468.92	210	0.3	11.7
水泥环	1830	1.28	879.23	20	0.15	10.3
地层	2720	3.44	866.67	22	0.22	10.3

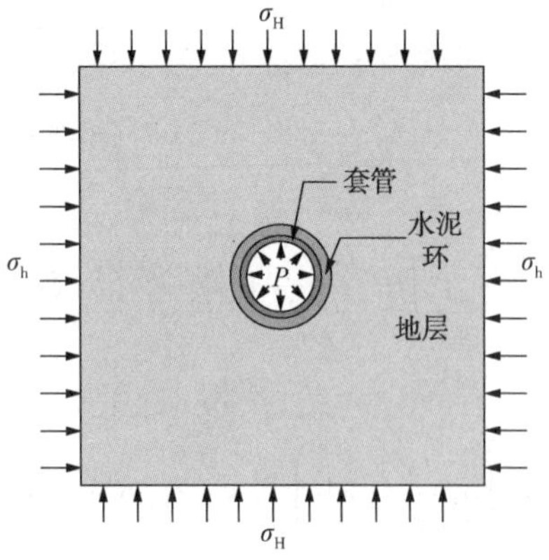

图5-5　模型载荷分布

套管水泥环地层受力模型如图5-5所示。外部受非均匀地应力作用，内部受井底内压作用，地层长度选取大于井筒直径的10倍，以减小边界效应对模拟结果的影响。

图5-6为水泥试件加载过程实际应力-应变曲线，建模过程中考虑水泥环地层的塑性变形，利用图5-7的理想弹塑性本构关系数据进行数值模拟。

模拟过程采用的方法为顺序耦合法，即先进行热传导分析得出温度场，然后在温度场的基础上进行应力分析。井底温度取64℃，依次取水平地应力不均匀系数μ_d=1.0、1.2、1.4、1.6、1.8、2.0，即最大、最小水平地应力依次为(75，75)、(81.8，68.2)、(87.5，62.5)、(92.3，57.7)、(96.4，53.6)、(100，50)六组数据。模拟结果如图5-8所示。

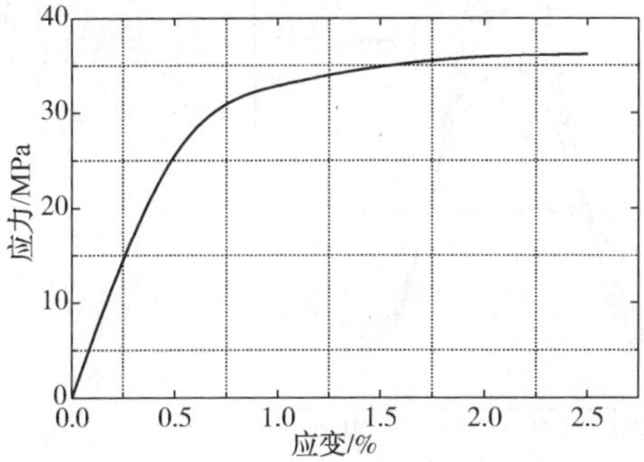

图5-6 某水泥石实际应力-应变曲线

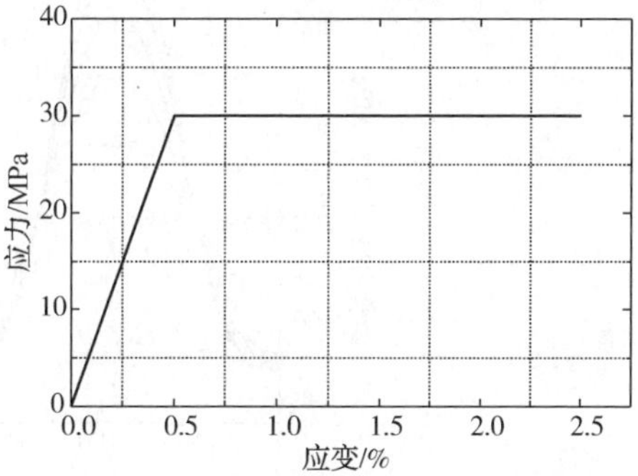

图5-7 材料理想弹塑性应力-应变曲线

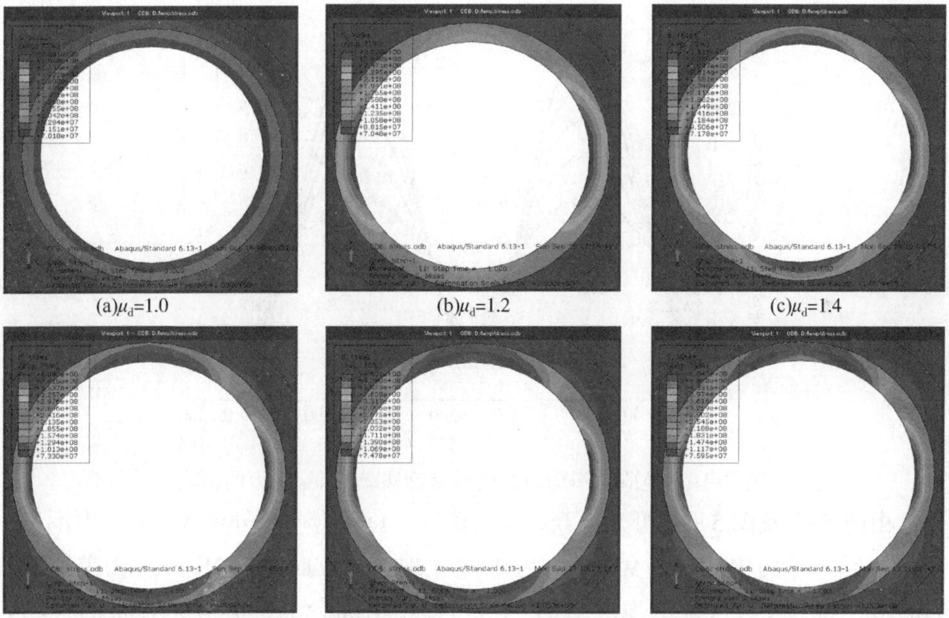

(a)μ_d=1.0 (b)μ_d=1.2 (c)μ_d=1.4

(d)μ_d=1.6 (e)μ_d=1.8 (f)μ_d=2.0

图5-8 不同地应力不均匀系数下的应力云图

由图5-8(a)~图5-8(f)可知，随着地应力不均匀系数的增大，套管内壁应力分布的不均匀程度加剧，而且在最小地应力方向上的套管部位应力明显较大，增加了套管被挤压失效的风险。分别建立由套管内壁及第一胶结面从最大水平地应力方向的结点起40个节点沿顺时针依次连接构成的路径，输出路径上应力数值，得到应力沿第一胶结面变化曲线，如图5-9、图5-10所示。

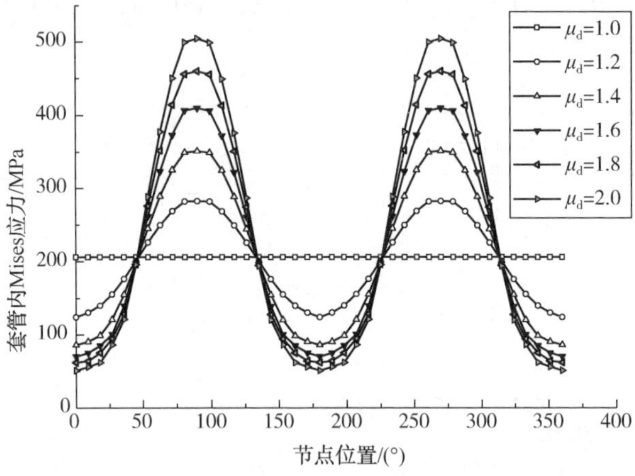

图5-9　地应力不均匀系数对套管内壁应力的影响

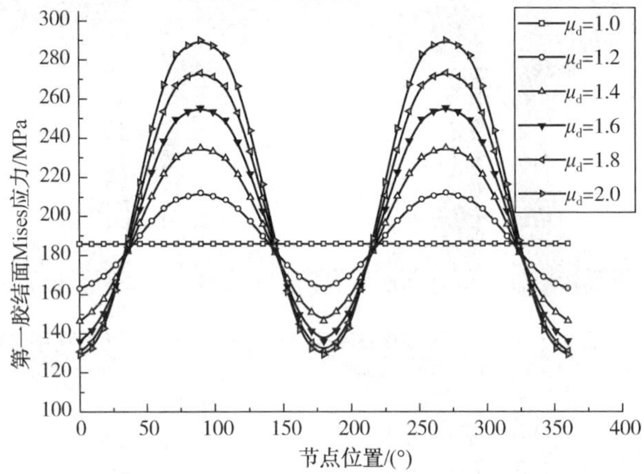

图5-10　地应力不均匀系数对套管外壁Mises应力的影响

由图5-9及图5-10可知，当$\mu_d = 1.0$时，套管内壁及外壁Mises应力不发生变化；当μ_d不为1.0时，套管内最小和最大地应力方向上的Mises应力差值随着μ_d的增大而增大。这说明地应力的不均匀程度增加会加剧套应力分布的不均匀性，很大程度地增大了套管及水泥环被挤毁的风险。Mises应力最大位置在套管内壁，在最小主应力方向，其套管内壁应力不均匀程度高于套管外壁。

最小水平地应力$\sigma_h = 70$MPa，最大水平地应力$\sigma_H = 70$MPa，套管内压$P = 78$MPa。地层温度$T_1 = 124$℃，套管内壁温度$T_2 = 44$℃、54℃、64℃、74℃、84℃、94℃。

图5-11为沿距井筒距离的Mises应力变化曲线，可以看出，由于套管的热

传导系数较高，应力变化较为平缓，都处于高应力状态，而水泥环对套管有着良好隔热作用，应力下降较快，之后处于平缓状态。

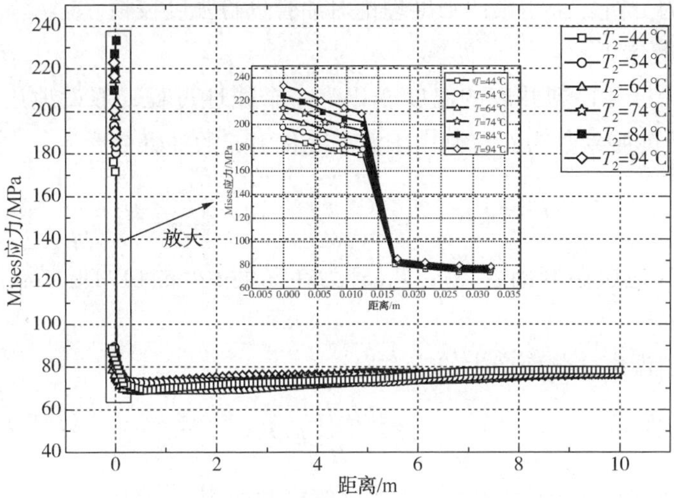

图 5-11　距井壁距离 Mises 应力分布曲线

图 5-12 为套管内外壁面载不同温度工况下 Mises 应力变化曲线，可以看出，套管壁面 Mises 应力随井底温度的变化呈线性变化，而内壁的温度比外壁温度高出 13%。

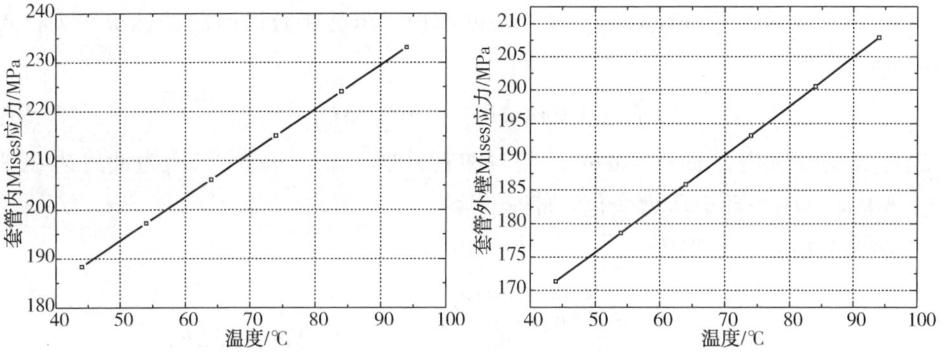

图 5-12　不同温度工况下的套管壁面 Mises 应力曲线

第 4 节　全井油管受力计算方法

一、油管应力解析计算方法

由于试气过程不同，工况下油管所受作用力和基本效应不同，各工况下油管的变形量、强度校合方式也不相同。为了对油管进行强度校合，需要搞清楚各工况下油管的受力、变形情况。对于气井，需考虑油管温度效应、鼓胀效应、螺旋弯曲效应引起的额外作用力，通过对油管下钻完、坐封、开井、关井和酸化压裂各工况的受力分析，采用第四强度理论对油管进行强度校核。

1. 温度效应

一般认为，井口到井底的温度变化为一个线性过程。假设地层温度梯度为 k_z，油管的线膨胀系数为 β_z，则由于温度变化引起的油管变形为

$$\Delta L_1 = \int_0^L \beta_z [T(z) - T_0(z)] dz = \frac{\beta_z k_z}{2} H^2 \tag{5-56}$$

式中，$T(z)$为地层温度函数，℃；$T_0(z)$为在深度 z 处的初始地层温度，℃；H 为地层深度，m。

则油管由温度变化而产生的应力为

$$F_1 = \frac{\Delta H_1}{H} E_z A_s \tag{5-57}$$

式中，E_z为油管弹性模量，MPa；A_s为油管横截面积，mm^2。

2. 鼓胀效应

鼓胀效应是指油管内外压差作用使得油管直径增大、缩小引起的油管轴向上的伸长和缩短的效应。内压大于外压，导致油管直径增加，油管长度缩小；外压大于内压，导致油管直径减小，油管长度增加。由鼓胀效应引起的油管受力计算公式如下

$$F_2 = 0.6A_i(\Delta P_i) - 0.6A_0(\Delta P_0) \tag{5-58}$$

式中，A_i为油管内圆面积，mm^2；A_0为油管外圆面积，mm^2；ΔP_i为油管内压变化，MPa；ΔP_0为环空压力变化，MPa。

鼓胀效应油管变形为

$$\Delta L_2 = -\frac{v_z}{E_z} \frac{\Delta\rho_i - R_z^2 \Delta\rho_0 - \frac{1+2v_z}{2v_z}\xi}{R_z^2 - 1} H^2 - \frac{2v_z}{E_z} \frac{\Delta P_{ob} - R_z^2 \Delta P_{tb}}{R_z^2 - 1} H \tag{5-59}$$

式中，$\Delta\rho_i$为油管内部流体密度的变化，g/cm^3；$\Delta\rho_0$为油管外部流体密度的变化，g/cm^3；v_z为油管泊松比；R 为油管内外径的比值；ξ 为流动引起的单位长度压力降，MPa/m；ΔP_{ob}为井口处油压的变化，MPa；ΔP_{tb}为井口处套压的变化，MPa。

3. 螺旋弯曲效应

油管弯曲效应是油管所受的等效轴向力大于油管发生螺旋弯曲的临界力所发生的效应。螺旋弯曲引起的油管受力计算公式为

$$F_3 = -A_p[\Delta P_i(z_p) - \Delta P_0(z_p)] \tag{5-60}$$

式中，A_p为油管外圆面积，mm^2；$\Delta P_i(z_p)$为封隔器处的油管内压变化，MPa；$\Delta P_0(z_p)$为封隔器处的环空压力变化，MPa。

螺旋弯曲引起的油管变形量为

$$\Delta L_3 = -\frac{\delta_z^2 F_3^2}{8E_z Iq} \tag{5-61}$$

式中，E_z为弹性模量，MPa；I为惯性矩；Q为单位长度油管浮重，kN/m；δ_z为环空间隙，mm。

4. 第四强度理论

$$\sigma_{zr} = -(q_a - q_b) \tag{5-62}$$

$$\sigma_{z\theta} = \frac{2a^2}{(b_z^2 - a_z^2)}(q_a - q_b) \tag{5-63}$$

$$\sigma_{zz} = \frac{F_Z}{A_s} \tag{5-64}$$

$$\sigma_{rd4} = \sqrt{\frac{1}{2}[(\sigma_{zr} - \sigma_{z\theta})^2 + (\sigma_{zr} - \sigma_{zz})^2 + (\sigma_{zz} - \sigma_{z\theta})^2]} \tag{5-65}$$

式中，σ_{zr}为油管径向应力，MPa；$\sigma_{z\theta}$为油管环向应力，MPa；σ_{zz}为油管轴向应力，MPa；σ_{rd4}为油管等效应力，MPa；q_a为内压，MPa；q_b为外压 MPa；a_z为油管内径，mm；b_z为油管外径，mm；F_z为轴向力，kN；A_s为油管截面面积，mm^2。

二、油管应力有限元计算

采用 ABAQUS 中的梁单元对其进行数值模拟，其数值模型示意图如图 5-13 所示。在对油管受力模拟中，井口到井底的温度不同及压力不同，皆按线性分布。考虑油管自身的重力与其所受浮力以及油管在 2000m 深度时的变径，分别模拟了下钻完、坐封、开井、关井、酸化压裂 5 种不同工况下的油管受力特点。其中，在油管坐封后，将井底设为固定约束，工况参数列于表 5-2。

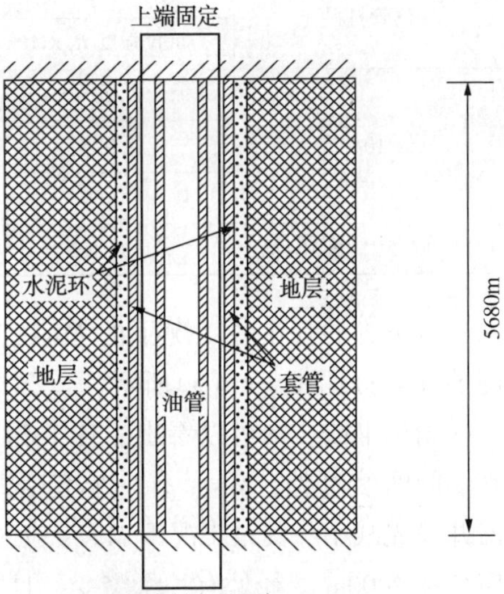

图 5-13　油管数值模型

该井较深，预测地层压力约 90MPa、温度约 124℃，考虑到长期生产需要，不便加伸缩管。为了解酸压施工时油管的缩短变形，以便施加合理的环空平衡压力，并了解井下油管的强度安全性，根据该井油管结构及施工参数，进行了井下油管载荷、轴向应力分析。计算“基准”假设为：①施工时地面温度 25℃；②根据以往经验和电子压力计记录，假设酸压施工后期井底温度降低约 50%。

表 5-2　工况参数表

工况			下钻完	坐封	开井		关井		酸化
					高温高压	常温低压	高温高压	低温高压	
温度/℃		井口	20	20	90	20	90	0	20
		井底	124	124	124	124	124	124	64
压力/MPa	井口	油压	0	47	65	30	75	75	80
		套压	0	0	0	0	0	0	0
	封隔器处	油压	78	102	85	50	90	90	135
		套压	78	78	78	78	78	78	78

油管基本数据（自上至下）：3½in×7.3mm 110 钢级油管×2000m+3½in×6.45mm 110 钢级油管×3680m+7in 完井封隔器（位置约 5680m，1in=2.54cm），其抗拉强度、屈服强度、延伸率及 API 规定列于表 5-3。

表 5-3　材料参数

油管材料	纵向拉伸试验		
	抗拉强度 R_m/MPa	屈服强度 $R_{t0.6}$/MPa	延伸率 A/%
10#	985	930	22.5
	975	920	21.0
	960	915	19.5
API SPEC 5CT(P110)规定	≥862	758~965	≥12.0

以下为油管在各工况下的 Mises 应力及轴向应变沿井筒的分布曲线图，如图 5-14(a)~图 5-14(g)所示。

由以上曲线图可以看出，各工况下油管的最大 Mises 应力均位于井口位置，在 2000m 变径处，Mises 有一个突变，开井常温低压和酸化工况下的 Mises 应力沿井筒先减小，其余工况下 Mises 应力沿井筒皆逐渐减小。各工况下油管的轴向应变在 2000m 变径处有一个突变，且除了坐封和开井工况下轴向应变沿井筒先减小后增大外，其余皆沿井筒减小。

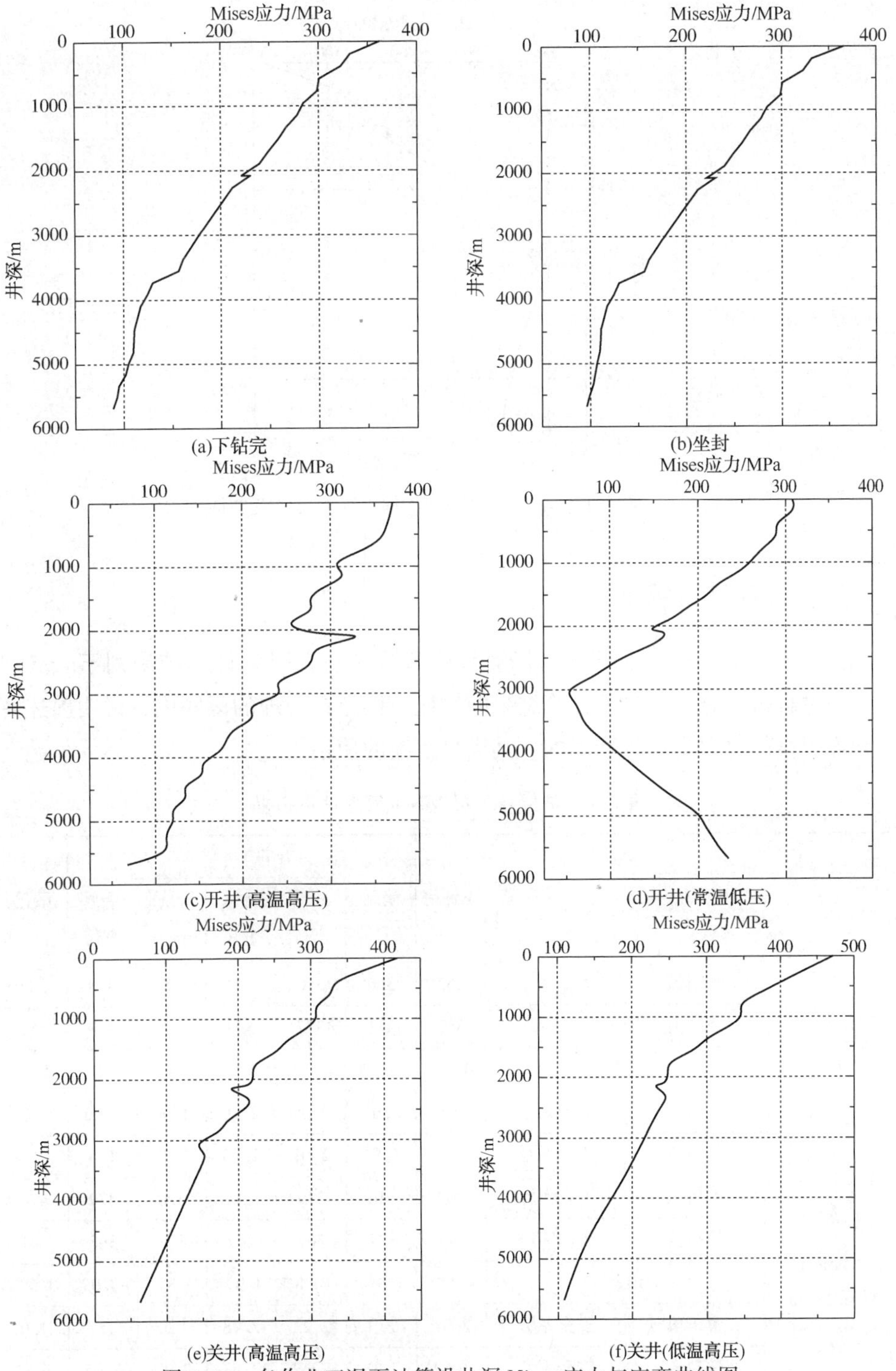

图 5-14　各作业工况下油管沿井深 Mises 应力与应变曲线图

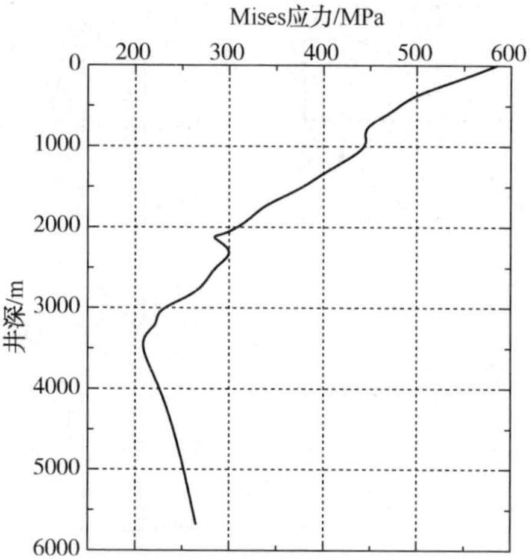

(g)酸化

图 5-14　各作业工况下油管沿井深 Mises 应力与应变曲线图(续)

三、计算结果验证

为验证解析模型的准确性，将解析计算结果与有限元计算结果列于表 5-4 中。通过解析计算与有限元计算结果的对比，误差在合理的区间内，说明前述解析计算模型的建立是比较准确的，其满足工况的使用。

表 5-4　油管各工况 Mises 应力计算结果

工况			下钻完	坐封	开井		关井		酸化
					高温高压	常温低压	高温高压	低温高压	
井口	解析值	σ_{xd4}/MPa	362	366	370	272	387	458	584
	模拟值	σ_{xd4}/MPa	362	411	377	309	418	473	555
	误差		0.0%	10.9%	1.9%	12.0%	7.4%	3.2%	-5.2%
	解析值	安全系数	2.09	2.07	2.05	2.79	1.96	1.66	1.3
	模拟值	安全系数	2.09	1.84	2.01	2.45	1.81	1.6	1.36
7.35mm 转 6.45mm	解析值	σ_{xd4}/MPa	260	316	339	254	300	379	474
	模拟值	σ_{xd4}/MPa	273	322	306	267	312	368	491
	误差		4.8%	1.9%	-10.8%	4.9%	3.8%	-3.0%	3.5%
	解析值	安全系数	2.91	2.4	2.23	2.98	2.53	2	1.6
	模拟值	安全系数	1.52	2.35	2.47	2.83	2.42	2.05	1.54

续表

工况			下钻完	坐封	开井		关井		酸化
					高温高压	常温低压	高温高压	低温高压	
封隔器	解析值	σ_{xd4}/MPa	98	101	70	212	66	118	244
	模拟值	σ_{xd4}/MPa	89	96	68	234	62	108	265
	误差		-10. 1%	-5. 2%	-2. 9%	9. 4%	-6. 5%	-9. 3%	7. 9%
	解析值	安全系数	7. 73	7. 53	10. 83	3. 57	11. 44	6. 43	3. 11
	模拟值	安全系数	8. 51	7. 89	11. 14	3. 24	12. 2	7. 01	2. 86

第 6 章　基于分项系数法的套管实用可靠度设计与评估方法

套管服役是一个长时间的过程，对套管进行强度设计时，需要考虑套管在服役过程中荷载的时变性和因磨损、腐蚀与其他情形引起的套管材料抗力的弱化。基于上述分析，笔者在调研了 ISO10400、SY/T 5724 等套管设计规范和 ISO2394、EN1990、GB50153 等可靠性设计规范的基础上，综合考虑套管在整个服役期间的荷载和强度不确定性，提出了一种套管实用可靠度设计方法。与目前国内通用的套管设计标准 SY/T5724 相比，该方法有以下 3 个方面的不同：①依据固井水泥环固结前后荷载组合形式的差异性，将套管服役寿命周期分为钻完井阶段和生产阶段，分别建立套管强度设计极限状态方程，可以分别考虑套管服役各阶段的荷载组合形式的差异和套管强度的折减；②采用可靠度理论，依据各设计参数的变异系数及目标可靠度，分别计算套管荷载及强度分项系数，完成套管可靠度设计；③考虑了水泥环固结后非均匀地应力荷载对套管强度设计值的影响。因此，采用分项系数的套管强度可靠度设计方法可以实现套管整个服役期间可靠度的定量表述，有效保证套管在整个服役期间的安全可靠性能。

第 1 节　国内外各领域可靠性设计方法对比

随着我国经济的快速发展和人们对事物认知能力的提升，人们对产品安全可靠性能的注重程度也远大于从前。产品可靠性设计，已经在国内外各个领域均得到了长足的应用和发展，如航天、军工、电子、土木工程、机械设计等领域。通过对国内外各个领域可靠性规范的调研，按照不同领域，可将产品的可靠性设计方法归为 3 类，见表 6-1。

由套管强度失效原理可知，①套管的安全强度设计针对的不是一个系统，而是针对每一根套管进行强度设计，故采用概率关系式(包括全概率公式)，从单个单元失效概率出发，最终计算出整个系统的失效概率的方法，并不适用于套管的强度设计；②套管的服役工况十分复杂，承受着不同寿命阶段不同的荷载工况，这些荷载工况的统计参数是很难精确获得的，故采用全概率纯理论的计算方法是很难进行计算的，而如果对每一种工况均采用计算机辅助设计，将使得套管的设计成本大幅增加，并不适用。因此，使用分项系数法，实现对不同工况下的荷载进行分类组合，分别计算结构作用和强度的分项系数，最终实现结构的可靠性设计方法，完成套管的强度可靠性设计。其设计流程如图 6-1 所示。

表 6-1　可靠性方法分类表

领域	可靠性设计方法	代表规范
航天、电子、军工	针对一个系统的可靠性进行计算，根据产品可靠性框图，采用概率关系式(包括全概率公式)，从单个单元失效概率出发，最终计算出整个系统的失效概率。注重产品零件的选购，采用的方法包括普通概率法、布尔真值表法、故障树分析法等	GB7829、GJB813、GJB450A 等
土木工程	针对一般的工程结构，目前采用的设计方法是分项系数设计法。规范中规定的分项系数是由可靠性方法结合工程实际经验综合分析得到的，也称概率极限状态设计方法	ISO2394、EN1990、GB50153、《概率模式规范》等
机械零件设计	针对某个机械零件的可靠性设计，利用应力-强度干涉模型，采用 FORM、蒙特卡洛等可靠性方法直接定量计算零件的失效概率，实现机械零件的可靠性定量计算，对于复杂工况可采用计算机辅助设计	《机械零件设计手册》

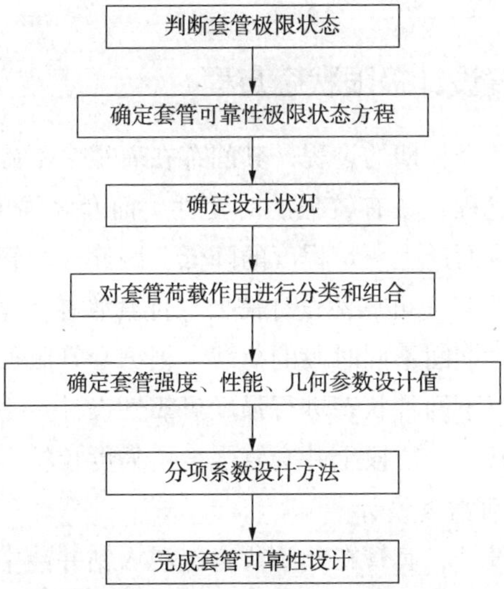

图 6-1　套管可靠性设计流程框图

第2节　基于分项系数法的套管强度可靠度设计方法研究

一、套管可靠性设计极限状态判定原则

根据套管在井下的功能，结合 SY/T 5724—2008《套管柱结构与强度设计》中对套管功能的要求，套管的强度设计原则应满足以下 3 个方面的要求：①满足钻井作业期间的强度要求；②满足各工况作业期间的强度要求；③满足正常生产过程中套管强度要求。

一般认为，在荷载工况下，套管所承受应力超过了其抗挤、抗内压及抗拉强度而发生破坏，认为套管达到了其承载能力极限状态。其承载能力极限状态方程 Z 可综合描述为

$$Z=R_d-S_d=\gamma_R R_k-\gamma_s S_k \tag{6-1}$$

式中，R_d为套管材料强度设计值，包括抗挤强度、抗内压强度、抗拉强度等；R_k为套管材料强度标准值，包括抗挤强度、抗内压强度、抗拉强度等；S_d为套管所受荷载作用设计值；S_k为套管所受荷载作用标准值；γ_R为套管强度的分项系数；γ_s为套管荷载的分项系数。

显然，当 $Z>0$ 时，套管处于安全状态；$Z<0$，套管处于失效状态；$Z=0$ 即为套管承载能力极限状态。

二、套管可靠度设计极限状态方程

套管服役过程是一个长期的过程，其间存在着很多不确定因素，其所承受荷载是一个不断变化的过程，具有较强的时变性，而套管强度由于套管受到磨损、腐蚀及材料老化的影响而产生一定程度的降低，因此，套管荷载和强度的变化关系如图 6-2 所示。套管强度可靠性设计需要保证套管在其全寿命周期内拥有足够的强度以抵抗套管服役期间不同时段的荷载。根据套管服役全周期的应力及强度历程，可将套管分为以下两种状态进行强度可靠性设计：①钻井阶段全井套管强度可靠度设计；②正常生产阶段全井套管强度可靠度校核。

1. 钻井阶段强度可靠度设计

针对全井筒套管设计，套管在此阶段全部浸入钻井液中，考虑的主要荷载为钻井液引起的套管所受内压与外压作用，轴向荷载则为套管自重及浮力，可认为套管受力为均匀外载，其标准值计算方法可依据 SY/T 5724—2008《套管柱结构

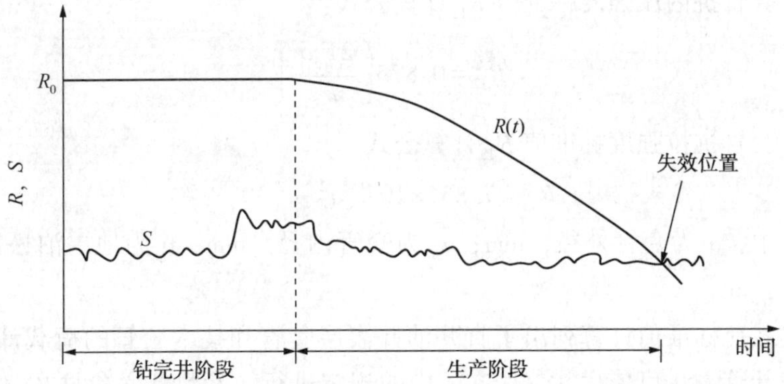

图 6-2　套管服役全周期应力荷载变化示意图

与强度设计》中的规定进行计算得到。

（1）有效外挤压力标准值 S_{11} 计算方法：

$$S_{11}=\left[\frac{\boldsymbol{v}_{s}}{1-\boldsymbol{v}_{s}}G_{v}-0.00981(1-k_{m})\rho_{\min}\right]H \tag{6-2}$$

（2）有效内压力标准值 S_{12} 计算方法：

$$S_{12}=0.00981(\rho_{\max}-\rho_{c})H \tag{6-3}$$

（3）有效拉力标准值 S_{13} 计算方法：

$$S_{13}=\sum_{i=1}^{n}\Delta L_{i}q_{si}\left(1-\frac{\rho_{m}}{\rho_{s}}\right) \tag{6-4}$$

此阶段套管开始服役，可以认为是完好无损的，其标准值可采用 API 规范中的规定计算公式得到。

（4）套管抗挤强度标准值 R_{11} 计算公式。

当 $(a/\delta)\leqslant(a/\delta)_{yp}$ 时，套管强度值按屈服挤毁计算：

$$R_{11}=2Y_{p}\left[\frac{a_{r}/\delta-1}{(a_{r}/\delta)^{2}}\right] \tag{6-5}$$

当 $(a/\delta)_{yp}\leqslant(a/\delta)\leqslant(a/\delta)_{pt}$ 时，套管强度值按塑性挤毁计算：

$$R_{11}=Y_{p}\left[\frac{A}{(a_{r}/\delta)}-B\right]-0.0068947C \tag{6-6}$$

当 $(a/\delta)_{pt}\leqslant(a/\delta)\leqslant(a/\delta)_{te}$ 时，套管强度值按过渡挤毁计算：

$$R_{11}=Y_{p}\left[\frac{F}{(a_{r}/\delta)}-G\right] \tag{6-7}$$

当 $(a/\delta)_{te}\leqslant(a/\delta)$ 时，套管强度值按过渡挤毁计算：

$$R_{11}=\frac{3.237\times10^{5}}{(a_{r}/\delta)(a_{r}/\delta-1)} \tag{6-8}$$

（5）套管抗内压强度标准值 R_{12} 计算公式：

$$R_{12}=0.875\left(\frac{2Y_p\delta}{a_r}\right) \tag{6-9}$$

（6）套管抗拉强度标准值 R_{13} 计算公式：

$$R_{13}=7.854\times10^{-4}(a_r^2-a_{r0}^2)Y_p \tag{6-10}$$

上述各式中，a_r 为套管外径，mm；a_{r0} 为套管内径，mm；υ_s 为地层泊松比；H 为地层深度，m。

上述载荷标准值计算列出了直井油井表层套管和技术套管的荷载计算公式，其余荷载计算方法可依据 SY/T 5724 中的规定进行，参数意义参见 SY/T 5724—2008。

则套管在钻井阶段的极限状态方程可以表述为

$$Z_{1i}=\gamma_{d1i}R_{1i}-\gamma_{s1i}S_{1i}i=1,2,3 \tag{6-11}$$

式中，下标 11、12、13 分别代表套管在钻井阶段的抗挤、抗内压和抗拉可靠度设计。

2. 生产阶段强度可靠度设计

此阶段水泥环已经固结，套管与水泥环之间相互接触，可认为套管与水泥环之间无相对滑动，因此，此阶段套管轴向力远小于第一阶段，故在此阶段可不进行套管轴向强度可靠度设计，只需对套管进行抗挤和抗内压强度设计。由于套管在地层中所受地应力为非均匀状态［如图 6-3(a)所示］，计算一般比较复杂，故将其等效为均匀外挤作用［如图 6-3(b)所示］。

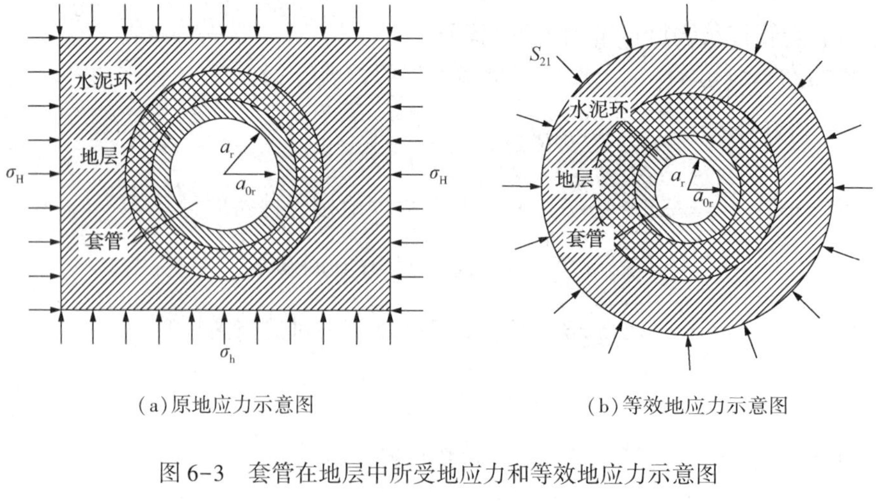

图 6-3　套管在地层中所受地应力和等效地应力示意图

套管受到的外挤压力主要为地应力产生的非均匀外荷载 S_{21}。国内外学者研究认为，地应力产生的套管外挤作用和如下 7 个因素有关：σ_H、σ_h、E_s、E_c、υ_s、υ_c、m_r。其中，σ_H、σ_h为地层最大和最小主应力，MPa；E_s、E_c 分别为地层和套管的弹性模量，MPa；υ_s、υ_c分别为地层和套管的泊松比；$m_r=a_{r0}/a_r$，为套管内外径比。

等效为均匀外挤压力计算方法如下：

$$S_{21}=s_1+\frac{2}{1-m_r^2}\left|m_r^2 s_3-(1+m_r^2)s_2\right| \tag{6-12}$$

$$s_1=2[(1-2\upsilon_s)\sigma_p]\cdot\left[1+\frac{1}{1-m_r^2}\frac{1+\upsilon_c}{1+c_s}\frac{E_s}{E_c}(1-2\upsilon_c+m_r^2)\right]^{-1} \tag{6-13}$$

$$s_2=\frac{C_{22}+C_{12}}{C_{11}C_{22}-C_{12}C_{21}}R_r \tag{6-14}$$

$$s_3=-\frac{C_{21}+C_{11}}{C_{11}C_{22}-C_{12}C_{21}}R_r \tag{6-15}$$

$$\sigma_p=(\sigma_H+\sigma_h)/2 \tag{6-16}$$

$$s=(\sigma_H-\sigma_h)/2 \tag{6-17}$$

$$R_r=-\frac{4(1-\upsilon_s^2)}{1+\upsilon_s}\frac{E_c}{E_s}(1-m_r^2)^3 s \tag{6-18}$$

此阶段套管内压标准值 S_{22}，为生产内压 Q_r，即：

$$S_{22}=Q_r \tag{6-19}$$

由于套管在生产过程中，因腐蚀、磨损和其他一些损伤使得套管强度随时间的推移不断减小，仍存在发生失效的可能性。故在此阶段进行套管可靠度设计时，需要计算缺陷套管的剩余强度标准值。

(1) 含缺陷套管剩余抗挤强度标准值可利用缺陷套管中当量椭圆度 $\delta_0=2e/(2a-4t+e)$ 和壁厚不均匀度 $\varepsilon_r=2e/(2t-e)$，代替经典含初始缺陷套管抗挤强度计算公式中椭圆度和壁厚不均匀度，进行套管强度标准值计算。含缺陷套管的抗挤强度标准值 R_{21} 与理想圆管的抗挤压力有如下关系：

$$R_{21}=\frac{1}{2}\left(P_e+P_y-\sqrt{(P_e+P_y)^2+G_r P_e P_y}\right) \tag{6-20}$$

$$P_e=\frac{2E_c}{(1-v_c)}\frac{1}{(a_r/t)[((a_r/t)-1)]^2} \tag{6-21}$$

$$P_y=\frac{2\sigma_y[(a_r/t)-1]}{(a_r/t)^2}\left[1+\frac{1.47}{(a_r/t)-1}\right] \tag{6-22}$$

$$G_r = 0.3232\delta_0(\%) + 0.00228\varepsilon_r(\%) - 0.5648\frac{Y_R}{Y_p} \quad (6-23)$$

$$\delta_0 = 2e/(2a_r - 4t + e) \quad (6-24)$$

$$\varepsilon_r = 2e/(2t - e) \quad (6-25)$$

式中，P_e为理想圆管的弹性挤毁压力，MPa；P_y为理想圆管的弹塑性屈服挤毁压力，MPa；E_s为地层的弹性模量，MPa；E_c为套管的弹性模量，MPa；υ_s为地层的泊松比；υ_c为套管的泊松比；a_r为套管外径，mm；t为套管壁厚，mm；e为套管缺陷深度，mm；Y_R为套管残余应力，MPa；Y_P为套管屈服强度，MPa；δ_0为缺陷套管不均匀度；ε_r为缺陷套管壁厚不均匀度。

(2) 含缺陷套管剩余抗内压强度标准值则采用修正后的 Klever-Stewart 套管内压计算公式，即套管制造缺陷深度因子取为 1，以实际套管缺陷深度 e 代替原公式初始缺陷最小深度 a_N，如式(6-26)所示。含缺陷套管的抗内压强度标准值 R_{22}与理想圆管的抗内压压力有如下关系：

$$R_{22} = \frac{2Y_p(t - k_a e)[(1/2)^{n+1} + (1/3)^{n+1}]}{[a_r - (t - k_a e)]} \quad (6-26)$$

式中，k_a为内压强度系数，调质和 13Cr 材料套管取 1.0，旋转校直取 2.0，未知取 2.0；n 为套管材料应力-应变强度硬化因子，可根据材料实际试验曲线来确定，或用经验公式 $n = 0.1693 - 1.1774 \times 10^{-4} Y_p$。

定义折减系数如下：

$$\gamma_{LNi} = \frac{R_{3i}}{R_{1i}} i = 1,\ 2 \quad (6-27)$$

不同壁厚减小量下套管强度的折减系数列于表 6-2。

表 6-2　γ_{LN}值及腐蚀凹坑深度 d_c 与套管壁厚 t 之比的关系表

d_c/t		0.00	0.02	0.04	0.06	0.08	0.10	0.15	0.20	0.30
γ_{LN}	抗挤	1.00	0.99	0.97	0.95	0.92	0.89	0.85	0.80	0.72
	抗内压	1.00	0.98	0.96	0.92	0.90	0.88	0.84	0.78	0.68
d_c/t		0.40	0.50	0.60	0.70	0.80	0.85	0.90	0.95	1.00
γ_{LN}	抗挤	0.52	0.43	0.40	0.39	0.33	0.29	0.22	0.13	0.00
	抗内压	0.56	0.47	0.42	0.39	0.33	0.28	0.22	0.13	0.00

则套管在正常生产阶段的强度极限状态方程可以表述为：

抗挤：$$Z_{21} = \gamma_{d11}\gamma_{LN1}R_{11} - (\gamma_{s21}S_{21} - \gamma_{s32}S_{32min}) \quad (6-28)$$

抗内压：　　$Z_{322}=\gamma_{d12}\gamma_{LN2}R_{12}-(\gamma_{s32}S_{32max}-\gamma_{s21}S_{21})$　　(6-29)

根据上述分析，将套管全寿命周期的两种种状态设计极限状态方程及其对应的荷载组合列于表6-3。在套管可靠性设计时，需要分别对套管的这两种状态进行可靠性设计，套管只有满足这两种状态下的强度可靠度指标时，才认为套管是安全的。

表6-3　套管分阶段可靠度设计参数组合表

设计状态		外载设计参数	强度设计参数	套管强度折减系数
钻井阶段	抗挤	$S_{11}(\rho_{min}, v_s, G_v)$	$R_{11}(a_r, a_{r0}, t, Y_p)$	—
	抗内压	$S_{12}(\rho_{max}, \rho_c)S_{12}(\rho_{max}, \rho_c)$	$R_{12}(a_r, t, Y_p)$	—
	抗拉	$S_{13}(q_{si}, \rho_m, \rho_s)$	$R_{13}(a_r, a_{r0}, Y_p)$	—
正常生产阶段	抗挤	$S_{21}(\sigma_H, \sigma_h, Es, Ec, v_s, v_c, m_r)$	$R_{11}(a_r, a_{r0}, t, Y_p)$	γ_{LN1}
	抗内压	$S_{22}(Q_r)$	$R_{12}(a_r, t, Y_p)$	γ_{LN2}

三、确定分项系数的设计值计算方法

考虑一般设计情况，假设各设计变量的统计参数已知，可以将套管功能函数方程写成如下形式：

钻完井阶段：

$$Z_{11}=g_{11}(\gamma_{s11}S_{11}, \gamma_{R11}R_{11}) \tag{6-30}$$

$$Z_{12}=g_{12}(\gamma_{s12}S_{12}, \gamma_{R12}R_{12}) \tag{6-31}$$

$$Z_{13}=g_{12}(\gamma_{s13}S_{13}, \gamma_{R13}R_{13}) \tag{6-32}$$

生产阶段：

当 $S_{21}>S_{22}$时，

$$Z_{21}=g_{21}(\gamma_{s21}S_{21}, S_{22}, \gamma_{LN1}\gamma_{R11}R_{11}) \tag{6-33}$$

当 $S_{21}<S_{22}$时，

$$Z_{22}=g_{21}(S_{21}, \gamma_{s22}S_{22}, \gamma_{LN2}\gamma_{R12}R_{12}) \tag{6-34}$$

为描述方便，将套管功能函数统一描述为用分项系数表述的形式如下：

$$Z=g(\gamma_s S_k, \gamma_R R_k)=\gamma_R R_k-\gamma_s S_k \tag{6-35}$$

式中，S_k为套管荷载标准值；R_k为套管强度标准值；γ_s为套管荷载分项系数；γ_R为套管强度分项系数。

式(6-35)中的各分项系数可以由下述公式确定：

$$\gamma_S=\frac{S^*}{S} \tag{6-36}$$

$$\gamma_R=\frac{R^*}{R} \tag{6-37}$$

S^*、R^* 为 S、R 在验算点 P 的值。由于验算点 P 未知，为求解套管荷载与强度分项系数，令 μ_z、σ_z 分别为 Z 的平均值与标准差。则可靠度指标 β 为：

$$\beta=\frac{\mu_z}{\sigma_z} \tag{6-38}$$

由于 μ_z、σ_z 精确求解比较困难，故将 Z 在验算点处展开，此时可靠度指标 β 可表述如下：

$$\beta=\frac{g(X_1^*,\ X_2^*,\ \cdots,\ X_n^*)+\sum_{i=1}^{n}\left.\frac{\partial g_x}{\partial X_i}\right|_{\mathrm{P}}(\mu_{X_i}-x_i^*)}{\sqrt{\sum_{i=1}^{n}\left[\left.\frac{\partial g_x}{\partial X_i}\right|_{\mathrm{P}}\sigma_{X_i}\right]^2}} \tag{6-39}$$

定义荷载和强度敏感度系数分别如下：

$$\alpha_{\mathrm{S}}=\cos\theta_{\mathrm{S}}=-\frac{\left.\frac{\partial g}{\partial S}\right|_P\sigma_{\mathrm{S}}}{\sqrt{\left[\left.\frac{\partial g}{\partial S}\right|_{\mathrm{P}}\sigma_{\mathrm{S}}\right]^2+\left[\left.\frac{\partial g}{\partial R}\right|_{\mathrm{P}}\sigma_{\mathrm{R}}\right]^2}} \tag{6-40}$$

$$\alpha_{\mathrm{R}}=\cos\theta_{\mathrm{R}}=-\frac{\left.\frac{\partial g}{\partial R}\right|_{\mathrm{P}}\sigma_{\mathrm{R}}}{\sqrt{\left[\left.\frac{\partial g}{\partial S}\right|_{\mathrm{P}}\sigma_{\mathrm{S}}\right]^2+\left[\left.\frac{\partial g}{\partial R}\right|_{\mathrm{P}}\sigma_{\mathrm{R}}\right]^2}} \tag{6-41}$$

则验算点的值可以描述为：

$$S^*=\mu_{\mathrm{S}}(1+\beta\delta_{\mathrm{S}}\alpha_{\mathrm{S}}) \tag{6-42}$$

$$R^*=\mu_{\mathrm{R}}(1+\beta\delta_{\mathrm{R}}\alpha_{\mathrm{R}}) \tag{6-43}$$

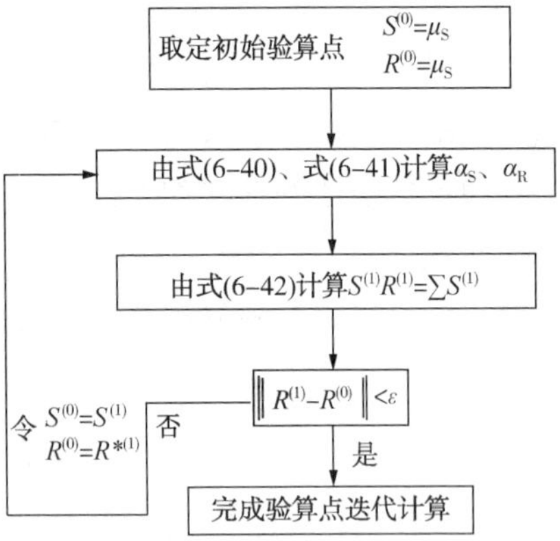

图 6-4　套管可靠度设计迭代计算框图

μ_{S}、σ_{S} 和 μ_{R}、σ_{R} 分别为套管荷载 S 和强度 R 的平均值和标准差，$\delta_{\mathrm{S}}=\sigma_{\mathrm{S}}/\mu_{\mathrm{S}}$、$\delta_{\mathrm{R}}=\sigma_{\mathrm{R}}/\mu_{\mathrm{R}}$ 为套管荷载和强度的变异系数。在已知套管荷载统计参数 μ_{S}、σ_{S}，目标可靠度指标 β_{T}，套管强度变异系数 δ_{R} 的情况下，为获得分项系数的值，完成套管强度可靠度设计，需按照图 6-4 框图步骤进行迭代计算，容许误差 $\varepsilon=10^{-3}$。α_{S}、α_{R} 取最后一次迭代数据。令 $k_{\mathrm{S}}=\mu_{\mathrm{S}}/S_{\mathrm{k}}$、$k_{\mathrm{R}}=\mu_{\mathrm{R}}/R_{\mathrm{k}}$，则式(6-35)中各分项系数为：

$$\gamma_S=\frac{S^*}{S}=\frac{\mu_S(1+\beta\delta_S\alpha_S)}{\mu_S/k_S}=k_S(1+\beta\delta_S\alpha_S) \tag{6-44}$$

$$\gamma_R=\frac{R^*}{R}=\frac{\mu_R(1+\beta\delta_R\alpha_R)}{\mu_R/k_R}=k_R(1+\beta\delta_R\alpha_R) \tag{6-45}$$

将套管各设计变量统计参数代入式(6-44)、式(6-45)计算出套管各设计变量分项系数，代入式(6-35)，即可求得在目标可靠度下的套管强度值，完成套管强度可靠度设计。

上述分项系数设计过程中敏感性系数 α_R、α_S 是随着设计各参数统计参数的不同而变化的，使用起来需要迭代计算非常不便，为简化计算，可以通过分析比较结合工程经验，可将其定义为常数进行使用。

第3节　基于可靠度方法的损伤套管安全评价方法

套管服役过程是一个长期的过程，其间存在着很多不确定因素，其所承受荷载是一个不断变化的过程，具有较强的时变性，而套管强度由于套管受到磨损、腐蚀及材料老化的影响而产生一定程度的降低，因此需选取有可能出现的最不利组合进行安全可靠性评估。

一、套管可靠度评估结构功能函数

在一般情况下，总可以将影响结构可靠性的因素归纳为两个综合量，即结构或结构构件的荷载效应 S 和抗力 R。令：

$$Z=g(R,\ S)=R-S \tag{6-46}$$

Z 为结构功能函数。实际工程中的荷载效应 S 和抗力 R 均为随机变量，因此 Z 也是一个随机变量，总可能出现下列 3 种情况：$Z>0$，结构可靠；$Z<0$，结构失效；$Z=0$，结构处于极限状态。

$$Z=R-S=0 \tag{6-47}$$

称为结构极限状态方程。

由于影响荷载效应 S 和结构抗力 R 都有很多更基本的随机变量(如截面几何特性、结构尺寸、材料性能等)，设这些随机变量为 X_1，X_2，…，X_n，则结构功能函数的一般形式为：

$$Z=g(X_1,\ X_2,\ \cdots,\ X_n) \tag{6-48}$$

二、套管可靠度评估迭代方法

对套管安全可靠性进行评估，其荷载可采用第2章声波测井信息得到该井地应力值，采用公式(6-12)转化为等效均匀荷载，利用套管检测数据得到套管损伤情况，根据第4章拟合数据，得到此时套管剩余强度值，因此套管设计荷载与强度统计参数μ_S、σ_S和μ_R、σ_R均为已知。即可采用图6-5的迭代计算步骤完成套管可靠度评估。

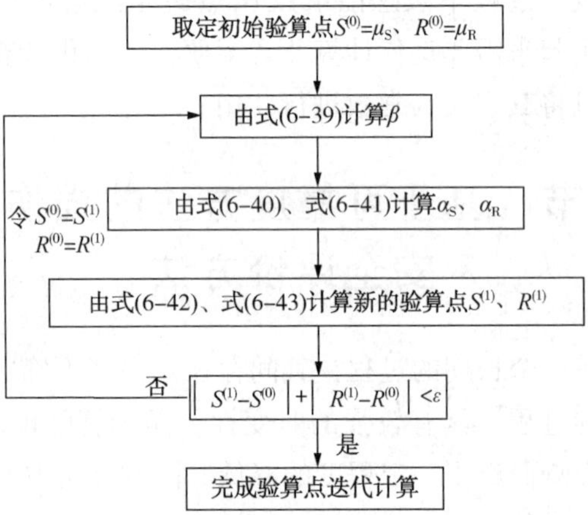

图6-5　套管可靠度评估迭代计算框图

由图6-5迭代计算，最后一次迭代计算的可靠度指标β即为该井套管目前的可靠度指标，利用表6-4、表6-5的分级标准即可完成该段套管的可靠度评估。

表6-4　可靠度指标与失效概率转化关系表

失效概率	0.01%	1%	5%	10%
可靠度指标β	3.7	2.33	1.64	1.28

表6-5　套管安全可靠度分级标准

套管安全分级	Ⅰ	Ⅱ	Ⅲ	Ⅳ	Ⅴ
分级范围	>3.7	3.7~2.33	2.33~1.64	1.64~1.28	<1.28

第4节　套管可靠度设计实例

对某压裂直井套管进行可靠度设计。该井设计井深5200m，实际井深5177.85m，射孔段5154.0~5160.0m。该井套管设计参数整理如表6-6所示。

表 6-6　射孔段套管设计参数表

设计参数	名义值	设计参数	名义值
井筒深度/m	5177.85	套管射孔深度/m	5154.0~5160.0
目标可靠度指标	3.2	井眼直径/mm	241.3
最小钻井液密度/(g/cm^3)	1.20	最大钻井液密度/(g/cm^3)	1.45
天然气密度/(g/cm^3)	0.55	掏空系数	1
地层弹性模量/MPa	1.0e4	地层泊松比	0.3
地层水密度/(g/cm^3)	1.05	生产设计套压/MPa	0~18
上覆岩层压力梯度/(MPa/m)	0.021	地层蠕动	是
最大主应力压力梯度/(MPa/m)	0.014	最小主应力压力梯度/(MPa/m)	0.012

一、套管荷载及材料强度设计变量概率分布

影响套管强度性能的参数主要为外径、壁厚、材料屈服强度、弹性模量、泊松比。文献通过对 5 个生产厂家的 2000 根不同钢级的 API 管材进行统计测试，并根据 Galambos 和 Ravindra 所做的工作，指出上述参数均服从正态分布，相应的分布参数见表 6-7。诱发套管外载的各影响因素同样具有随机性，根据国内外学者成果的调研，套管荷载设计变量均服从正态分布，其相应的统计参数列于表 6-7。由于套管所受地层荷载的变异性非常大，目前并没有确定的规范标准值，故未找到荷载分布参数的实测平均值与标准值的比值参数，参照建筑结构荷载规范，其相应取值列于表 6-7。

表 6-7　套管荷载与强度设计变量统计参数表

荷载设计变量			强度设计变量		
荷载设计参数	实际平均值/名义值	变异系数	强度设计参数	实际平均值/名义值	变异系数
地层弹性模量	1.01	0.07	外径	1.005	0.0013
地层泊松比	1.01	0.04	内径	1.005	0.0013
最大水平主应力	1.12	0.005	壁厚	1.00	0.018
最小水平主应力	1.12	0.005	套管屈服强度	1.09	0.022
压裂设计压力	1.00	0.04	套管弹性模量	1.00	0.035
钻井液密度	1.06	0.005	套管泊松比	1.00	0.025
生产压力	1.00	0.03	套管自重	1.02	0.07

应用 Monte-Carlo 方法，利用表 6-7 设计变量的统计参数，随机生成 100000 个样本数据，代入套管荷载与强度计算公式，利用计算机模拟拟合得到套管荷载与强度的当量正态分布函数，计算得到套管荷载和强度的分布参数列于表 6-8。

表 6-8　套管可靠度设计应力与强度统计参数表

套管强度类型	k_R模拟平均值/API 标准值	变异系数 δ_R	套管荷载	k_S模拟平均值/标准值	变异系数 δ_S
屈服抗挤强度 R_{11}	1.085	0.036	S_{11}	1.004	0.13
塑性抗挤强度 R_{11}	1.114	0.0749	S_{12}	0.99	0.07
过渡抗挤强度 R_{11}	1.513	0.0705	S_{13}	0.99	0.17
弹性抗挤强度 R_{11}	1.394	0.1014	S_{21}	1.01	0.06
抗内压强度 R_{12}	1.243	0.0381	S_{22}	1.1	0.04
抗拉强度 R_{13}	1.095	0.0381			

二、套管可靠度设计步骤与结果分析

首先按抗挤强度进行自下而上的设计，对其抗拉及抗内压强度进行校核，待抗内压和抗拉强度不满足时，采用抗内压或者抗拉强度进行设计，对抗挤强度进行可靠度校核，直至满足设计要求为止，具体过程如下：

(1) 依据 SY/T5724 计算套管在钻完井阶段的外挤荷载，按照套管塑性抗挤强度统计参数对套管进行抗挤强度可靠度设计，采用图 6-4 所述的迭代方法计算得到套管荷载和强度的敏感性系数，根据式(6-44)、式(6-45)得到套管强度和荷载的分项系数，代入式(6-35)计算得到套管抗挤强度标准值，根据井口直径，选择抗挤强度超过该标准值的套管；根据选择的套管外径和壁厚比值确定套管抗挤强度类型。如不在塑性抗挤强度范围，则需要按照图 6-5 的迭代方法进行套管强度可靠度验算；如不满足，则选择高一级的钢级套管，直至满足要求为止。

(2) 根据选择的套管，依据 SY/T5724 计算钻完井阶段套管的内压及拉伸荷载，采用图 6-5 的迭代方法对套管抗内压和抗拉强度进行可靠度校核；如不满足，则改为相应的套管强度可靠度设计，直至完成套管钻完井阶段的可靠度设计。

(3) 按照套管壁厚损伤深度值根据式(6-27)计算相应折减系数，对套管强度标准值进行修正；利用式(6-12)计算得到套管外挤荷载；利用式(6-19)计算套管内压，代入套管生产阶段极限状态式(6-28)、式(6-29)自下而上地对套管强度进行可靠度验算。如不满足，则对该段套管进行可靠度设计，直至满足设计条件，对上述设计结果进行修正。

根据上述3个步骤，以套管失效概率为0.7%对应可靠度指标3.2作为目标可靠度，对该井进行分阶段套管设计，结果列于表6-9。

表6-9 套管可靠度设计结果

设计工况		设计套管下深/m	钢级	外径/mm	壁厚/mm	线重/(kg/m)	强度标准值/MPa	荷载标准值/MPa	可靠度指标	折减系数	备注
1	抗挤	0~4000	N80	196.85	15.11	68.73	78.2	36	6.6	—	验算
1	抗挤	4000~5177	P110	196.85	15.11	68.73	103.4	46.6	6.8	—	验算
1	内压	0~4000	N80	196.85	15.11	68.73	74.1	53.6	6.8	—	验算
1	内压	4000~5177	P110	196.85	15.11	68.73	101.9	73.64	6.8	—	验算
1	抗拉	0~4000	N80	196.85	15.11	68.73	4759	2219	6.1	—	验算
1	抗拉	4000~5177	P110	196.85	15.11	68.73	6543	505	22.9	—	验算
2	抗挤	0~4000	N80	196.85	15.11	68.73	75.1	54.3	3.2	0.96	设计
2	抗挤	4000~5177	P110	196.85	15.11	68.73	99.2	74.62	3.6	0.96	设计

注：①1、2分别代表钻完井阶段、生产阶段；②表中生产阶段套管的折减系数按照套管壁厚减薄5%选取。

对比表6-9中的数据可知，套管在生产阶段的外挤荷载远远大于套管在钻完井阶段所承受的外挤荷载，故常规设计抗挤安全系数选为0.85~1.15很难满足该井的抗挤强度要求，尤其在该井射孔段。该井实际选材为P110钢级套管，直径193.68mm，壁厚10.92mm，抗挤强度54.1MPa，而上述计算的套管有可能出现的最大外挤压力为74.62MPa，远大于套管的抗挤强度，故极易发生挤毁失效，在施工过程中应予以注意。

三、设计参数变异系数对分项系数的影响规律

根据分项系数的计算方法，笔者分析了套管荷载与强度变异系数的变化对套管荷载与强度分项系数的影响(见图6-6~图6-8)。从图6-6中可以看出，在固定强度变异系数时，荷载分项系数随着荷载变异系数的增加而增加，强度分项系数随着荷载变异系数的增加而减小。从图6-7中可以看出，在固定荷载变异系数时，荷载分项系数随着强度变异系数的增加而减小，强度分项系数随着荷载变异系数的增加而增加。在实际工况下，套管材料的变异性比较小，由图6-6可知，当荷载变异系数超过0.08时，目标可靠度的变化对强度分项系数影响较小，超过0.1时，强度分项系数近似为一直线，为减少计算量可以用一固定值

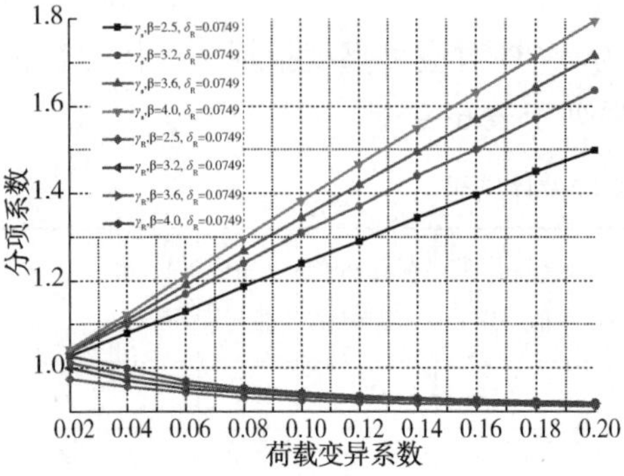

图 6-6　荷载变异系数对荷载与强度分项系数的影响

代替。从图 6-8 中可以看出，强度变异系数的改变对套管 $\gamma_s\gamma_R$ 的影响要明显大于荷载变异系数的影响，故在选择套管材料时应注意选择管材性质比较稳定、变异系数小的材料。

$\gamma_s\gamma_R$ 随着变异系数的增加而增加，符合目前人们对设计参数不确定性越大，达到某一可靠度指标，需要的安全储量越大的认知。因此，分项系数与设计参数变异系数和目标可靠度有着密切的联系，反映了套管强度与荷载的变异性。将套管设计参数的不确定性和目标可靠度以量化的形式代入到套管设计中，使套管设计更加完善，接近工程实际。

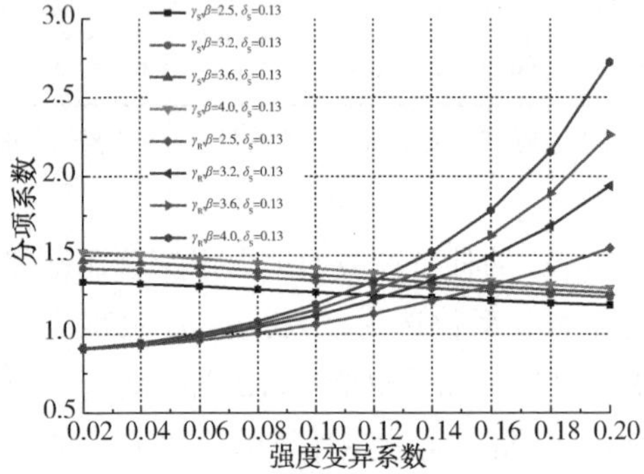

图 6-7　强度变异系数对荷载与强度分项系数的影响

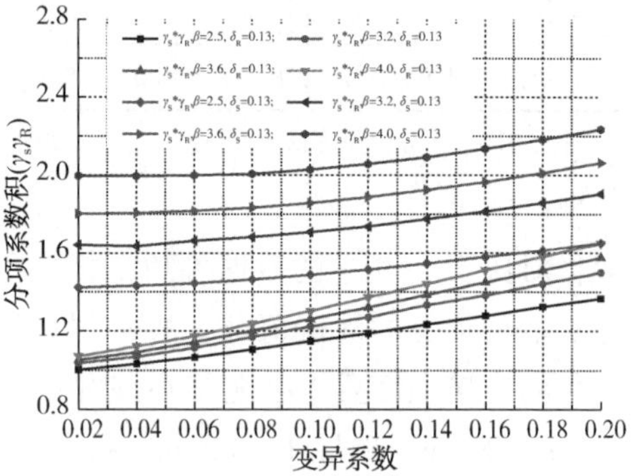

图 6-8　强度与荷载变异系数对 $\gamma_s\gamma_R$ 的影响

四、可靠度设计方法验证

为验证可靠度设计方法的正确性，利用套管强度可靠度计算方法分别计算了目标可靠度为 2.5、3.2、3.6、4.0 下的钻完井阶段套管抗挤、抗内压、抗拉强度设计值和 SY/T5724 的设计结果，列于图 6-9~图 6-11。

由图 6-9~图 6-11 可以看出，随着目标可靠度的提高，套管的强度设计值增加，且荷载越大，影响越明显。图 6-9 抗挤可靠度设计结果和图 6-10 抗内压可靠度设计结果均高于 SY/T5724 的设计结果，说明该井抗挤和抗内压强度与荷载波动范围较大，变异系数较高，常规安全系数很难满足该井套管的可靠度要求，可结合实际工况重新选取；而在图 6-11 中，当目标可靠度为 3.2 时，套管抗拉设计结果仍然小于 SY/T5724 中安全系数取为 1.7 的抗拉设计结果，说明抗拉强度和荷载波动较小，安全系数选取 1.7 偏于保守。

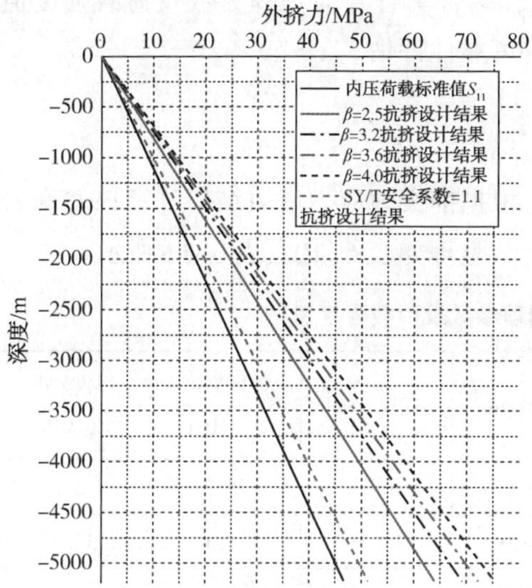

图 6-9 钻完井阶段抗外挤强度可靠度设计

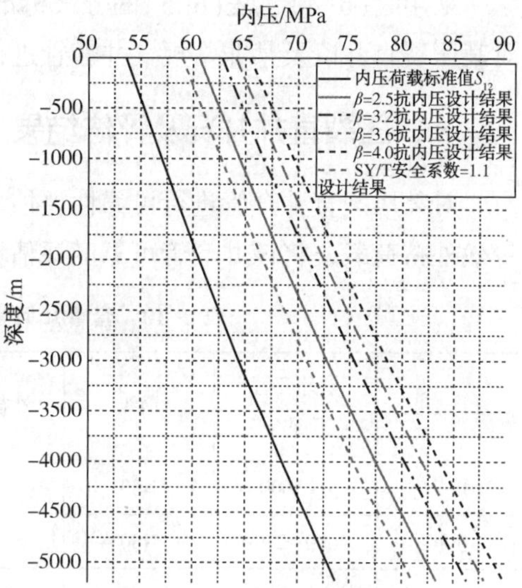

图 6-10 钻完井阶段抗内压强度可靠度设计

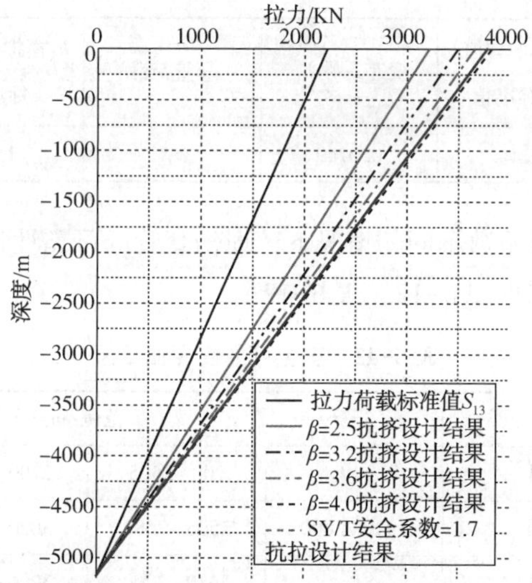

图 6-11 钻完井阶段抗拉可靠度设计

第5节　套管安全评价方法应用实例

采用表(6-4)、表(6-5)的分级标准，结合套管几何物理参数及荷载强度值对某压裂直井以及某非常规气井套管进行可靠性评估。

一、压裂直井井况及评估结果

对某压裂直井套管进行可靠性评估。根据前文地应力反演结果计算该井套管等效外挤荷载，将该井套管可靠度评估参数整理如表6-10、表6-11所示。

表6-10　套管几何物理参数及荷载强度值

设计工况	设计套管下深/m	钢级	外径/mm	壁厚/mm	强度标准值/MPa	荷载标准值/MPa
抗挤	0～2000	N80	219.0	10.16	28.3	22.7
抗挤	2000～2700	N80	219.0	11.43	38.1	32.9
抗挤	2700～3400	N80	219.0	12.70	47.9	44.0
抗挤	3400～3577	N80	219.0	14.15	59.1	48.8

表6-11　套管可靠度设计应力与强度统计参数表

套管强度类型	k_R模拟平均值/API标准值	变差系数δ_R	套管荷载	k_S模拟平均值/标准值	变差系数δ_S
塑性抗挤强度R_{11}	1.114	0.0749	S_{21}	1.01	0.06

在套管强度折减系数不同的情况下，损伤套管的可靠性指标评估结果和安全可靠度评估结果分别见图6-12、表6-12。

表6-12　安全可靠度评估结果

强度折减	安全分类	范围/m			
1	Ⅰ	0～1990	200～2505	2700～3020	3400～3510
1	Ⅱ	1990～2000	2505～2680	3020～3200	3510～3577
1	Ⅲ		2680～2700	3200～3300	
1	Ⅳ			3300～3400	
1	Ⅴ				

续表

强度折减	安全分类	范围/m			
0.9	Ⅰ	0~1800	2000~2310	2700~2790	
0.9	Ⅱ	1800~1910	2310~2460	2790~2920	3400~3440
0.9	Ⅲ	1910~1980	2460~2510	2920~3020	3440~3500
0.9	Ⅳ	1980~2000	2510~2600	3020~3120	3500~3577
0.9	Ⅴ		2600~2700	3120~3400	
0.8	Ⅰ	0~1590	2000~2220		
0.8	Ⅱ	1590~1700	2220~2300		
0.8	Ⅲ	1700~1780	2300~2390	2700~2760	
0.8	Ⅳ	1780~1850	2390~2700	2760~2880	
0.8	Ⅴ	1850~2000		2880~3400	3400~3577

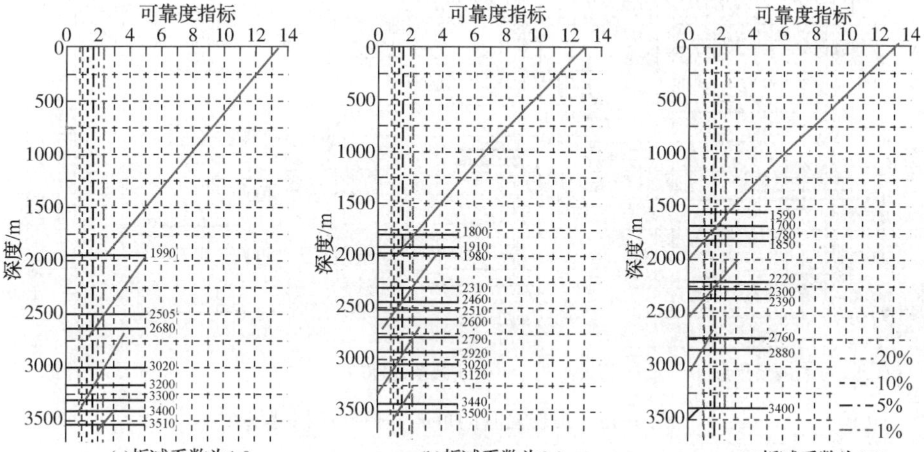

(a)折减系数为1.0　(b)折减系数为0.9　(c)折减系数为0.8

图 6-12　损伤套管的可靠性指标评估结果

二、某非常规气井况及评估结果

对某非常规气井套管进行可靠性评估。该井实钻井深 6578.49m，位于塔里木盆地塔北隆起轮南低凸起西斜坡。该井套管设计参数整理见表 6-13、表 6-14。

在套管强度折减系数不同的情况下，损伤套管的可靠性指标评估结果和可靠度评估结果分别见图 6-13、表 6-15。

表 6-13　套管几何物理参数及荷载强度值

设计工况	设计套管下深/m	钢级	外径/mm	壁厚/mm	强度标准值/MPa	荷载标准值/MPa
抗挤	0~4218	P110SS	200.03	10.92	49.9	47.2
抗挤	4218~5776	T95S	200.03	12.88	73.52	64.4
抗挤	5776~6577	P110S	177.8	12.56	89.81	73.6

表 6-14　套管可靠度设计应力与强度统计参数表

套管强度类型	k_R模拟平均值/API 标准值	变差系数 δ_R	套管荷载	k_S模拟平均值/标准值	变差系数 δ_S
塑性抗挤强度 R_{11}	1.114	0.0749	S_{21}	1.01	0.06

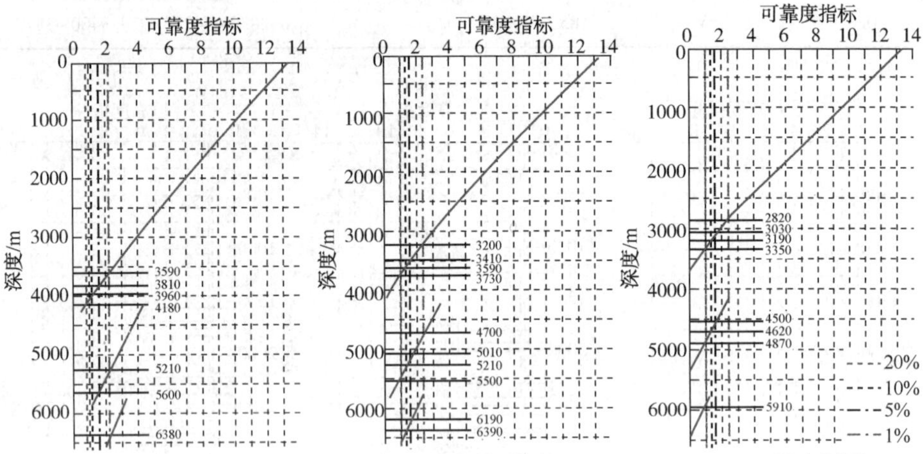

(a)折减系数为1.0　(b)折减系数为0.9　(c)折减系数为0.8

图 6-13　损伤套管的可靠性指标评估结果

表 6-15　安全可靠度评估结果

强度折减	安全分类	范围/m		
1	Ⅰ	0~3590	4218~5210	5776~6380
1	Ⅱ	3590~3810	5210~5600	6380~6577
1	Ⅲ	3810~3960	5600~5776	
1	Ⅳ	3960~4180		
1	Ⅴ	4180~4218		
0.9	Ⅰ	0~3200	4218~4700	5776~6190

续表

强度折减	安全分类	范围/m		
0.9	Ⅱ	3200~3410	4700~5010	6190~6390
0.9	Ⅲ	3410~3590	5010~5210	6390~6577
0.9	Ⅳ	3590~3730	5210~5500	
0.9	Ⅴ	3730~4218	5500~5776	
0.8	Ⅰ	0~2800		
0.8	Ⅱ	2820~3030	4218~4500	
0.8	Ⅲ	3030~3190	4500~4620	
0.8	Ⅳ	3190~3350	4620~4870	5760~5910
0.8	Ⅴ	3350~4218	4870~5726	5910~6577

第 7 章　非常规气井管柱抗挤预测及应变可靠性设计

随着油气开采技术的发展与社会需求的提升，常规的油气资源将无法满足未来的能源需求，页岩气作为一种理想的接替能源，逐渐成为各国的重点开采对象。页岩气所处的地质环境较为复杂，地层多以沉积岩层为主，裂缝遍布广，井下管柱易受岩石地层滑移发生剪切变形。在页岩气勘探开发中，水平井钻井技术及压裂技术是关键技术，开采过程需开展多级压裂，长期的高强度压裂施工造成了一定套损隐患。同时，页岩储层还具有易水化膨胀、易破碎、井壁不稳定、完井困难等特点，进一步导致套管损坏频发。因此，结合页岩气井的服役特点分析其管柱的强度性能及应变特点，建立页岩气管柱的强度预测及安全评价模型具有重要的工程研究意义。

第 1 节　基于 BRANN 的套管抗挤强度预测

套管作为油气井开发生产中的关键部件，不仅要承受较高的轴向拉伸或压缩载荷，以及内压、外压载荷，还要承受井底高温环境及酸性腐蚀等恶劣的服役环境。一旦发生损坏，不但会使油气减产，而且会严重破坏储层，影响正常的勘探开发与生产。我国油田每年因套管损坏造成的油井破坏或报废的经济损失就达数十亿元。截至目前，套损问题仍是国际石油行业中的不可忽视的一环。由于长期处于复杂服役环境之中，套管受到地层及井下作业形成的各种均匀或非均匀的荷载，其强度性能会因力学环境及井下工况的转变而不断变化。众多套管抗挤强度的研究表明，套管钢级、径厚比、几何缺陷(外径椭圆度和壁厚不均匀度)、屈服强度和残余应力等是影响套管抗挤毁性能的主要因素。此外，温度、井下磨损以及水泥环等外在因素也对套管抗挤强度有一定影响。近年来，随着钻井深度不断加深，套管抗挤强度成为套管选型中的关键指标。当前，国际上用于指导抗挤强度计算的 API 规范及 ISO 标准在复杂的井下工况中，无法全面考虑管柱固有缺陷与非均匀外载之间的关系，导致计算值偏离实际值。为探究多因素影响下套管强度性能的变化规律，国内外学者开展了套管抗挤强度计算公式的修正工作，结合试验及有限元模拟等手段验证公式的有效性。现阶段，抗挤强度的研究仍在探索中，更加复杂的工况及不断精进的管柱制造技术也将套管抗挤强度的研究推向了数据科学的领域，从数据驱动的角度来寻求套管抗挤强度预测的新方法。

大数据分析作为数据科学的一个分支，涵盖人工智能、数据挖掘、机器学习和模式识别。机器学习研究的是计算机基于数据进行学习的能力，用于从数据中提取预测模型。机器学习分为监督学习和人工神经网络两种类型，监督学习通过对数据进行分类或标记开展学习，该算法通过分析训练过的数据来得到能够根据同种特征向量预测新算例的模型。人工神经网络是油气行业中应用最广泛的机器学习方法之一，在油田生产、钻井、流体加工等方面都有所应用，它是生物神经网络启发的一种数学结构形式，用于依赖大量输入数据的函数的近似。神经网络从样本中“学习”，并从选定的数据序列中识别输入和输出值之间的关联。由于各数据之间的关联没有特定的预期值，且模型中各参数的物理特性均为独立的，因此可通过结合不同的工艺参数来预测套管的抗挤强度。结合当前套管抗挤强度的主要关联因素，借助实验室外挤实验获取相关数据，进行数据预处理后形成数据样本用于训练人工神经网络，形成套管抗挤强度预测模型。在算法优化方面，考虑了贝叶斯正则化算法处理过拟合问题的优势，提高模型的泛化能力，进一步确保模型的有效性。

套管制造工艺缺陷与井下复杂服役环境使套管成为油气行业中的薄弱环节之一，在众多影响套管强度性能的因素中，选取径厚比、椭圆度、壁厚不均匀度、屈服强度以及残余应力展开抗挤强度的预测研究。图 7-1 为借助人工神经网络来预测套管抗挤强度的方案流程图，分别从数据获取、模型开发、预测结果对比分析三部分展开。

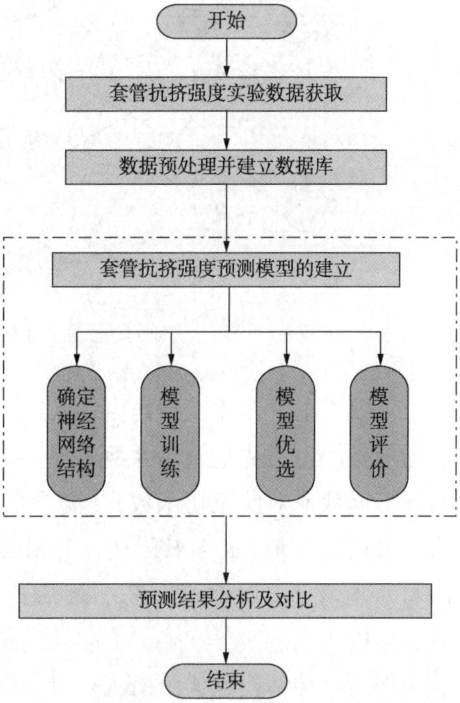

图 7-1　套管抗挤强度预测方案流程图

方案中的数据获取部分将借助全尺寸实物性能试验获取足量抗挤强度数据并建立数据库；模型开发将从神经网络结构、数据集的划分、模型优选及模型评价来实现；最后，为确保模型可有效预测抗挤强度，导入预留的检测数据进行预测，并结合传统回归拟合方法及 API 公式计算对比分析模型预测值的准确性，从而检验模型的有效性。

一、贝叶斯正则化人工神经网络

在人工神经网络中，神经信息以权重和偏差的形式储存，权重值的大小决定了对应的信息对整个模型的影响。经典机器学习方法中将1个数据集分为训练数据子集、验证数据子集和测试数据子集3部分。人工神经网络可以确定输入数据与输出数据之间复杂的非线性关系，到目前为止，不同领域的科学家开发了不同类型的人工神经网络。贝叶斯正则化神经网络指采用贝叶斯正则化方法训练BP(误差反向传播)的网络。所谓贝叶斯正则化(Bayesian-Regularization，BR)，指通过修正神经网络的性能函数来提高其泛化能力的过程。在函数逼近方面，最常用的是带反向传播的多层感知(MLP)算法。图7-2给出了基于BP算法的MLP体系结构，也是本研究开发基于BRANN的模型的基础。

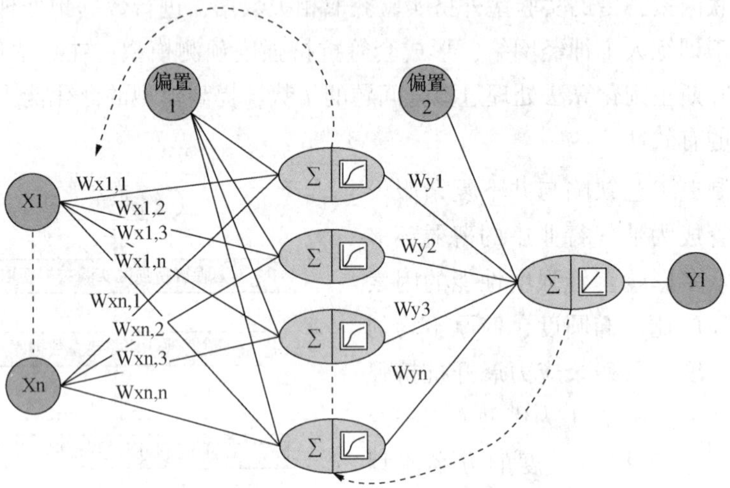

图7-2　基于BP算法的MLP体系结构

可以看出，该体系结构由输入层、隐含层和输出层3个关键部分组成。输入层的信号(X_i)首先通过一系列权值(w_{xi}，i)传递，然后通过常用的激活函数(如logistic函数或双曲正切函数)在隐含层传递。因此，这些处理后的信号通过使用另一系列的权值(w_{yi})来传递，并最终通过输出层的线性传递函数求和为输出(YI)。均值平方误差函数E_D，然后迭代计算，以确定最优权重，并最终确定合适的架构。

作为一种替代方法，BRANN具有更好的泛化能力。将目标函数F(包括均方误差函数E_D和权值衰减函数E_w的组合)最小化，并以概率的方式确定最优权值和目标函数参数拟合。BRANN 的目标函数为：

$$F=\beta E_{\mathrm{D}}+\alpha E_{\mathrm{w}} \tag{7-1}$$

$$E_{\mathrm{D}}=\frac{1}{N}\sum_{i}^{N}(y_i-t_i)^2=\frac{1}{N}\sum_{i}^{N}e_i^2 \tag{7-2}$$

$$E_{\mathrm{w}}=\frac{1}{2}\sum_{i}^{m}w_i^2 \tag{7-3}$$

式中，α、β 为超参数，用于控制其他参数的分布；W 为权重；m 为权重的数量；y_i 为与 ith 训练集(输入-输出对)对应的 ith 输出值；$D=(x_i, t_i)$ 为 $i=1, 2, \cdots, N$ 的训练集的数据，其中 N 是训练集(输入输出对)的总数。

在 BRANN 中，初始权重是随机设置的。有了这些初始权重，权重的密度函数可以根据拜耳规则进行更新：

$$P(w \mid D, \alpha, \beta, M)=\frac{P(D \mid w, \beta, M)\cdot P(w \mid \alpha, M)}{P(D \mid \alpha, \beta, M)} \tag{7-4}$$

式中，M 为所采用的特定神经网络体系结构；$P(w \mid \alpha, M)$ 为先验密度，代表在收集数据之前对权重的了解；$(D \mid w, \beta, M)$ 为似然函数，是在给定权重 w 的情况下，数据发生的概率；$P(D \mid \alpha, \beta, M)$ 为归一化因子，可由式(7-5)计算。

$$P(D \mid \alpha, \beta, M)=\int_{-\infty}^{+\infty}P(D \mid \alpha, \beta, M)P(w \mid \alpha, M)\,\mathrm{d}w \tag{7-5}$$

如果假设训练集数据和权重的噪声为高斯分布，则可以通过以下方式来计算概率密度：

$$P(D \mid \alpha, \beta, M)=\frac{1}{Z_{\mathrm{D}}(\beta)}\exp(-\beta E_{\mathrm{D}})=(\pi/\beta)^{-N/2}\exp(-\beta E_{\mathrm{D}}) \tag{7-6}$$

$$P(w \mid \alpha, M)=\frac{1}{Z_{\mathrm{w}}(\alpha)}\exp(-\beta E_{\mathrm{w}})=(\pi/\alpha)^{-m/2}\exp(-\beta E_{\mathrm{w}}) \tag{7-7}$$

如果将这些概率密度代入方程，式(7-4)概率方程变为：

$$P(w \mid D, \alpha, \beta, M)=\frac{\frac{1}{Z_{\mathrm{w}}(\alpha)}\frac{1}{Z_{\mathrm{D}}(\beta)}\exp[-(\beta E_{\mathrm{D}}+\alpha E_{\mathrm{w}})]}{P(D \mid \alpha, \beta, M)} \tag{7-8}$$

$$=\frac{1}{Z_{\mathrm{F}}(\alpha, \beta)}\exp[-F(w)]$$

在 BRANN 中，确定最佳权重意味着最大化后验概率 $P(w \mid D, \alpha, \beta, M)$，此处即最小化正则化的目标函数 F。

联合后验密度：

$$P(\alpha, \beta/D, M)=\frac{P(D/\alpha, \beta, M)\cdot P(\alpha, \beta/M)}{P(D/M)} \tag{7-9}$$

最大化联合后验密度可通过最大化似然函数 $P(D/\alpha, \beta, M)$ 来确定，计算公式如下：

$$P(D/\alpha, \beta, M)=\frac{P(D/w, \beta, M)\cdot P(w/\alpha, M)}{P(w/D, \alpha, \beta, M)}=\frac{Z_{\mathrm{F}}(\alpha, \beta)}{(\pi/\beta)^{\frac{n}{2}}(\pi/\alpha)^{\frac{m}{2}}} \tag{7-10}$$

式中，n 为观测值的数量(输入目标模拟对)；m 为网络参数的总数。

此外，参数$Z_{\mathrm{F}}(\alpha, \beta)$取决于目标函数的 Hessian(Prevect and Hagan，1997)，其计算公式如下：

$$Z_{\mathrm{F}}(\alpha, \beta)\propto\frac{e^{-F(w_{\max})}}{\sqrt{|H_{\max}|}} \tag{7-11}$$

其中，下标“max”表示最大后验概率。Hessian 矩阵(H)由 Jacobian(J)计算：

$$H=J^{T}J \tag{7-12}$$

其中，雅可比矩阵包含网络误差相对于网络参数的一阶导数。

二、抗挤强度预测数据获取

在全尺寸实物性能试验中，套管的抗挤毁性能是保证套管质量和安全使用的一项关键参数。试验依据 ISO 11960/API RP 5C3 标准要求进行套管的抗挤毁性能测试，该标准中规定对于名义外径(D)小于等于 9⅝in 的管子，试样最小长度为 8 倍名义外径(D)，对于名义外径(D)大于 9⅝in 的管子，试样最小长度为 7 倍名义外径(D)。挤毁试验是通过复合挤毁试验系统来进行测试的，要求采用全尺寸试样长度，且不能存在径向及轴向载荷。复合挤毁试验系统确保试样发生挤毁后能缓慢卸压，同时误差不能超过 1%挤毁试验压力。

进行挤毁试验研究的试样在试验前进行几何尺寸测量，测量位置示意图见图 7-3，每根试样测量 5 个截面，每个截面测量 8 个点，1#试样几何尺寸测量结果见表 7-1。依据几何尺寸计算管材的平均外径、平均壁厚、椭圆度及壁厚不均度数值。

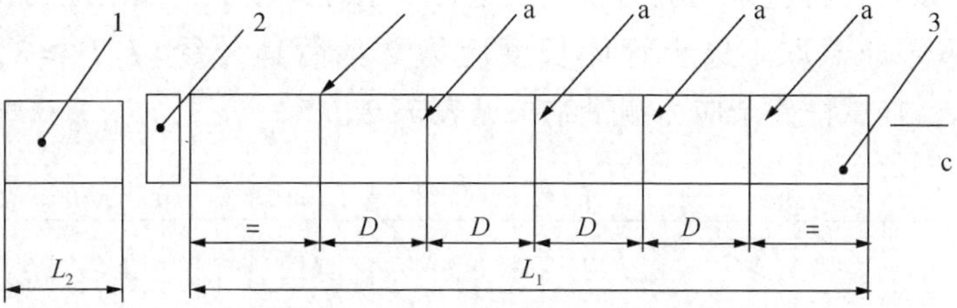

图 7-3　挤毁试验前的测量试样

1—残余应力测试样本；2—拉伸试样；3—挤毁试样。

注：D 为外径；L_1 为坍塌试样的最小长度；L_2 为残余应力试样的最小长度。

在 5 个等距的位置测量平均外径、平均壁厚和椭圆度，并从壁厚测量结果计算出偏心率。

表 7-1　试样几何尺寸检验结果　　　　单位：mm

M1-N1		G1-H1		O1-P1		E1-F1		平均外径	椭圆度
141. 58		141. 18		141. 07		141. 17		141. 25	0. 36
M1	N1	G1	H1	O1	P1	E1	F1	平均壁厚	壁厚不均度
13. 09	13. 43	12. 77	13. 46	12. 96	12. 84	13. 16	13. 15	13. 11	5. 26
M2-N2		G2-H2		O2-P2		E2-F2		平均外径	椭圆度
141. 00		141. 22		141. 21		141. 09		141. 13	0. 16
M2	N2	G2	H2	O2	P2	E2	F2	平均壁厚	壁厚不均度
13. 08	13. 40	12. 94	13. 21	12. 75	12. 92	12. 96	13. 31	13. 06	4. 97
M3-N3		G3-H3		O3-P3		E3-F3		平均外径	椭圆度
141. 10		141. 56		141. 14		141. 33		141. 28	0. 33
M3	N3	G3	H3	O3	P3	E3	F3	平均壁厚	壁厚不均度
13. 00	13. 34	12. 71	13. 22	12. 60	12. 86	13. 15	13. 03	12. 99	5. 71
M4-N4		G4-H4		O4-P4		E4-F4		平均外径	椭圆度
141. 01		141. 16		141. 19		141. 01		141. 09	0. 13
M4	N4	G4	H4	O4	P4	E4	F4	平均壁厚	壁厚不均度
13. 10	13. 19	13. 02	12. 71	12. 94	12. 59	13. 32	12. 96	12. 98	5. 63
M5-N5		G5-H5		O5-P5		E5-F5		平均外径	椭圆度
141. 17		141. 21		141. 09		141. 09		141. 14	0. 09
M5	N5	G5	H5	O5	P5	E5	F5	平均壁厚	壁厚不均度
13. 33	13. 20	12. 96	12. 96	13. 15	12. 65	13. 10	13. 00	13. 02	5. 23

每根挤毁试样都应采用应力环方法进行残余应力测量，残余应力试样应从挤毁试样相邻部分截取。最小管体长度应为 2 倍管体外径($L/D \geq 2$)，试样如图 7-4所示，1#试样残余应力测量结果见表 7-2。

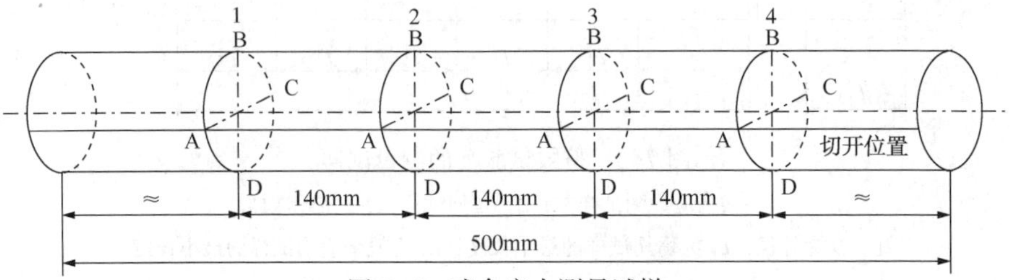

图 7-4　残余应力测量试样

表 7-2　残余应力测量结果

试样编号	测量位置	外径/mm		壁厚/mm	残余应力/MPa
		B-D(切开前)	B-D(切开后)	C	—
		D_i/mm	D_f/mm	t/mm	—
1#	1	141.29	142.16	13.04	—
	2	140.90	141.65	13.40	—
	3	140.92	141.85	13.15	—
	4	140.90	141.78	13.06	—
	平均值	141.00	141.86	13.16	130.57

图 7-5　外压挤毁试验系统

外压挤毁试验系统如图 7-5 所示，试验过程中首先将试样(见图 7-6)放入外压挤毁筒中，安装密封胶垫和密封法兰，通过密封法兰、密封橡胶垫将试样两端进行封堵，密封胶垫和密封法兰在试验过程中起到高压密封作用。在两端密封法兰外侧安装带螺纹的连接法兰，连接法兰直接与外压挤毁筒上的螺纹进行连接，通过连接法兰来完成试样与外压挤毁试验系统连接。试样安装完成后，安装压力检测传感器，向外压挤毁筒内注入加压介质水，施加压力直至试样发生外压挤毁失效，试样发生挤毁失效后形貌见图 7-7。试验过程中通过压力传感器实时监测，记录外压挤毁失效值数据。试验完成后，记录挤毁试验数据。

(a)焊接堵头试样

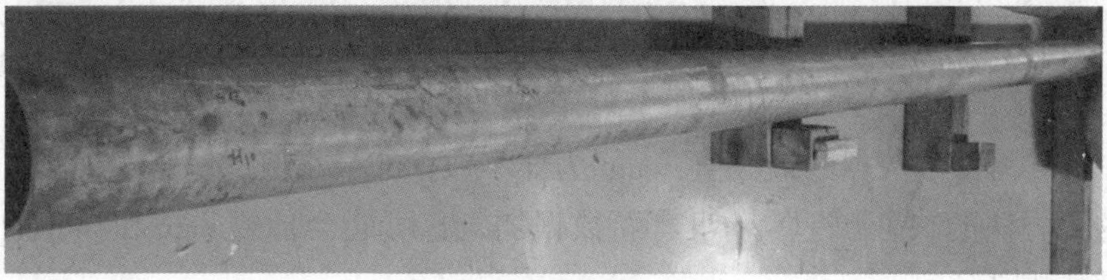

(b)非焊接堵头试样

图 7-6　试样挤毁失效前形貌

(a)焊接堵头试样

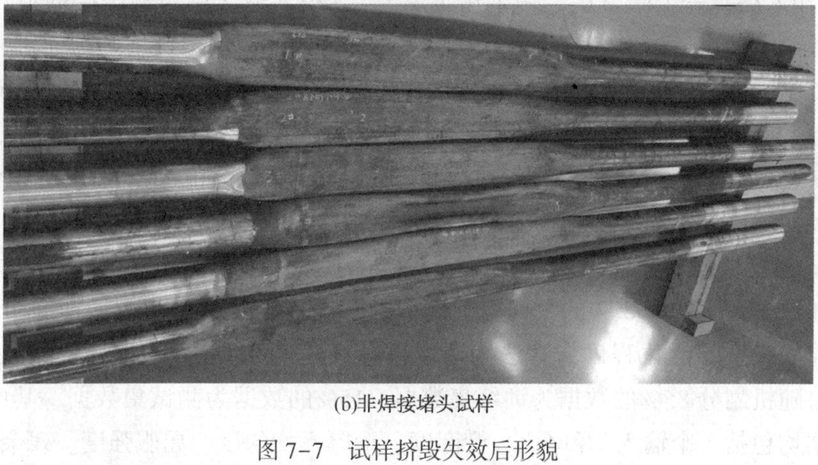

(b)非焊接堵头试样

图 7-7　试样挤毁失效后形貌

三、套管抗挤强度预测模型

1. 样本数据预处理

获得实验数据与模拟数据后，需对各个参量的数据统一量纲，剔除无效数据，形成套管抗挤强度数据库。为增加数据的有效性，此处将选取两种常用的数据一致性处理方法。

(1) min-max 标准化(Min-Max Normalization)。该方法也称为离差标准化，是对原始数据的线性变换，使结果值映射到[0, 1]。转换函数如下：

$$X^* = \frac{X-\min}{\max-\min} \tag{7-13}$$

式中，max 为样本数据的最大值；min 为样本数据的最小值。

这种方法的缺陷在于，一旦有新数据加入，可能会导致 max 和 min 的变化，因此需要重新定义。

(2) Z-score 标准化方法。这种方法基于原始数据的均值(mean)和标准差(standard deviation)进行数据的标准化。经过处理的数据符合标准正态分布，即均值为 0，标准差为 1。转化函数为：

$$X^* = \frac{X-\mu}{\sigma} \tag{7-14}$$

式中，μ 为所有样本数据的均值；σ 为所有样本数据的标准差。

2. 确定网络结构

神经网络模型层数的确定即隐含层的确定，本小节将选取 3 层神经网络结构(一个输入层，一个隐含层，一个输出层)。其中，输入层与输出层的节点数分别等于输入参数与输出参数的个数，隐含层的神经元数的最优值则需通过多次训练后对比所得。此处，径厚比、椭圆度、壁厚不均匀度、屈服强度、残余应力这 5 个套管抗挤强度的主要关联参数将作为神经网络的输入，输出则为套管抗挤强度。在这样的一个三层神经网络下，输入层包含了 5 个神经元，输出层则包含 1 个神经元。该神经网络的结构如图 7-8 所示。

3. 模型训练及分析

在数据库中选取 2/3 的数据用于模型的开发，1/3(不参与模型训练)用于检验所建立模型的泛化程度，算法则选取贝叶斯正则化算法。在模型开发组数据中，将随机划分 85%的数据为训练集数据、15%的数据为测试集数据，其中每一组数据均包括 5 个输入(径厚比、椭圆度、壁厚不均匀度、屈服强度、残余应力) 1 个输出(套管抗挤强度)。在训练过程中，一般不使用测试数据子集误差，但后期会用它对不同模型进行比较。在整个训练过程中，若测试数据子集误差达到最小时的迭代次数与验证数据子集误差达到最小时的迭代次数相差很大，则可推断数据集的划分可能不合理。

模型优选方面主要参照均方误差(MSE)与决定系数(R^2)，均方误差是输出

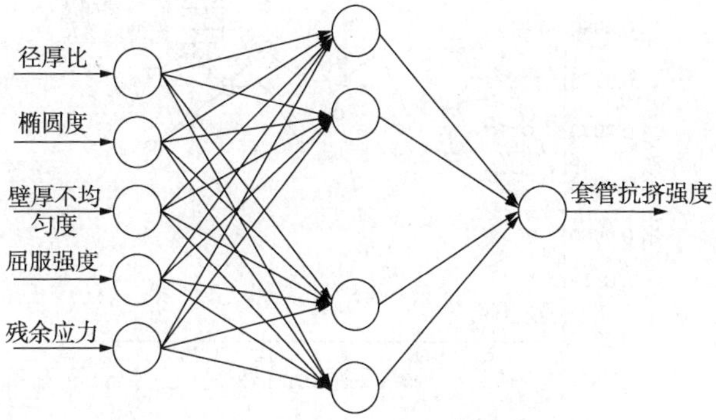

图 7-8　套管抗挤强度预测神经网络结构

值与目标值之间的平均平方差，R^2值用于衡量输出值与目标值之间的相关性。在测试阶段，均方误差 MSE 尽可能低、R^2值接近 1 的模型是合适的模型，这两个指标能够显示模型是否提取了全部信息或者是否需要进一步调整。神经元数过少时，模型的拟合效果较差，过多时则会导致过拟合，为寻求最佳模型，还可通过调整样本量、数据集比例或隐层神经元数来达到目的。

鉴于模型的输入参数 $n=5$，为确保模型训练效果，隐层神经元数 N 的选取遵循 $N \geqslant n$。表 7-3 为在设定不同隐层神经元个数下，训练所得神经网络模型的 R^2、检验模型预测能力的 R^2 以及预测结果的均方误差 MSE。图 7-9 分别对应了隐含层神经元数为 5～15 时模型训练及预测的决定系数 R^2 对比曲线。

表 7-3　不同隐层神经元数下模型的 R^2 及 MSE 对比

隐含层神经元数	模型训练 R^2	模型预测 R^2	均方误差 MSE
5	0.99699	0.99715	2.0613×10^{-4}
6	0.99707	0.99730	1.9493×10^{-4}
7	0.99675	0.99727	1.9832×10^{-4}
8	0.99689	0.99701	1.8076×10^{-4}
9	0.99537	0.99774	1.8668×10^{-4}
10	0.99716	0.99748	1.7230×10^{-4}
11	0.99684	0.99750	1.7120×10^{-4}
12	0.99746	0.99780	1.5091×10^{-4}
13	0.99740	0.99742	1.7604×10^{-4}
14	0.99712	0.99775	1.5339×10^{-4}
15	0.99685	0.99754	1.6845×10^{-4}

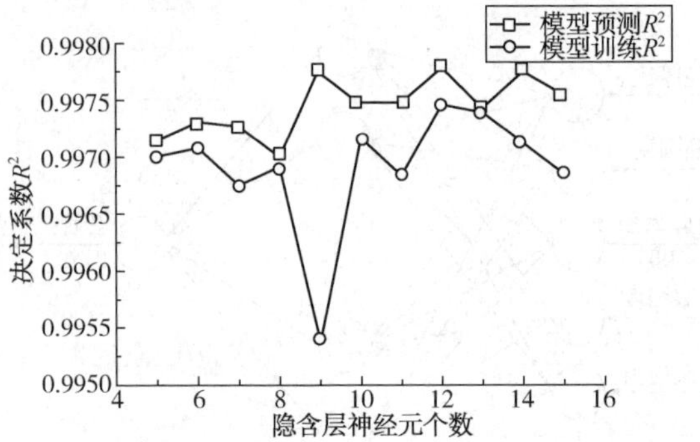

图 7-9　隐层神经元为 5~15 时模型的 R^2 对比

图 7-10(a)~图 7-10(f)分别对应了隐含层神经元数为 10、11、12、13、14、15 时模型的回归 R 值。可以看出，在数据集比例不变的情况下，隐层神经元数影响着模型的精度，但总体来讲，回归参数 R 值逐渐趋近 1。

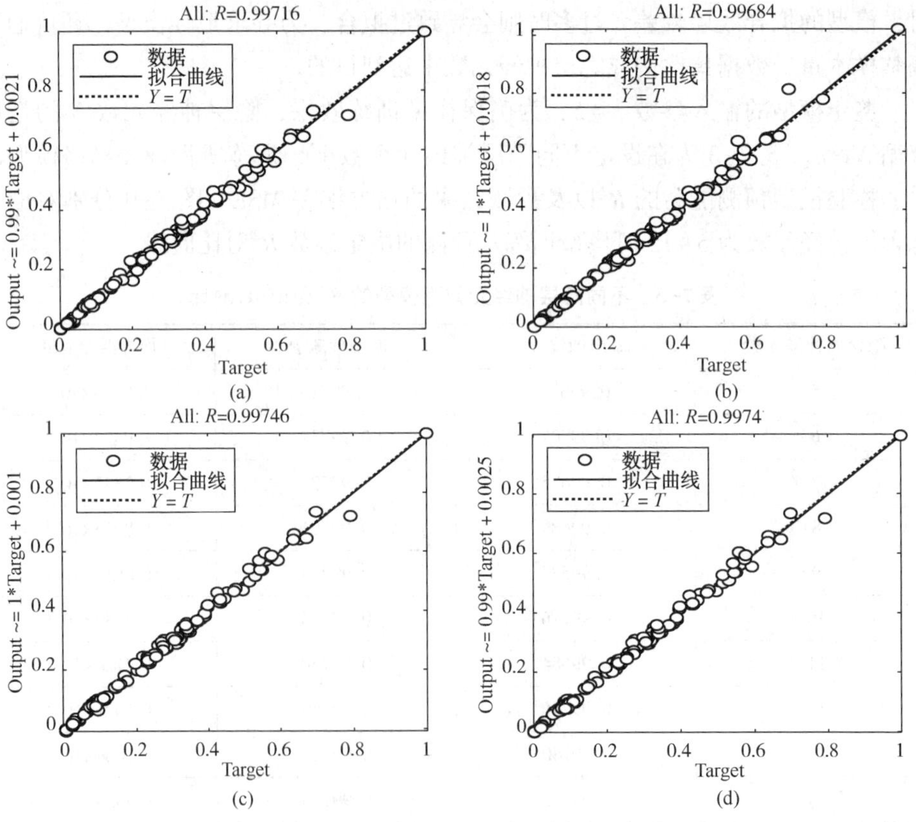

图 7-10　隐层神经元为 10~15 时分别对应的回归分析图

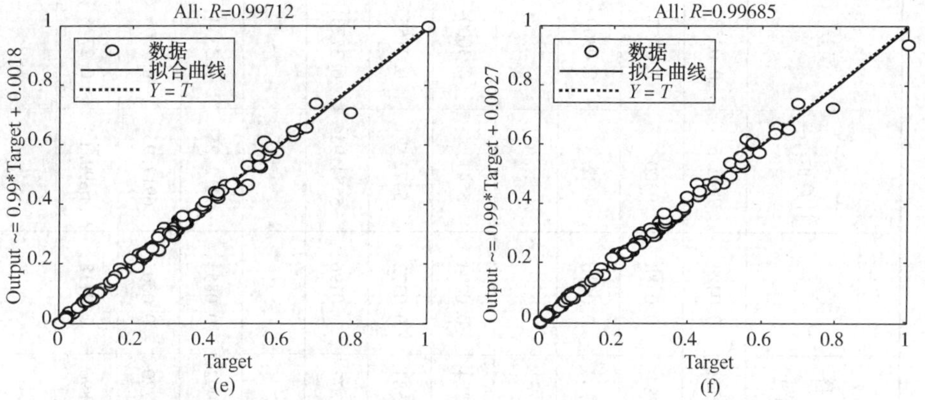

图 7-10　隐层神经元为 10~15 时分别对应的回归分析图(续)

Target：参量，指目标值；Output：参量，指输出值

结合表 7-3 与图 7-9 可以看出，在数据集比例不变的情况下，隐层神经元数的变化影响着模型的预测精度。R^2值与隐层神经元个数之间无规律性联系，但总体来讲，决定系数 R^2 呈现出逼近 1 的趋势。从图 7-10 的对比曲线中可明显看出，11 组模型的预测 R^2都高于模型训练 R^2，隐层神经元数为 9 时，两次的 R^2值相差最大，隐层神经元数为 13 时，R^2最接近。当隐层神经元数为 12 时，模型的预测效果最好，R^2值最接近 1，且预测输出的均方误差 MSE 最符合预测需求。故将隐层神经元数 N 设置为 12 用于预测研究。

4. 模型评价及预测结果分析

设定隐层神经元数 $N=12$ 用于预测套管抗挤压强度，为检验模型的有效性及优势，在实测数据的基础上，依据 ISO/TR 10400：2007 规范计算套管挤毁压力，并结合规范中的 K-T 改进公式，采用最小二乘回归法预测套管的极限挤毁压力。表 7-4 为部分预测结果。

依据 BRANN 模型，导入待预测数据进行预测，并对待测数据进行回归拟合及公式计算。待测数据集包含 4. 5in、5. 5in、7. 0in、9. 5in、13. 5in、16in 各个管径参数。图 7-11 为模型预测结果、回归预测结果、公式计算值与实测抗挤强度的对比，图 7-12 为 3 种预测结果的误差分布曲线。从图 7-11、图 7-12可得出公式计算所得抗挤强度较实测值存在显著误差，最小二乘回归拟合与贝叶斯正则化神经网络都可实现对套管抗挤强度的预测。针对个别采样点，最小二乘法拟合结果有明显偏差。结合图 7-12 的误差分布曲线，在 3 种方法中，BRANN 的预测误差分布更为稳定，误差最大为 13. 11%，小于 15%，满足工程需要。

表 7-4　抗挤强度预测结果(部分)

外径/in	外径不圆度/%	壁厚不均度/%	残余应力/MPa	屈服强度/MPa	实测值/psi	回归预测值/psi	误差	BRANN 预测抗挤强度/psi	误差	API 公式计算值/psi	误差
4. 53	0. 189	1. 521	29. 24	603. 51	10315	10321	0. 0668	9878. 9928	0. 0423	9945. 55	0. 0358
4. 52	0. 196	2. 337	22. 10	570. 97	10058	9777	0. 1058	9466. 284	0. 0588	9300. 3	0. 0753
4. 53	0. 177	1. 882	30. 94	600. 96	9939	10044	0. 0713	9326. 7768	0. 0616	9632. 35	0. 0309
…	…	…	…	…	…	…	…	…	…	…	…
5. 53	0. 37	0. 643	156. 86	464. 03	4263	4123	0. 0805	4223. 1384	0. 0094	5541. 9	0. 3000
5. 53	0. 428	0. 7	145. 27	458. 17	4160	4030	0. 0687	4005. 1584	0. 0372	5472. 3	0. 3155
5. 53	0. 405	0. 376	153. 87	468. 86	4048	4041	0. 0412	4127. 2272	0. 0196	5554. 95	0. 3723
…	…	…	…	…	…	…	…	…	…	…	…
7. 04	0. 194	2. 872	62. 85	498. 85	5757	6295	0. 1037	6248. 8992	0. 0854	7112. 25	0. 2354
7. 05	0. 192	2. 304	130. 21	480. 92	5961	5844	0. 0212	5964. 0720	0. 0005	6917. 95	0. 1605
7. 05	0. 165	6. 662	108. 27	490. 94	5400	5697	0. 06162	5336. 2896	0. 0118	6899. 1	0. 2776
…	…	…	…	…	…	…	…	…	…	…	…

续表

外径/in	外径不圆度/%	壁厚不均度/%	残余应力/MPa	屈服强度/MPa	实测值/psi	回归预测值/psi	误差	BRANN预测抗挤强度/psi	误差	API公式计算值/psi	误差
9. 7	0. 139	1. 278	78. 20	463. 68	3085	3157	0. 05633	2953. 0416	0. 0428	4702. 35	0. 5243
9. 7	0. 215	1. 212	80. 22	484. 02	3144	3155	0. 04065	2973. 3864	0. 0543	4922. 75	0. 5658
9. 7	0. 199	0. 725	84. 37	490. 57	3137	3229	0. 07406	3051. 8592	0. 0271	5030. 05	0. 6035
…	…	…	…	…	…	…	…	…	…	…	…
13. 47	0. 368	1. 987	213. 31	900. 00	3342	3194	0. 00676	3362. 8440	0. 0062	9005. 95	1. 6948
13. 47	0. 184	1. 643	254. 84	890. 48	3316	3148	0. 00029	3214. 6176	0. 0306	8856. 6	1. 6709
13. 44	0. 212	1. 603	172. 45	886. 35	3208	3174	0. 08422	3595. 3560	0. 1207	8852. 25	1. 7594
…	…	…	…	…	…	…	…	…	…	…	…
16. 09	0. 231	2. 329	31. 351	721. 56	2669	2675	0. 08169	2560. 6776	0. 0406	6677. 25	1. 5018
16. 08	0. 291	4. 723	37. 79	718. 45	2550	2522	0. 03332	2598. 4608	0. 0190	6519. 2	1. 5565
16. 08	0. 234	4. 682	29. 73	712. 59	2413	2440	0. 06151	2403. 7320	0. 0038	6369. 85	1. 6398

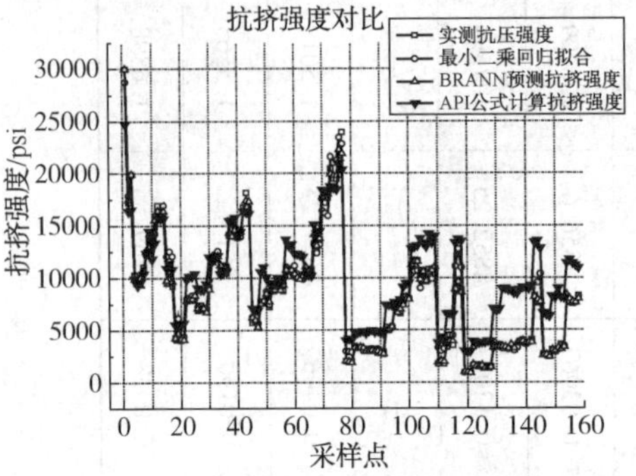

图 7-11　套管抗挤强度预测结果

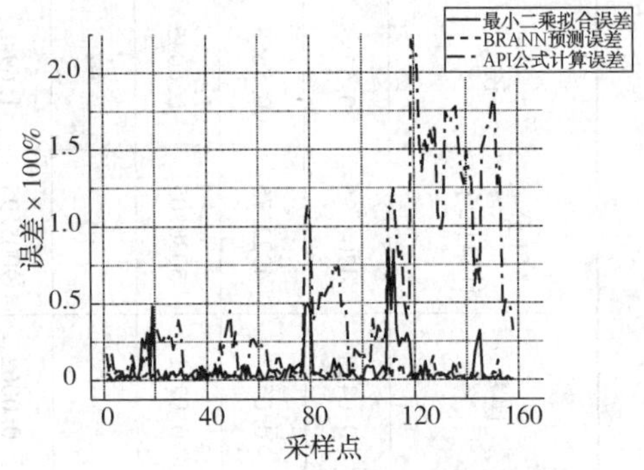

图 7-12　抗挤强度预测误差对比

第 2 节　基于可靠度指标的页岩气水平段套管安全评价

页岩气井套变主要来源于注水压裂时流体压力传递至地层发生剪切滑移，井下水平段水泥环对应力的吸收量与管柱自身的抗形变量之和不足以抵抗地层的双向应力时，管柱则发生断裂。在威远地区的页岩气井现场统计数据中发现，经过调整壁厚来提高套管抗挤安全系数后的套管在地层滑移的影响下仍无法避免损坏。此外，在固井质量越好的井段，由于套管与地层耦合良好，直接提高了地层剪切力向套管的传递。可见，地层剪切滑移量是页岩气井下管柱应变评价的重要参量。

目前，国内外对套管的可靠性校核，是针对套管所受外载的工况，选用确定的校核准则进行安全评价，包括最大拉应力准则、最大剪应力准则、最大 Mises 应力准则等确定性方法。然而，运用确定性的方法进行安全评价，不能定量分析套管所受荷载及其强度的不确定性，也无法定量描述某一段套管有可能出现的失效概率。对此结合结构可靠度设计及评价理论，建立一种基于可靠度指标的页岩气管柱可靠度安全评价模型，从强度及应变两个角度来探讨页岩气井水平段各不确定性因素对管柱可靠度指标的影响规律，为页岩气井管柱的设计及套变安全防治提供技术支撑，对实际工程提供更好的指导作用。

一、页岩气水平段套管可靠性评价模型

页岩气水平井管柱长期受到储层天然裂缝及地层滑移的影响，多级压裂施工更进一步升级了外载对井筒结构的威胁。对此，以水平段套管在地层滑移作用下

最易发生的剪切变形为背景，从强度与应变两个方面对其进行可靠性评价，分析水平段套管的强度-应力分布规律及地层-水泥环-套管之间的应变位移关系，建立了页岩气水平段套管的可靠性评价模型，如图 7-13 所示。

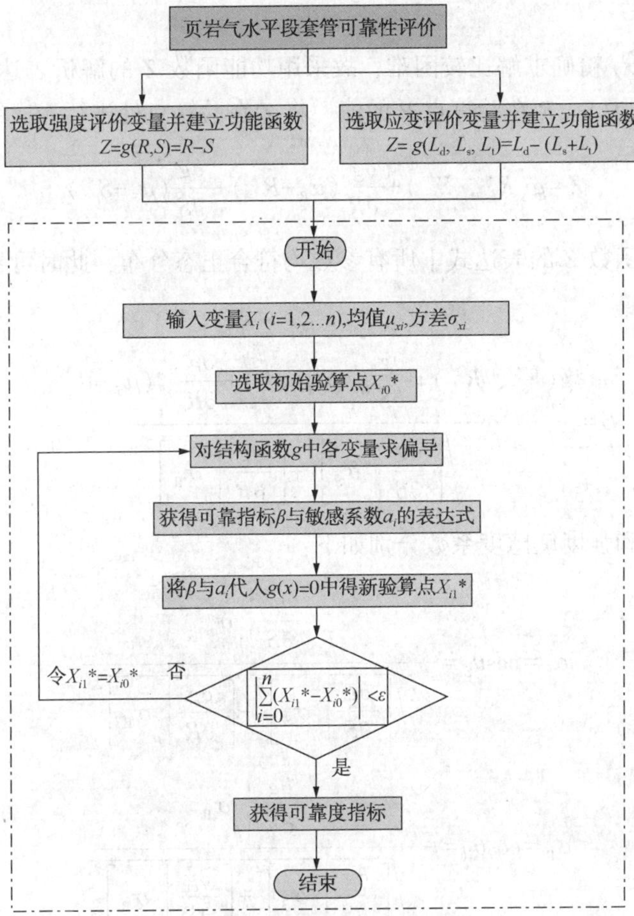

图 7-13　页岩气井水平段套管可靠性评价框图

注：图中为描述方便，采用统一参数 X_i 为功能函数基本变量。

根据结构可靠性理论，在一般情况下，总可以将影响结构可靠性的因素归纳为两个综合量，即结构或结构构件的荷载效应 S 和强度 R。

$$Z=g(R,\ S)=R-S \tag{7-15}$$

其中 Z 为结构功能函数。实际工程中的荷载效应 S 和强度 R 均为随机变量，因此 Z 也是一个随机变量。对此，总可能出现下列 3 种情况：$Z>0$，结构可靠；$Z<0$，结构失效；$Z=0$，结构处于极限状态。式(7-16)称为结构极限状态方程。

$$Z=R-S \tag{7-16}$$

根据可靠度指标的定义，用参数μ_Z、σ_Z分别表示状态值Z的平均值与标准差。则可靠度指标β为：

$$\beta=\frac{\mu_Z}{\sigma_Z} \tag{7-17}$$

由于μ_Z、σ_Z精确求解比较困难，故采用功能函数Z的解析表达式进行求解。假设$S*$、$R*$为S、R在验算点P的值。将Z在验算点处进行一次线性展开，则

$$Z=g(R^*,\ S^*)+\frac{\partial g}{\partial R}(\mu_R-R^*)+\frac{\partial g}{\partial S}(\mu_S-S^*) \tag{7-18}$$

假定功能函数Z的表达式中所有参数均符合正态分布，此时可靠度指标β可表述如下：

$$\beta=\frac{g(S^*,\ R^*)+\left.\frac{\partial g}{\partial S}\right|_P(\mu_S-S^*)+\left.\frac{\partial g}{\partial R}\right|_P(\mu_R-R^*)}{\sqrt{\left[\left.\frac{\partial g}{\partial S}\right|_P\sigma_S\right]^2+\left[\left.\frac{\partial g}{\partial R}\right|_P\sigma_R\right]^2}} \tag{7-19}$$

定义荷载和强度敏感度系数分别如下：

$$\alpha_S=\cos\theta_S=-\frac{\left.\frac{\partial g}{\partial S}\right|_P\sigma_S}{\sqrt{\left[\left.\frac{\partial g}{\partial S}\right|_P\sigma_S\right]^2+\left[\left.\frac{\partial g}{\partial R}\right|_P\sigma_R\right]^2}} \tag{7-20}$$

$$\alpha_R=\cos\theta_R=-\frac{\left.\frac{\partial g}{\partial R}\right|_P\sigma_R}{\sqrt{\left[\left.\frac{\partial g}{\partial S}\right|_P\sigma_S\right]^2+\left[\left.\frac{\partial g}{\partial R}\right|_P\sigma_R\right]^2}} \tag{7-21}$$

则验算点的值可以描述为

$$S^*=\mu_S(1+\beta\delta_S\alpha_S) \tag{7-22}$$

$$R^*=\mu_R(1+\beta\delta_R\alpha_R) \tag{7-23}$$

式中，μ_S为套管荷载S平均值；σ_S为套管荷载S的标准差；μ_R为套管强度R的平均值；σ_R为套管强度R的标准差；δ_S为套管荷载的变异系数；δ_R为套管强度的变异系数。

由于验算点P未知，一般假设初始验算点为套管强度与荷载的均值处(μ_R、μ_S)，利用图7-13的方法进行迭代计算，直至前后两次的计算结果误差满足给定

的容许值 $\varepsilon=10^{-3}$，即可认为最后一次的迭代计算结果为该处可靠度指标。

二、页岩气水平段套管强度评价

页岩气井水平段分布较长，不同井段对应的储层性质差异大，多级注水施工带来的复杂荷载使水平段套管长期处在复杂极端的力学环境中，套变问题严峻。西南地区页岩气井在2014~2018年期间水平段套管变形日趋严重(见图7-14)，2018年套变井比例接近50%。

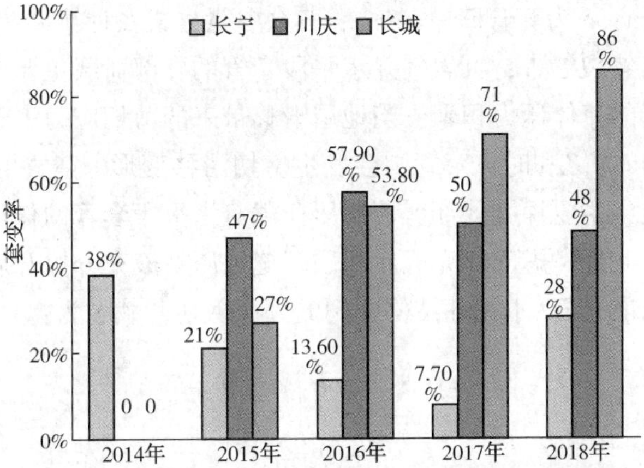

图7-14 川南页岩气区块2014~2018年套变发生比例

长宁、威远区块套管变形率平均为40%，威远长城风险区套变比例高达86%。以威远-长宁为例，在水平段A点附近变形比例为62.5%，中间段变形占比37.5%，B点附近未出现变形点。

与常规油气井(直井)相比，页岩气水平段套管的强度性能更易受弯曲应力及压裂施工带来的地层剪切应力的影响，对其进行强度评价时，主要针对固井后服役过程中水平段套管所受到的外挤应力 S 与其自身强度承受力 R 建立功能函数。极限状态方程表示为：

$$Z=g(R,\ S)=R-S \tag{7-24}$$

由于在对套管进行评估时，套管已服役，故将套管抗挤强度按照塑性抗挤强度进行计算，根据SY/T 5724规范中的计算方法，采用的抗挤强度 R 计算公式为式(7-25)~式(7-28)，分别为塑性抗挤强度、屈服抗挤强度、过渡抗挤强度、弹性抗挤强度。

$$R_1=Y_p\left[\frac{A}{(a/\delta)}-B\right]-0.0068947C \tag{7-25}$$

$$R_2 = 2Y_p\left[\frac{(a/\delta)-1}{(a/\delta)^2}\right] \tag{7-26}$$

$$R_3 = Y_p\left[\frac{F}{(a/\delta)}-G\right] \tag{7-27}$$

$$R_4 = \frac{3.237\times10^5}{(a/\delta)(a/\delta-1)} \tag{7-28}$$

式中，Y_p为套管屈服强度，MPa；(a/δ)为塑性挤毁与过渡挤毁交点的径厚比；a为套管外经，mm；δ为套管壁厚，mm；其余参量含义及计算见 SY/T 5724 规范。

由于地处天然裂缝带，页岩气井水平段套管的外部荷载主要来源于压裂施工后裂缝扩张引起的流体压力积聚，当地层滑移带来的剪切应力大于缝隙压力与套管-水泥环临界抗力之和时，套管则会发生剪切滑移变形。建立的地层-裂缝-套管系统受力模型，主要探究外部剪切挤压荷载对水平段套管的作用。对于投入生产阶段的套管，此处考虑固井完成后地层裂缝被压裂液充分撑开后缝隙间岩石无摩擦的情况。当前套管-水泥环结构受到的外部剪切荷载 S 为：

$$S = 0.5(\sigma_H-\sigma_h)\sin2\theta\frac{A_f}{A_c} \tag{7-29}$$

$$A_c = \frac{\pi(R^2-r_1^{\ 2})}{|\sin(\alpha-\theta)|} \tag{7-30}$$

式中，σ_H为最大水平主应力，MPa；σ_H为最小水平主应力，MPa；A_f为天然裂缝面的面积；A_c为井筒与裂缝截面处水泥环及套管所围的圆环面积；R 为井筒半径；r_1为套管内径；α 为对应裂缝逼近角；θ 为井筒逼近角。

三、页岩气水平段套管应变评价

多项研究表明，页岩储层中的天然裂缝、多级压裂施工、地层滑移是导致页岩气套管变形的主要原因(图 7-15)。对此，相继有学者从套管强度与应力场分布等角度来探索套损机理并对套变规律进行分析与评价。其中发现，页岩气水平段套变以屈服、剪切破坏为主，地层-水泥环-套管组成的井筒结构在外部荷载下发生的形变多为塑性形变，对于特定的复杂地层荷载，要从增强对地应力的吸收能力入手，提高固井水泥的“顺从性”。相反，增强套管强度性能及固井质量无法从根本上缓解套变问题。因此，研究页岩气水平井的套变除强度-应力的角度外，还应结合套管的应变特点综合分析地层应力向井筒结构的传递作用。

页岩储层中的裂缝在压裂后会聚积流体，此时产生的地层剪切应力通过固井水泥环并传递至套管上，水平段的套管在上下两侧非对称应力的共同作用下发生剪切变形。作为井筒结构的重要组成部分，水泥环连接了地层与套管，在地层滑移产生的位移后，套管外侧的水泥环将吸收部分应力削弱套管外载。对此建立页岩水平段套管应变功能函数，极限状态方程为：

$$Z=g(L_d, L_s, L_t)=L_d-(L_s+L_t) \tag{7-31}$$

式中，L_d为地层滑移量；L_s为水泥环吸收形变量；L_t为套管形变量。

根据极限状态方程可发现，在地层滑移量一定的情况下，水泥环对应力的吸收量越大，套管形变量则越小。

此处，地层滑移量L_d将根据现场实际测量数据所得的拟合曲线选取其平均值。

对于套变量L_t的计算，建立复合型裂缝模型。由于含裂缝地层产生的滑移剪力成因复杂，水平段套管在此应力作用下产生的形变量近似等于地层裂缝在切向的滑移量，计算公式为：

$$L_t=4(1-\upsilon^2)\frac{\tau a}{E}\sqrt{1-\left(\frac{k'}{a}\right)^2} \tag{7-32}$$

式中，υ 为岩石泊松比；a 为地层裂缝长度的一半，m；τ 为套管受到的剪切应力，MPa；E 为岩石弹性模量，GPa；k'为 k 点在 x 轴上的坐标值(此处可理解为验算点在 x 轴的坐标值)，m。

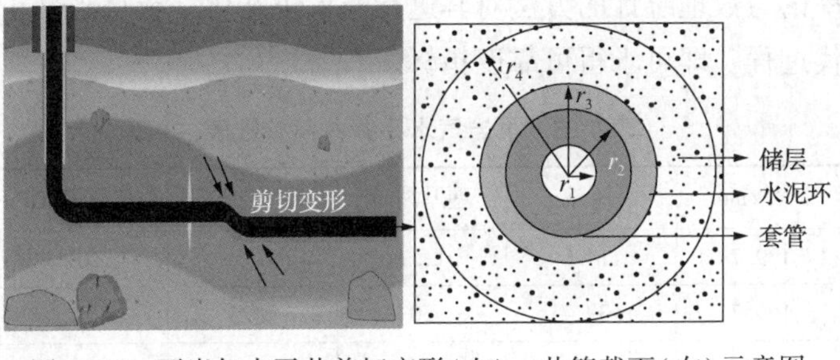

图 7-15　页岩气水平井剪切变形(左)、井筒截面(右)示意图

$r_1 \sim r_4$ 分别对应套管内径、套管外径(水泥环内径)、水泥环外径(地层内径)、地层外径

水泥环在井筒结构中主要起到连接套管与地层的作用，当地层应力作用在井筒结构上时，固井水泥环将“吸收”部分应力缓解套管变形。对此，相关学者提出通过增加水泥环厚度或采用高柔性(弹性)材料来增加水泥环对地层应力的抵抗能力。建立力学模型并结合拉梅公式计算页岩气井水平段水泥环的位移量(吸收量)：

$$L_s=\frac{1+\mu_i}{E_i}\left[\frac{r_i^2r_{i+1}^2+(1-2\mu_i)r_i^2r^2}{(r_{i+1}^2-r_i^2)r}p_i-\frac{r_i^2r_{i+1}^2+(1-2\mu_i)r_{i+1}^2r^2}{(r_{i+1}^2-r_i^2)r}p_{i+1}\right] \tag{7-33}$$

式中，$\mu_i(i=1\sim3)$为套管、水泥环、地层的泊松比；$E_i(i=1\sim3)$为套管、水泥环、地层的弹性模量，GPa。

此处只计算水泥环的形变量，此时需取$i=2$，这对应的第一界面(水泥环-套管)应力p_2与第二界面(地层-水泥环)应力p_3分别为：

$$p_2=\frac{k_1(k_6+k_7)p_1+k_4k_8p_4}{(k_2+k_3)(k_6+k_7)-k_4k_5} \tag{7-34}$$

$$p_3=\frac{k_8(k_2+k_3)p_4+k_1k_5p_1}{(k_2+k_3)(k_6+k_7)-k_4k_5} \tag{7-35}$$

式中，$k_1\sim k_8$为与套管、水泥环及地层相关的中间参数。

四、应用实例

以页岩气水平井为例，该井的地面海拔145.42m，总井深3932m，最大、最小水平主应力分别为30MPa与25MPa，该井的井筒相关参数信息见表7-5，套管强度及应变评价相关设计参数见表7-6。根据上文建立的评价模型，按图7-13的流程分别计算套管强度及应变的可靠度指标，对于不符合正态分布的基本参数，结合概率论与数理统计的方法对其进行当量正态化，获得当量正态均值及方差后代入迭代过程，即可求得可靠度指标。

表7-5　页岩气水平井井筒参数表

类别	外径/mm	内径/mm	壁厚/mm	泊松比	弹性模量/GPa	屈服强度/GPa
生产套管	139.7	114.3	12.7	0.3	201	758
水泥环	169.7	139.7	30	0.25	5	50
地层岩石	—	—	—	0.3	1	—

结合实际套变尺寸统计结果(图7-16)，本例中地层滑移量近似取定值(平均值)36.138mm，其变异系数为0.238。结合该井水平段套变模拟(图7-17)，在微地震监测下统计了5段的储层天然裂缝信息，如表7-7所示。

分别选取功能函数中各变量的平均值为初始验算点进行计算，套管内压、地应力等中间变量依据SY/T 5724求取。经迭代计算后，最终求得水平段套管强度评价与应变评价的可靠度指标(表7-8)。

表 7-6　套管强度及应变评价设计参数表

变量名称	实际值平均值/名义值	变异系数	变量名称	实际值平均值/名义值	变异系数
套管外径	1.005	0.0013	最大水平主应力	1.12	0.005
套管内径	1.005	0.0013	最小水平主应力	1.12	0.005
套管壁厚	1.000	0.018	地层弹性模量	1.01	0.07
套管屈服强度	1.090	0.022	地层泊松比	1.01	0.04
套管泊松比	1.000	0.025	套管弹性模量	1.00	0.035

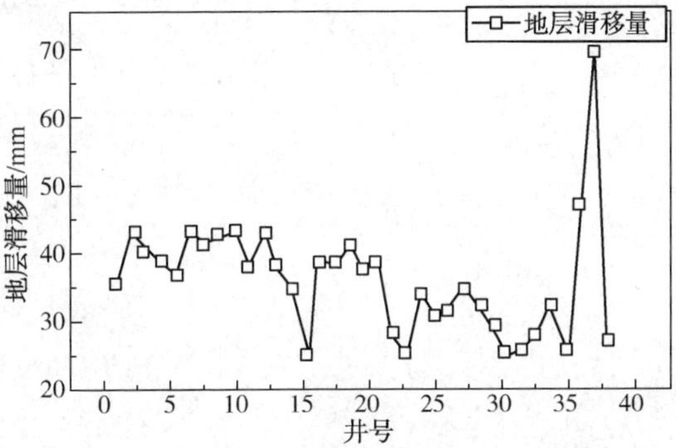

图 7-16　套变尺寸统计曲线

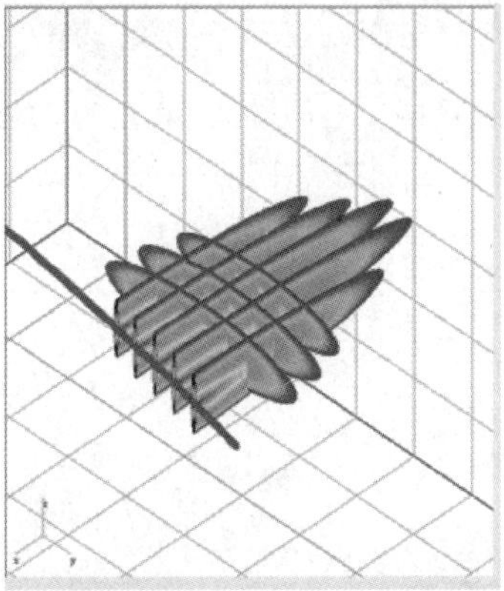

图 7-17　水平段套变模拟图

表 7-7　页岩气水平段裂缝信息

井段	缝长/m	缝宽/mm	缝高/m
第 1 段	167	3.69	46
第 2 段	186.5	4.3	47
第 3、4 段	212	4.4	55
第 5、6 段	246	4.4	55
第 7、8 段	216	4.5	44

表 7-8　可靠度指标计算结果

类型	第 1 段	第 2 段	第 3、4 段	第 5、6 段	第 7、8 段
强度评价可靠度指标	10.555	10.555	10.555	10.555	10.555
应变评价可靠度指标	1.4194	1.1178	1.0675	1.2998	1.3166

在强度评价中，因套管规格相同，水平段不同位置的套管的抗挤强度的计算依据 SY/T5724 规范，故计算得出的可靠度指标一致。而在不同井段，地层天然裂缝的分布使管柱受到的外部荷载呈现非均匀特性，套管的形变程度各不相同。

从表 7-8 的计算结果可看出，与强度评价相比，页岩气水平段套管的应变评价可有效计算不同井段套管的可靠度指标，从形变位移的角度分析了地层-水泥环-套管结构的可靠性，实现了对水平段套管服役状况的定量评价。

参 考 文 献

[1] 李晨．石油管驻厂监造项目质量管理研究[D]．西安：西安石油大学，2011.

[2] 李鹤林，韩礼红，张文利．高性能油井管的需求与发展[J]．钢管，2009，38(1)：1-9.

[3] 樊恒，闫相祯，冯耀荣，等．基于分项系数法的套管实用可靠度设计方法[J]．石油学报，2016，37(6).

[4] 侯武璋，景佩明，邓奇．石油矿场特车零部件机械失效分析与对策[J]．油气田地面工程，2005，24(4)：40-41.

[5] Yang S，Han L，Wang J，et al. Laboratory study on casing deformation during multistage horizontal well fracturing in shale gas development and strain based casing design[J]. Journal of Natural Gas Science and·Engineering，2021，89(3)：103893.

[6] 冯耀荣，付安庆，王建东，等．复杂工况油套管柱失效控制与完整性技术研究进展及展望[J]．天然气工业，2020，316(02)：112-120.

[7] 梁子波，蔡文军，董怀荣．深井超深井测斜技术及应用[C]//黑鲁石油学会钻井新技术研讨会论文集．济南：山东石油学会钻井专业委员会，2008：37-38.

[8] 李周波，芦琳，鲁碧为，等．J55 膨胀套管抗挤毁强度的计算与模拟[J]．焊管，2014(7)：23-26.

[9] 李军，丁士东，韩礼红，等．页岩气多级压裂井筒完整性失效机理及控制方法研究进展[J]．石油管材与仪器，2020(4)：10-15.

[10] Lou Q，Du W，Han X L，et al. Analysis on the Influence Factors of Casing Collapse Resistance Strength[J]. Advanced Materials Research，2011，415-417：2121-2125.

[11] 王永洪，郝英状，李斐，等．塔里木盆地顺南区块高温高压气井井筒完整性失效机理分析[J]．天然气勘探与开发，2019，42(01)：90-100..

[12] Khodami E，Ramezanzadeh A，Noroozi M. Numerical modeling of oil well integrity with a particular view to cement(case study：Maroon Oilfield in southwest of Iran)[J]. Journal of Petroleum Science and Engineering，2020，196.

[13] Yang S Y，Wang J J，Han J W，et al. Casing Bearing Capacity with Shear Load for Shale Gas Wells[J]. Materials ence Forum，2020.

[14] 黄小兰，杨春和，刘建军，等．不同含水情况下的泥岩蠕变试验及其对油田套损影响研究[J]．岩石力学与工程学报，2008，27(s2)：3477-3482.

[15] 闫相祯，杨恒林，杨秀娟．泥岩蠕变导致套管变形损坏机制分析[J]．钻采工艺，2003，26(2)：65-68.

[16] 贺得才，张宏，张来斌．注水开发油田泥岩层套管蠕变损坏机制研究[J]．石油机械，2005，33(6)：17-22.

[17] Nedjar B，Roy R L. An approach to the modeling of viscoelastic damage：Application to the long-term creep of gypsum rock materials[J]. International Journal for Numerical and Analytical

Methods in Geomechanics，2011，37(9)：1066-1078.

[18] Amitrano D，Helmstetter A. Brittle creep damage and time to failure in rocks[J]. Journal of Geophysical Research B：Solid Earth，2006，111：B11201.

[19] 易浩，白彬珍，赵志国，等．玉北地区深井快速钻井技术[J]. 石油钻探技术，2011，39(6)：27-30.

[20] 李留伟，吴建军，龙学，等．川西新场构造地应力分布规律研究及其应用[J]. 天然气工业，2008，28(9)：80-82.

[21] 高德利，郑传奎，覃成锦．蠕变地层中含缺陷套管外挤压力分布的数值模拟[J]. 中国石油大学学报：自然科学版，2007，31(1)：56-62.

[22] 闫相祯，杨秀娟，冯耀荣，等．蠕变地层套管外载计算的位移反分析法[J]. 中国石油大学学报：自然科学版，2006，30(1)：102-106.

[23] 李风海．中原油田套管损坏机理、原因分析及防治技术探析[J]. 内蒙古科技与经济，2005(16)：80-81.

[24] 韩礼红，杨尚谕，魏风奇，等．复杂压裂页岩气井套管变形机制及控制方法[J]. 石油管材与仪器，2020(4)：16-23.

[25] Pattillo P D，Last N C，Asbill W T. Effect of Nonuniform Loading on Conventional Casing Collapse Resistance[J]. Spe Drilling & Completion，2003，19(3)：156-163.

[26] 赵亚婷，樊恒，冯春，等．基于可靠度指标的页岩气井水平段套管安全评价[J]. 石油管材与仪器，2021，3(7)：41-52.

[27] 乔磊，田中兰，曾波，等．页岩气水平井多因素耦合套变分析[J]. 断块油气田，2019，151(01)：111-114.

[28] Yuan Z，Teodoriu C，Schubert J，et al. HPHT Gas Well Cementing Complications and its Effect on Casing Collapse Resistance[C]//SPE Oil and Gas India Conference and Exhibition. Society of Petroleum Engineers，2012.

[29] 贾江鸿，程远方，赵修太，等．纯梁油田低渗透油藏伤害机理及解堵技术[J]. 石油勘探与开发，2008，35(3)：330-334.

[30] 廖华林，管志川，冯光通，等．深井超深井套管损坏机理与强度设计考虑因素[J]. 石油钻采工艺，2009，31(2)：1-6.

[31] Christopher T，Sarma B S V R，Potti P K G，et al. A comparative study on failure pressure estimations of unflawed cylindrical vessels[J]. International Journal of Pressure Vessels & Piping，2002，79(1)：53-66.

[32] Law M，Bowie G. Failure strain in high yield-to-tensile ratio line pipes[J]. Journal of Pipeline Integrity，2006，5：25-36.

[33] Law M，Bowie G. Prediction of failure strain and burst pressure in high yield-to-tensile strength ratio linepipe[J]. International Journal of Pressure Vessels & Piping，2007，84(8)：487-492.

[34] Zhu X K, Leis B N. Strength Criteria And Analytic Predictions of Failure Pressure In Line Pipes [J]. International Journal of Offshore & Polar Engineering, 2004, 14(2): 125-131.
[35] Zhu X K, Leis B N. Average shear stress yield criterion and its application to plastic collapse analysis of pipelines [J]. International Journal of Pressure Vessels & Piping, 2006, 83(9): 663-671.
[36] Huang X, Chen Y, Lin K, et al. Burst Strength Analysis of Casing With Geometrical Imperfections[J]. Journal of Pressure Vessel Technology, 2007, 129(4): 763-770.
[37] 李斌，高智海．非均匀外压下含磨损缺陷套管的挤毁极限载荷分析[J]. 西北工业大学学报，2002，20(4)：659-662.
[38] 覃成锦，高德利，徐秉业．含磨损缺陷套管抗挤强度的数值分析[J]. 工程力学，2001，18(2)：9-13.
[39] 杨龙，高智海，练章华，等．磨损对套管接头拉伸与内压强度的影响[J]. 石油机械，2003，31(10)：9-11.
[40] 唐汝众，王同涛，闫相祯，等．射孔参数对套管强度影响的有限元分析[J]. 石油机械，2010，38(1)：32-34.
[41] 闫相祯，张殿锋，杨秀娟，等．表面缺陷深度对套管强度影响规律数值模拟研究[J]. 石油矿场机械，2009，38(11)：1-4.
[42] 王同涛，闫相祯，杨秀娟，等．深井、超深井套管磨损后剩余强度分析[J]. 石油机械，2009，37(10)：30-33.
[43] 卜祥英，党旭光，张杰．套管破坏机理及建模方法[J]. 河北联合大学学报(自然科学版)，2011，33(3)：122-124.
[44] 李金波，郑茂盛，张杰．非均匀外载荷对套管承载能力的影响分析[J]. 西安石油大学学报(自然科学版)，2007，22(1)：100-102.
[45] 李金波，舒欣欣，郑茂盛．含缺陷油套管的抗弯曲特性研究[J]. 中国安全生产科学技术，2006，2(5)：3-8.
[46] 刘清友，王国荣，钟青，等．套管的随机可靠性设计方法[J]. 钻采工艺，2000，23(2)：40-43.
[47] 廖华林，管志川，闫振来，等．基于可靠性理论的套管失效风险评价方法[J]. 石油学报，2010，31(1)：161-164.
[48] 高进伟．复杂井况下套管的可靠性与风险评估研究[D]. 青岛：中国石油大学(华东)，2007.
[49] 高进伟．基于 ANSYS 的油井套管可靠性分析与数值模拟[J]. 能源研究与信息，2008，24(3)：177-183.
[50] 王建东，史交齐，林凯，等．套管抗挤强度的可靠性评价方法[J]. 石油工业技术监督，2005，21(11)：36-38.
[51] 郑有成，张果，游晓波，等．油气井完整性与完整性管理[J]. 钻采工艺，2008，31(5)：

6-9.

[52] Anders J L, Rossberg R S, Dube A T, et al. Well Integrity Operations at Prudhoe Bay, Alaska [C]//Society of Petroleum Engineers, 2006.

[53] Samad S, Tarmoom I, Binthabet H, et al. A Comprehensive Approach to Well-Integrity Management in Adma-Opco[C]//SPE Middle East Oil and Gas Show and Conference. 2007.

[54] 周宏伟，谢和平，左建平，等．赋存深度对岩石力学参数影响的实验研究[J]．科学通报，2010，55(34)：3276-3284.

[55] 张保平，田国荣，申卫兵，等．不同应力条件下岩石断裂韧性的研究[C]//第六次全国岩石力学与工程学术大会论文集．北京：中国科学技术出版社，2010，10：436-439.

[56] 楼一珊，陈勉，史明义，等．岩石Ⅰ、Ⅱ型断裂韧性的测试及其影响因素分析[J]．中国石油大学学报(自然科学版)，2007，31(4)：85-89.

[57] 曹嘉猷．测井资料综合解释[M]．北京：石油工业出版社，2002.

[58] 王建华．声波测井技术综述[J]．工程地球物理学报，2006，3(5)：395-400.

[59] 张敏．基于声波测井信息的地应力分析与裂缝预测研究[D]．青岛：中国石油大学(华东)，2008.

[60] 张筠，林绍文．利用测井进行地层弹性特征及应力场分析[J]．测井技术，2001，25(6)：467-472.

[61] 章成广．声波测井原理与应用[M]．北京：石油工业出版社，2009.

[62] 李毓．现今地应力场特征与评价——以川西坳陷中部侏罗系为例[D]．成都：成都理工大学，2004.

[63] 刘世君．岩石力学反演分析研究及工程应用[D]．南京：河海大学，2004.

[64] Swoboda G, Ichikawa Y, Dong Q. Back analysis of large geotechnical models[J]. Int. J. for Numerical and analysis Methods in Geomechnics, 1999, 23(12): 1455-1472.

[65] Kärkkäinen T, Neittaanmäki P, Niemistö A. Numerical methods for nonlinear inverse problems [J]. Journal of Computational & Applied Mathematics, 1996, 74(s1-2): 231-244.

[66] 王志刚．基于优化方法的地应力与套管承载规律研究[D]．青岛：中国石油大学(华东)，2009.

[67] Zitzler E, Deb K, Thiele L. Comparison of multiobjective evolutionary algorithms: empirical results[J]. Evolutionary Computation, 2000, 8(2): 173-195.

[68] Farhangmehr A. Entropy approach tometa-modeling, multi-objective genetic algorithm, and quality assessment of solution sets for design optimization [D]. Maryland: University of Maryland, 2003.

[69] 文良凡，高志强，李海军，等．辽河油田套损机理及防治建议[J]．内蒙古石油化工，2012(3)：57-59.

[70] 杨平阁．套损机理研究及修复技术在辽河油田的应用[D]．青岛：石油大学(华东)中国石油大学(华东)，2004.

[71] 李勇．特低渗透油藏水力压裂中的若干计算与裂缝扩展分析[D]．青岛：中国石油大学(华东)，2008.
[72] 杜卫平．薄层多层压裂应力剖面与压裂裂缝形态研究[D]．成都：西南石油大学，2005.
[73] 邓燕．大位移井水力压裂裂缝起裂机理研究及应用[D]．成都：西南石油大学，2003.
[74] 雷正义．砂泥岩地层井壁力学稳定性研究及软件编制[D]．成都：西南石油大学，2004.
[75] 许志倩，闫相祯，杨秀娟，等．不同缺陷对套管剩余强度影响分析[J]．机械设计，2014，8(31)：75-78.
[76] DNV. RP-F101，Corroded Pipelines[S]. Oslo：Det Norske Veritas，2010.
[77] ASME B31G-2009，Manual for determining the remaining strength of Corroded pipeline-Supplement to ASME B31 Code for Pressure Piping[S]. New York：ASME B31 Committee，2009.
[78] Paterson L，Lu M，Connell L，et al. Numerical Modeling of Pressure and Temperature Profiles Including Phase Transitions in Carbon Dioxide Wells[J]. Journal of Petroleum Technology，2009，61(7)：69-70.
[79] 鲁文勇．P110 套管腐蚀开裂机理研究[J]．长江大学学报(自然版)，2014，11(1)：78-80.
[80] 崔铭伟，封子艳，韩建红，等．不同尺寸双点蚀缺陷管道剩余强度分析[J]．石油矿场机械，2015，44(2)：14-21.
[81] 石晓兵，陈平，徐进，等．油气井套管 CO_2 点状腐蚀剩余强度分析[J]．天然气工业，2006，26(2)：95-98.
[82] 陈定海，穆志韬，田述栋，等．腐蚀坑应力集中系数影响分析[J].《新技术新工艺》质量控制与故障分析，2012，3：97-99.
[83] 董事尔，何东升，张鹏．双点蚀腐蚀管道的弹塑性有限元分析[J]．设计与研究，2005，9(32)：20-22.
[84] 赵增新，高德利，覃成锦．二维类圆形腐蚀孔应力集中对套管强度的影响[J]．石油钻探技术，2008，36(6)：45-47.
[85] 车争安，张智，陈胜宏，等．酸性气田开发中腐蚀对套管强度的影响[J]．石油钻采工艺，2012，34(4)：114-118.
[86] 王卫华，储胜利，樊建春．深井和超深井套管磨损研究现状及发展趋势[J]．石油机械，2005，12(33)：58-61.
[87] 宋生印，刘永刚，高进伟．套管钻井用套管外表面磨损后剩余强度分析[J]．石油机械，2006，2(34)：7-10.
[88] 张国超，林冠发，张娟涛．超级 13Cr 油套管钢的点蚀行为研究[J]．应用与开发，2013，36(7)：20-24.
[89] 钟志英，罗天雨，邬国栋，等．新疆油田呼图壁储气库气井管柱腐蚀实验研究[J]．新疆石油天然气，2012，8(3)：8+91-95.
[90] 毛学强，杨敬武，武俊，等．西部三超气井环境中超级 13Cr 钢的腐蚀行为[J]．腐蚀与

防护，2013，34(9)：848-851.

[91] 许志倩，闫相祯，杨秀娟．CO_2腐蚀对套管强度动态影响分析[J]．机械工程学报，2014，50(1)：169-177.

[92] Nesic S，Nordsveen M，Nyborg R. A mechanistic model for CO_2 corrosion with protecyive iron carbonate films[C]//NACE Corrosion/2001 Conference，2001，Houston，2001：100-104.

[93] Nesic S，Lee K. A Mechanistic Model for Carbon Dioxide Corrosion of Mild Steel in the Presence of Protective Iron Carbonate Films Part 3：Film Growth Model[J]. Corrosion -Houston Tx-，2003，59(7)：616-620.

[94] Silva R，Guerreiro J，Loula A. A study of pipe interacting corrosion defects using the FEM and neural networks [J]. Advanced in Engineering Material，2007，38：868-875.

[95] 王燕舞，黄小平，崔维成．船舶结构钢海洋环境点蚀模型研究之一：最大点蚀深度时变模型[J]．船舶力学，2007，11(4)：577-586.

[96] 王燕舞，吴晓源，张雨华．船舶结构钢海洋环境点蚀模型研究之二：实船蚀坑形态与径深比时变模型[J]．船舶力学，2007，11(5)：735-743

[97] 许志倩，闫相祯，杨秀娟，等．粗糙表面几何形貌特征的分型参数描述[J]．润滑与密封，2015，40(9)：1-9.

[98] 崔铭伟，曹学文，封子艳．腐蚀坑形貌对油气管道失效压力的影响[J]．船舶力学，2014，18(1-2)：124-131.

[99] 帅健，张春娥，陈福来．非线性有限元法用于腐蚀管道失效压力预测[J]．石油学报，2008，39(6)：933-937.

[100] 张兆贵，崔铭伟．双点蚀缺陷管道剩余强度计算方法[J]．腐蚀与防护，2015，36(8)：759-765.

[101] K. Sun，R. Samuel，BY Guo. Effect of stress-concentration factors caused by corrosion on production-string design[J]. 2005，20(4)：334-339.

[102] Wang Q Z. Simple formulae for the stress concentration factor for two-and three- dimensional holes in finite domains[J]. Journal of Strain Analysis for Engineering Design，2002，37(3)：259-264.

[103] 闫相祯，高进伟，杨秀娟．油气井套管柱的抗震可靠性分析[J]．石油钻采工艺，2006，28(5)：4-6.

[104] 高进伟，闫相祯，杨秀娟，等．用可靠性理论分析传统套管设计中存在的问题[J]．中国石油大学学报：自然科学版，2006，30(5)：79-83.

[105] 杨平阁．辽河油田井筒完整性现状与研究[C]//油气井管柱与管材国际会议论文集．西安：中国石油集团，2014.

[106] 龙刚，李猛，管志川，等．深井套管安全可靠性评价方法[J]．石油钻探技术，2013，41(4)：48-53.

[107] 许志倩，闫相祯，杨秀娟，等．复杂井况下油井套管柱的系统可靠性计算[J]．中国石

油大学学报(自然科学版)，2009，3(4)：125-129.
[108] 练章华．地应力与套管损坏机理[M]．北京：石油工业出版社，2009.
[109] 殷有泉，李平恩．非均匀荷载下套管强度的计算[J]．石油学报，2007，6(28)，138-146.
[110] 廖华林，管志川，马广军，等．深井超深井内壁磨损套管剩余强度计算[J]．工程力学，2010，27(2)，250-255.
[111] 席岩，李军，柳贡慧，等．页岩气水平井多级压裂过程中套管变形研究综述[J]．特种油气藏，2019，26(01)：1-6.
[112] ZHou D S，ZHeng P，He P，et al. Hydraulic fracture propagation direction during volume fracturing in unconventional reservoirs[J]. Journal of Petroleum Science and Engineering，2016，141：82-89.
[113] CHen Z M，LiaoX W，ZHao X L，et al. Performance of horizontal wells with fracture networks in shale gas formation[J]. Journal of Petroleum Science and Engineering，2015，133：646-664.
[114] 童亨茂，张平，张宏祥，等．页岩气水平井开发套管变形的地质力学机理及其防治对策[J]．天然气工业，2021，41(01)：189-197.
[115] Qian B，Yin C B，Li Y C，et al. Diannostics of caing deformation in multistage hydraulic fracturing stimulation in lower Silurian Marine shale play in Southwestern China[C]. SPE178711，2015：1-19.
[116] Lian Z H，Yu H，Lin T J，et al. A study on casing deformation failure during multi stage hydraulic fracturing for the stimulated reservoir volume of horizontal shale wells[J]. Journal of Natural Gas Science and Engineering，2015，23：538-546.
[117] 高德利，刘奎．页岩气井井筒完整性若干研究进展[J]．石油与天然气地质，2019，40(03)：602-615.
[118] Karpov V B，Parshin N V，Sleptsov D I，et al. Tight Oil Field Development Optimization Based on Experience of Canadian Analogs[C]//Spe Caspian Technical Conference & Exhibition. 2016.
[119] Qin G，Li Y. Diagnostics of Casing Deformation in Multi - Stage Hydraulic Fracturing Stimulation in Lower Silurian Marine Shale Play in Southwestern China[C]//Unconventional Resources Technology Conference. 2015.
[120] Yang Y，Khan F，Thodi P，et al. Corrosion induced failure analysis of subsea pipelines[J]. Reliability Engineering & System Safety，2017，159：214-222.
[121] 金春玉．考虑复合磨损的弯曲井段套管抗挤强度研究[D]．东北石油大学，2020.
[122] 连威，李军，柳贡慧，等．水力压裂过程中水平段不同位置处套管应力差异性分析[J]．钻采工艺，2020，43(02)：11-14+1.
[123] 蒋振源，陈朝伟，张平，等．断块滑动引起的套管变形及影响因素分析[J]．石油管材

与仪器，2020，6(04)：30-37.
[124] 郭雪利. 页岩气压裂井套管载荷分析及变形机理研究[D]. 北京：中国石油大学(北京)，2019.
[125] 尹飞，韩礼红，陈颖杰，等. 页岩气井压裂套管变形评价及水泥环性能优化[J]. 石油管材与仪器，2020，6(04)：41-45.
[126] 付盼，廖明豪，田中兰，等. 页岩气水平井压裂中地层滑移数值模拟研究[J]. 石油机械，2019，47(04)：73-79.
[127] 廖仕孟，桑宇，宋毅，等. 页岩气水平井套管变形影响段分段压裂工艺研究及现场试验[J]. 天然气工业，2017，37(7)：40-45.
[128] Yin F，Han L，Yang S，et al. Casing deformation from fracture slip in hydraulic fracturing[J]. Journal of Petroleum Science and Engineering，2018，166：235-241.
[129] 余夫，尹飞，张冬杰. 地层与水泥环的材料性质对油气井井筒力学状态的影响规律[J]. 长江大学学报(自然科学版)，2019，16(01)：34-38+6.
[130] 张认认，闫怡飞，王鹏，等. 基于贝叶斯网络的页岩气井套管变形失效定量风险分析[J]. 石油钻采工艺，2018，40(06)：736-742.
[131] 娄琦，张广路，张丹，等. 套管抗挤毁强度主要影响因素试验研究[J]. 石油矿场机械，2012，41(06)：38-42.
[132] 张旭，王璐，孟凡顺，等. 贝叶斯神经网络方法在套损预测中的应用研究[J]. 地球物理学进展，2018，33(03)：1319-1324.
[133] 李新宏，朱红卫，陈国明，等. 海底油气管道泄漏事故风险分析的贝叶斯动态模型[J]. 中国安全科学学报，2015，25(4)：75-80.
[134] 潘永才，单文兵，张尚辉，等. 贝叶斯正规化算法在油藏参数拟合方面的应用[J]. 物联网技术，2012，2(04)：45-47.
[135] Lin Y H，Deng K H，Zeng D ZH，et al. Theoretical and experimental analyses of casing collapsing strength under non-uniform loading[J]. Journal of Central South University，2014，21：3470-3478.
[136] 刘强，申照熙，李东风，等. 钛合金油套管抗挤毁性能计算与实验[J]. 天然气工业，2020，40(10)：94-101.
[137] 肖志强，贾陆锋，温曹轩，等. 非均匀地应力作用下套管-水泥环组合体抗挤强度模型及优化[J]. 长江大学学报(自然科学版)，2020，17(01)：39-44+5-6.
[138] 焦炜，汪强，田小江，等. P110 钢级 Φ139.7mm×10.54mm 高抗挤套管抗挤毁性能分析及挤毁强度预测[J]. 焊管，2017，40(06)：20-24.
[139] Mohamadian N，Ghorbani H，Wood D A，et al. A geomechanical approach to casing collapse prediction in oil and gas wells aided by machine learning[J]. Journal of Petroleum Science and Engineering，2020：107811.